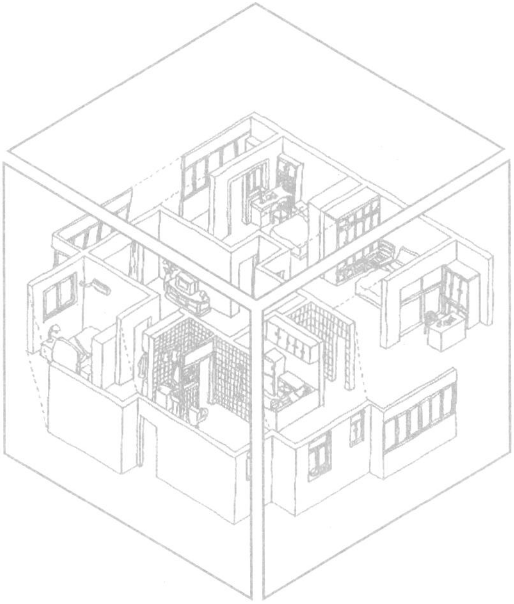

光明城

LUMINOCITY

看见我们的未来

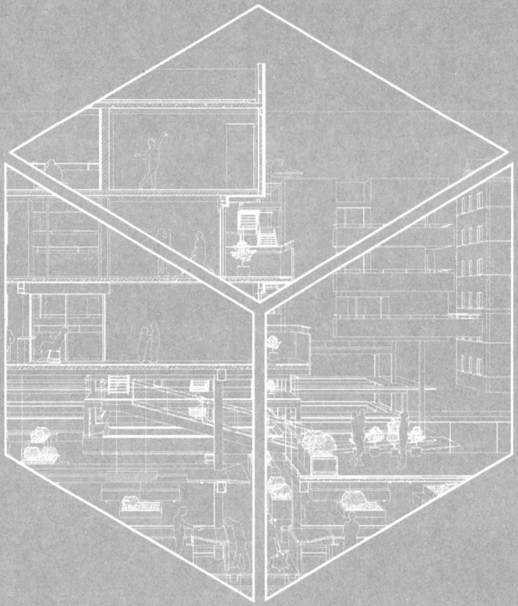

田林新村共有空间中的溢出及共生

小菜场上的家 4

同济大学建筑与城市规划学院
2013 级实验班 2015 年
建筑设计作业集

张斌 王方戟 庄慎 著

同济大学出版社

“国家自然科学基金”（51778421）资助项目

建筑教育前沿丛书
Architecture Pedagogies on the Move

Overflowing and Mutualism
in Common Space of Tianlin Workers' Village

Home Above Market IV

2015 Fall Project of
2013 CAUP Special Program
Tongji University

ZHANG Bin / WANG Fangji / ZHUANG Shen

Tongji University Press

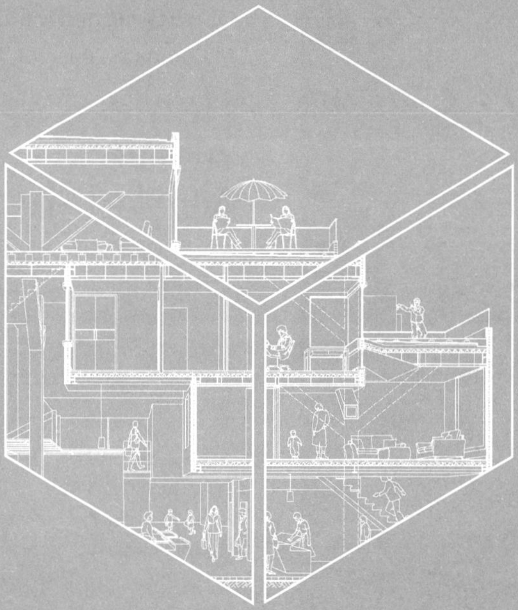

目录

Contents

序
让建筑学成为日常生活研究的学问

Preface

Let Architecture be the Study of Daily Life

汪原 WANG Yuan
华中科技大学建筑与城市规划学院教授

“小菜场上的家”是同济大学建筑系三年级实验班（以下简称：同济实验班）的课程设计题目，每年集结成册，今年准备出版第四本了。当这次出题的张斌老师嘱我为其新书作序时，我毫不犹豫便答应下来。尽管之前未曾参与教学过程，但每次收到新出版的《小菜场上的家》，都会仔细地阅读。一方面是出于自身对设计教学的兴趣；另一方面，也是想了解王方戟、张斌等几位老师在实验班教学的内容，探究一下其实验性到底体现在哪里。

为什么是“小菜场上的家”？

从题目上来说，“小菜场上的家”似乎是一个充满温馨和日常诗意的小课题，但每次翻阅，都会为其内容的复杂性和丰富性感到震惊。

首先，“小菜场”是城市中一个最日常的公共空间，其聚集性、混杂性以及流变性，使之成为联结城市生活的重要接口。在这个每日都要上演城市生活的舞台上，不仅能从售卖的吆喝声中体察到始终都存在的具体而丰富、充满价值与神秘性的“每日生活”（daily life），并且还能从瓜果生鲜的季节更替中发现“每日生活”已经处于市场和消费的体制下，成为一种被规划、被展示的对象，在日复一日锱铢必较的交易中，每日生活变成了“日常生活”（everyday life）。另外，在小菜场中，日新月异的数字技术所引发的迷离和虚幻也都会消失在菜篮子的真实中。

其次，对于人来说，无论是由内向外的出发或是由外向内的回归，家都是立足的原点，与小菜场正好相对，家的私密性、熟悉性、确定性，构成了都市环境中最稳定的锚固点。当然，在概念上到底是“家”还是“宅”尚需仔细辨析，需要感知家庭的物质空间（house）、体认家庭成员空间关系（family）、理解家庭生活空间轨迹以及归属感（home），需要聚焦具体的使用者在日复一日的家居生活中形成的生活模式。

当将“小菜场”和“家”这两个相对单一性的空间类型叠加在一起时，便出现了一个完整的日常生活场域。这一在具体城市环境中叠合起来的空间，解决的是最基本的饮食和起居的问题，它构成了城市生活的共同基础，最直接和最深刻的外部世界和内部世界都要在此汇聚；不仅人的本性欲望在此得以凸显，各种权力潜能也都形塑于此并得以发展。因此，“小菜场上的家”便提供了理解和研究城市日常生活的最典型的空间样本。通过这一空间样本，一方面，在知识和概念的层面上，可以思考公共与私人的空间边界，探究日常生活的丰富性与空间理性的对应关系，并用适宜的空间语言和技术手段去解决城市生活中涌现的问题；另一方面，可以在思想认识层面上，通过对家庭主妇与（准）知识分子之间关系的理解，思考建筑师是理性人、经济人、技术人、政治人，抑或是日常生活的凡夫俗子。

课程设置这一明确的城市日常生活指向，不仅体现的是对那些抛弃日常，寻找超凡、惊奇的空间经验的批判，也隐含着一种知识学的转向，即让关注空间营造的建筑学成为一门研究日常生活的学问。

当然，将“小菜场”与“家”相叠加所引发的复杂性会成几何倍数地增加，对于三年级的学生来说，其难度无疑是一个巨大挑战，要想达到教学目标，就需要对设计方法论进行反思，进而重新配置设计教学过程。

解决问题的设计抑或学习型的设计？

在中国目前的建筑院校中，通行的教学过程是向学生介绍设计原则、解决问题、制订计划、构成形式、处理构造、培养审美，以及分析和表现技能等，课程设置遵循由简单到复杂的递进过程。每个课程设计都预设了学生在该阶段对特定技术、能力和知识的掌握水平，目标是让学生在课程结束时获得足够的设计技能。这一职业建筑师导向的教学模式，是基于“解决问题的设计”（design as problem solving）[1]的方法论，其预设了较为明晰的设计问题，并分阶段地进行思考和解决，强调的是设计必须最终解决问题，因此，结果比过程更为重要。训练的路径大多呈现线性演进的特征，有时也会伴随循环或反复的方式加以强化。在知识和技能积累的基础上，设计者（主体）与设计对象（建筑客体）的关系被不断强化，并在高年级将建筑本体的知识投射到城市中，这一路径也可简略地归纳为人—建筑—城市社会的关系推进模式。

“小菜场上的家”显然试图打破这类模式。其实验性首先体现在将线性的设计教学模式颠倒，从对真实的城市社会发展现状的考察和理解出发，引导学生在城市、社会及其背后的组织关系的基础上，去探寻城市、建筑、人三者之间的辩证关系——设计教学的立足点变成了城市。

当直面众多相互混杂和纠缠的城市生活问题时，学生必然被迫在设计之初放弃所谓的概念灵感，首先去寻找思考的切入点和理解的框架，只有在框架中才能凸显问题，进而推进设计问题的解决。通过在过程中对不断涌现的问题的反复讨论，在概念的发现和提炼中，形成对问题更为深入的理解，甚至发现“观察”问题的新的方式，从而为新概念的创造以及真正的洞见打下了基础。这种模式即所谓的基于“学习型的设计”（design as learning）。

由解决问题而引导的设计教学，其思想基础是系统论和科学的方式，学生面对的问题是较为直接和明确的，其结果是可预期的。“学习型的设计”所面对的是更为复杂的问题，问题的真实本质只有在设计过程中才能最终明确。

尽管“学习型的设计”仍然需要面对设计问题的解决，但其核心是通过设计建立对世界的理解，强调的是过程比结果更重要。因此建筑学知识的人文情怀在这种设计教学模式中更为充分地得以体现。另外，在设计结果上，课程设计的住宅的理想状态与现行土地开发模式导致的空间、居住模式单一的社会现实之间形成的巨大反差，也给学生埋下反思和批判的种子。

建筑：一种时间性的空间实践？

众所周知，日常生活处在知识控制与非控制的边缘，当建筑学切入这一边缘地带时，日常生活即有可能成为建筑学生长的土壤，并进而改变其实践的方式。“小菜场上的家”这一日常生活的指向，实际上隐含着对建筑或设计的重新认识。其中有两个方面需要特别提及。

其一是全体性[2]。当将建筑置于一个全周期的生命过程中时，对空间的日常使用便能将一个独立的建筑与人、环境、城市乃至社会勾连成一个整体，从而形成了一种全体性的时空绵延。“小菜场上的家”即是这种通过人的聚集、源自每个人的参与和贡献共同产生的不可分割的全体性空间，它是一种集体历经时间空间共同参与的过程。正是在城市环境中所折射出的这种全体性，进一步揭示了：建筑是基于日常生活的一种集体性的空间实践，而不是建筑师个体为了应对某一问题、某一需求所生产出的一种产品。

其二是瞬间性（moment）[3]。“在日常生活的永恒流变中，唯一不变的就是每一个人每时每刻都在做选择，而每一个选择都有可能通向那个看似不可能的地方。”[4]因此，在问题探索和设计过程中应该思考的是，城市条件以及各种问题要素在什么样的结构中可以触发做选择的那一瞬间发生，进而思考如何去创造新的结构。教师一方面要不断地提示学生去主动认清这个关键的时刻，同时自己也在践行对这一瞬间的思考，从而真正理解设计过程与日常生活一样，始终在一个矛盾不断产生和不断解决的过程与瞬间。这其中实际上隐含了更为本质的时间性问题。

结语

虽然“小菜场上的家”在认识和方法上都与现行的设计教学模式有着巨大的差别，但我们必须清楚地认识到，在建筑设计教学上，同济实验班仍然是一种局部的操作，能否贯穿于整个设计教学尚未可知。因此，也就期望这份教学成果能够影响更多的教师和学生，从而推动建筑教育更大的变革。

2018年4月25日于喻家山下

注释：

1. 柯瑞，尚晋. 以设计方法论作为课程设计教学策略的理论基础[J]. 世界建筑，2015(8): 118-123.

2. 亨利·列斐伏尔认为空间的全体性(oeuvre)和本雅明谈的艺术品的灵韵(aura)，都是某种集体历经时间、空间的成果。

3. “瞬间性”这一概念可以看作是对亨利·列斐伏尔“theory of moments”的一种建筑学解读。

4. Henri Lefebvre. Critique of Everyday Life[J]. Verso Books, 2008, 2:340.

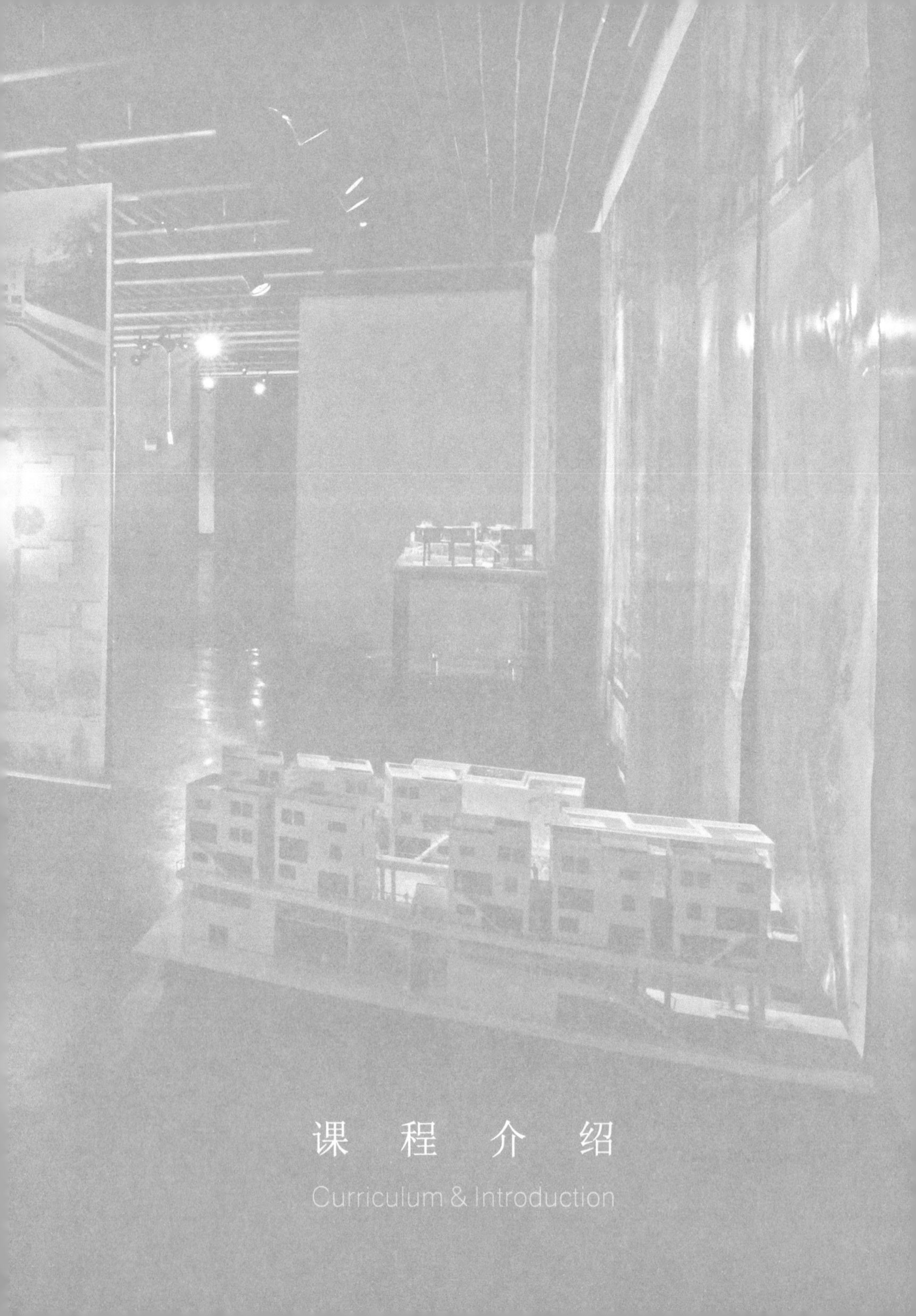

课 程 介 绍

Curriculum & Introduction

本书主体内容分为两部分。其一是介绍同济大学建筑与城市规划学院2013级“复合型创新人才实验班”在2015年秋季，即三年级第一学期由张斌、王方戟和庄慎三位教师指导的建筑设计课程，其内容包括任务介绍、成果展示和教学讨论。参加课程的21位学生为高雨辰、申程、熊晏婷、罗辛宁、花炜、冯田、王劲扬、张万霖、何侃轩、陈路平、田园、黄舒弈、张晓雅、王旭东、陈俐、王兆一、周雨茜、贾姗姗、陆奕宁、朱玉、鲁昊霏。其二是张斌老师及其研究生团队对田林新村共有空间的调研，包括其历史沿革、空间物理特征、居住状况、社群结构等多个方面。基于该成果，张老师进行了本课程的基地选址并确立了教学的核心问题。

在本课程中，学生总共完成三项作业。作业一“中国居住发展进程及菜场状况调研”为暑期作业，于2015年7月布置。学生利用暑假进行相关调研，在开学后进行汇报。通过体验以及专业图纸的描绘，希望学生以微观的角度理解住宅和菜场。通过开学后的汇报，学生们也能了解中国不同地区居住及菜场的状况，辨识建筑与社会之间的关联。

作业二“都市稠密地区城市微更新设计”要求学生结合自己的兴趣，以观察研究的方式对课程基地及其周边地区进行调研，然后结合调研提出一些可以提升城市环境品质的设计策略。整个过程分为个人工作、研究领域划分及分组、小组深入调研、以设计介入城市四个阶段。作业希望引导学生用一种包含物理环境及社会条件的全面眼光来看待建筑，并用综合的手段以建筑为媒介解决现实的问题。

作业三“社区菜场及住宅综合体设计”是课程的骨干内容，在这个阶段学生完成的是一个社区菜场及住宅综合体设计作业，该设计作业常常被称为“小菜场上的家”。本作业注重设计各个环节之间的平衡关系。这些环节包括建筑的场地关系，建筑造型，建筑的功能调配与人流组织，建筑的公共性等级关系，建筑的空间、结构、建造等因素。

图1　大组评图场景

图2　大组评图场景

本课程共十五周，前两周半为“都市微更新”训练，后十二周半为“社区菜场及住宅综合体设计”（课程时间安排见表1）。课程采用大组评图与小组讨论相结合的方式进行。大部分大组评图都由三位任课教师共同负责，阶段性的大组评图邀请了其他老师参加，包括：陈屹峰、范蓓蕾、孔锐、李立、章明等（图1、图2）。大组课程帮助了学生在方向性、策略性方面的思考，而课程中每位学生设计作业的深度及综合度则依靠小组课程中的讨论得到。三位任课教师每人各负责一个小组（图3、图4），所有最终作业成果都在2015年12月27日至次年1月1日在同济大学建筑与城市规划学院C楼展厅进行了公开展览（图5）。

从实验班开设至今，本课题已经完成了六次教学，课程基地均设置在城市中居住建筑稠密的地区。本书介绍的2015年课题是本系列的第四个课题，由张斌老师出题。张老师及其研究生团队对田林新村的共有空间进行了研究，并在研究的基础上选定了课程基地。田林新村是一个计划经济时期建造的低标准住宅区，经历了计划经济、改革开放、市场化浪潮至今，历史的跨度和空间属性的变化更迭在这个工人新村中孕育出异质的空间现象。从邻里之间合作使用外廊走道，到小区级道路上自发产生商业生活，从“溢出”到“共生”的空间故事在田林新村持续进行着。张老师团队试图发现日常生活是如何由下而上，以一种微小、临时、往复的方式，最终重塑整个城市空间面貌的。本研究成果见本书的横向页部分。

图3　小组上课场景

图4　小组上课场景

图5　展览场景

表1　课程时间安排

周次	时间	课题	课程内容	形式
1	2015-09-14	1	作业一汇报，布置作业二	大组评图
	2015-09-17		汇报个人调研所得切入点，教师据此安排调研分组。讲座：张斌	大组评图
2	2015-09-21	2	按调研分组集体汇报调研成果	大组评图
	2015-09-24		自由作业	—
3	2015-09-28		作业二个人提案部分汇报，布置作业三	大组评图
	2015-10-01	3	国庆假期	—
4	2015-10-05		国庆假期	—
	2015-10-08		作业三第一阶段成果汇报-1	大组评图
5	2015-10-12		完成分组1/300场地模型，概念＋体量	小组
	2015-10-15		概念＋体量	小组
6	2015-10-19		体量＋功能	小组
	2015-10-22		体量＋功能	小组
7	2015-10-26		中期汇报-1，任课老师组评图	大组评图
	2015-10-29		空间＋功能	小组
8	2015-11-02		空间＋功能	小组
	2015-11-05		结构＋功能	小组
9	2015-11-09		结构＋功能	小组
	2015-11-12		中期汇报-2，评图嘉宾范蓓蕾、孔锐	大组评图
10	2015-11-16		概念、功能、城市关系、空间、结构磨合	小组
	2015-11-19		磨合	小组
11	2015-11-23		磨合	小组
	2015-11-26		磨合	小组
12	2015-11-30		中期汇报-3，任课老师组评图	大组评图
	2015-12-03		立面＋体量	小组
13	2015-12-07		立面＋体量	小组
	2015-12-10		材料＋构造	小组
14	2015-12-14		制图、模型制作及讨论，完成1/200集体场地模型	小组
	2015-12-17		制图、模型制作及讨论	小组
15	2015-12-21		排版、设计及制图细节	个人
	2015-12-26		开始布置展览	小组
	2015-12-27		C楼展厅，最终评图 9:00–15:00，评图后布置展览。 评图嘉宾：陈屹峰、范蓓蕾、孔锐、李立、章明	大组评图

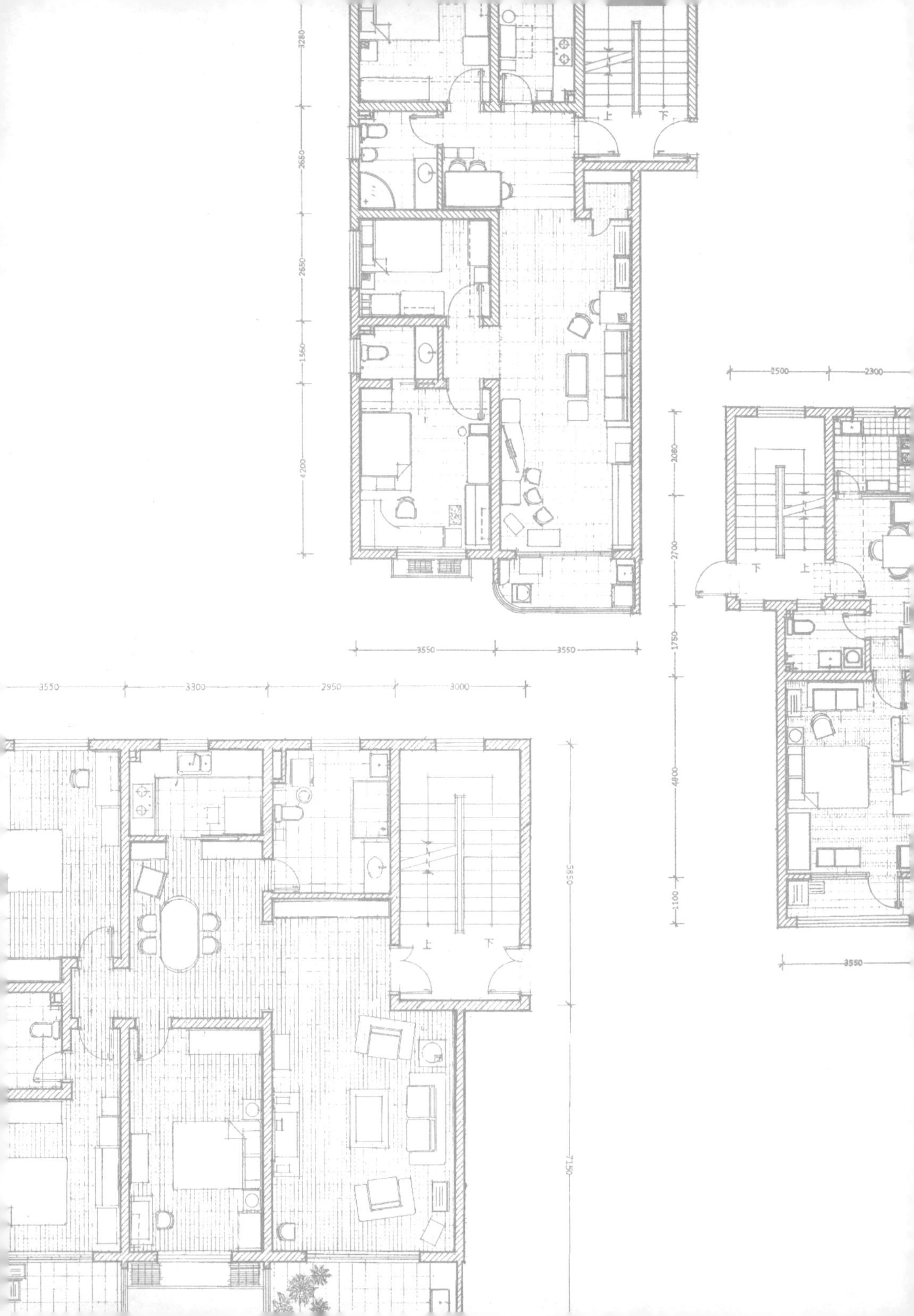
3280
2650
2650
1560
4200
3550
3550
3550
3300
2950
3000
5850
7150
2500
2300
2080
2700
1750
4800
1100
3550
上
下

作　业　一
ASSIGNMENT ONE

中国居住发展进程及菜场状况调研
Research on the Development of Chinese Residences and Markets

建筑与社会之间的关联是建筑区别于其他艺术形式的主要特征，其社会性的部分使它成为真正意义上的“建筑”。建筑师在设计建筑的同时必须具有辨识建筑与社会之间的关联，并以这种意识去处理建筑问题的能力。作为三年级“小菜场上的家——居住与菜场综合体”课程设计的一个组成部分，本作业希望以观察、记录的方法获得对建筑与社会间关联的认识。通过体验以及专业图纸的描绘，以非常微观的角度开始去理解这种关联，使个人意识中的建筑外延得到拓展。

图6　福州市长福路菜场 / 王劲扬 摄

作业介绍

住宅具有时代、地区及社会背景等特征，与建造时的具体条件有关，还要面临住户对其进行的各种调整和改造。菜场具有地域性，不同地区的菜场有不同的经营模式。由于占地范围较大，公共活动频繁，菜场对城市公共空间的感知有很大影响。有的菜场化整为零，融合进社区之中；有的与大规模居住开发结合，形成大尺度的层叠关系；有的以低造价的模式临时地占据城市一角；有的见缝插针充塞在拥挤的城市空隙中；有的利用不同类型的老建筑改造而成……各种不同形态的菜场塑造出性格各异的城市公共空间。对于建筑师来说，菜场的设计不是仅仅满足功能布局合理及空间富有表现力这些条件即可——除了纯建筑领域之外还有很多可以思考的因素，现实生活有更为丰富的参考。

倘若建筑设计的课题一上来就浸泡在纯专业语汇之中，学生可能无法将视野放开，并将其他相关因素吸收进建筑设计中。但一个课题如果在社会调研方面花费时间太长，又会挫败学生对专业设计学习的积极性，并导致课程重心向非建筑学的领域倾斜。为此，我们结合教学计划中规定的暑期实践科目，将这部分调研安排在暑期，由学生结合各自具体情况独立完成。这样将学期内的课程时间节省下来，让设计课程的时间更加紧凑，也可以让来自各地的学生带回更多不同地区的样本。通过评图时相互的比较，不同地区实例之间的差异与相似都能引起大家很多相关的思考。

这个作业包括住宅调研及菜场调研两个部分。本书展示的是住宅调研中住宅平面图及轴测图部分，住宅及菜场的其他调研成果仅展示了其中少量（图6-图11）。作业的住宅平面图除注明者外比例均为1/400。

图7

图8

图9

图7　成都市龙湾生活广场菜场 / 冯田 摄
图8　泉州市青阳菜场 / 黄舒弈 摄
图9　昌吉市园丰菜场 / 申程 摄
图10　上海市曹杨路铁路菜场 / 陆奕宁 摄

图10

任务书

对中国同一城市中不同时代，或不同经济条件住宅状况的调研。

调研者在时代及经济条件中任选一项，要么关注时代变迁，要么关注住户经济条件与住宅的关联。不要在调研中混淆这两个研究对象。

如选择前者，调研者需要对三套或以上不同年代的住宅进行入户调查，住宅的建成时间应该相差五年以上；如选择后者，调研者需要对三套或以上经济条件有明显差异的家庭住宅进行入户调查，其中必须有一户是低收入家庭（如民工、外来打工者等）。

调研者需完成：

I. 调研住宅户型平面图。比例1/50，标注尺寸、指北针、现状家具、洁具等，需要如实绘制，手绘。

II. 调研住宅户型三维轴测图，表达现状家具、洁具等细节，手绘。此练习可以加深调研者对住宅空间及家具关系等比例及尺度的体会。

III. 对住宅户型所处环境的有效描述。可以用图纸形式（如住宅楼带周围环境的底层平面、标准层平面，建筑的总平面图）、照片形式（有效说明住宅情况的住宅内外部照片）及其他恰当的形式。

IV. 500字以内的调研报告。内容建议立足于被调研住宅，了解该地区住宅变化状况，及建筑在这种变化中所起的作用。注意记录住宅的产权所属情况。

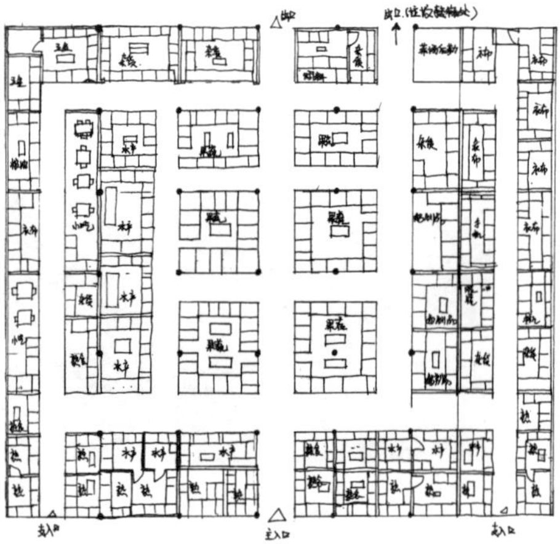

图11　上海市徐汇区乐山菜市场调研 / 高雨辰 绘

调研/陈路平

地点/绍兴上虞

1984年

建筑面积：56㎡

居住人口：1人

房间布局：二室二厅

描述：上虞渔场集资房，现为职工住宅或出租房

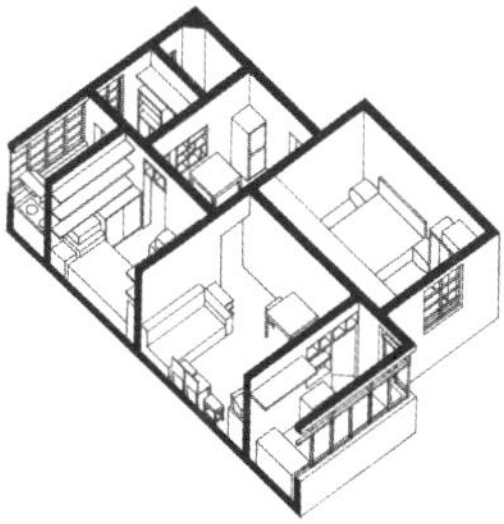

1993年

建筑面积：72㎡

居住人口：1人

房间布局：三室一厅

描述：原上虞中学集资房，现多作为学区房出租

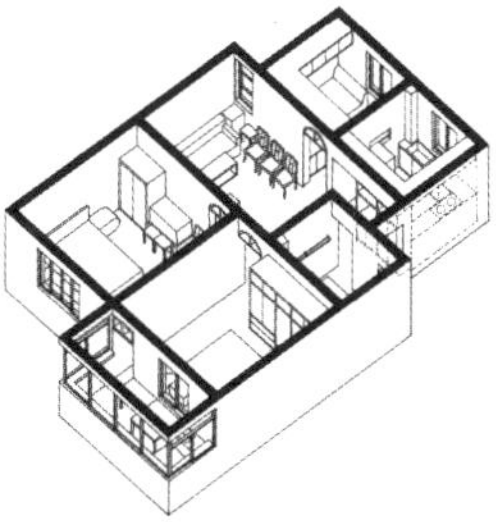

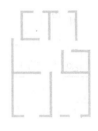

2003年

建筑面积：214㎡

居住人口：3人

房间布局：三室二厅

描述：除小区北侧四幢房为小高层外，其余为多层

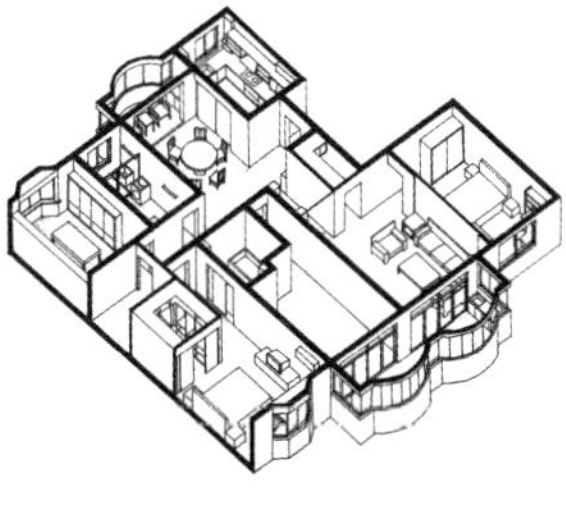

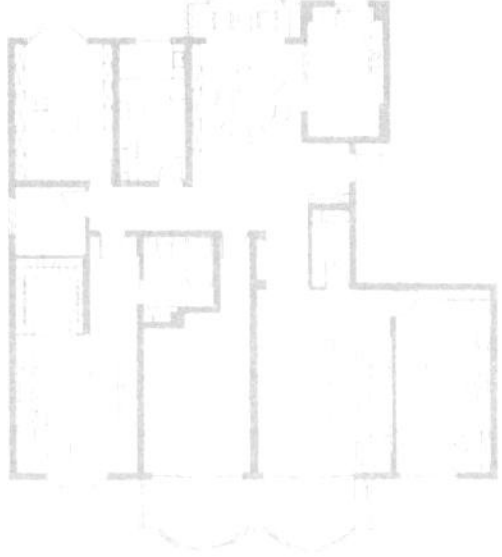

调研/何侃轩

地点/上海

1980年

建筑面积：61.5㎡

居住人口：2人

产权所属：国企转为个人产权

描述：国企福利分房中后期，公私混杂，客厅被压缩，厨卫空间逼仄

1996年

建筑面积：76.8㎡

居住人口：6人

产权所属：国企转为个人产权

描述：福利分房末期，客厅是核心中枢，现为出租房，使用较混乱

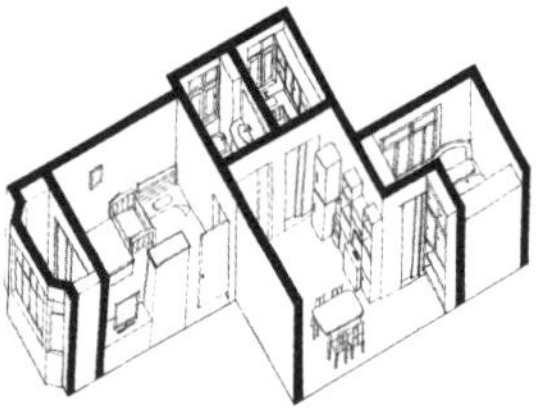

2000年

建筑面积：87.4㎡

居住人口：3人

产权所属：个人产权

描述：商品房，户型的模式化特征明显，走廊开始出现，卧室私密性增强

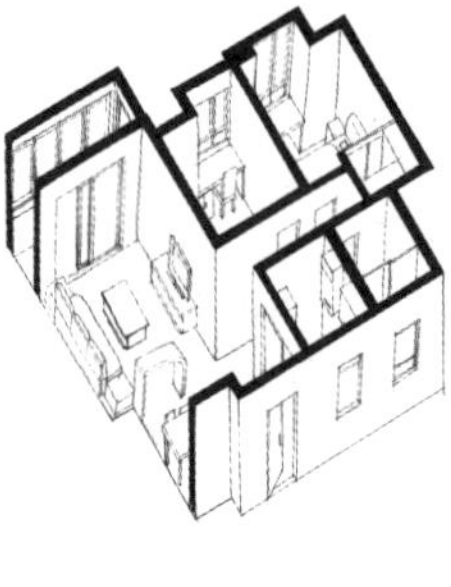

调研/花炜

地点/山西

1998年

建筑面积：56.4㎡

居住人口：3人

产权所属：集体产权

描述：居住功能混杂，使用“偷面积”手法扩大面积

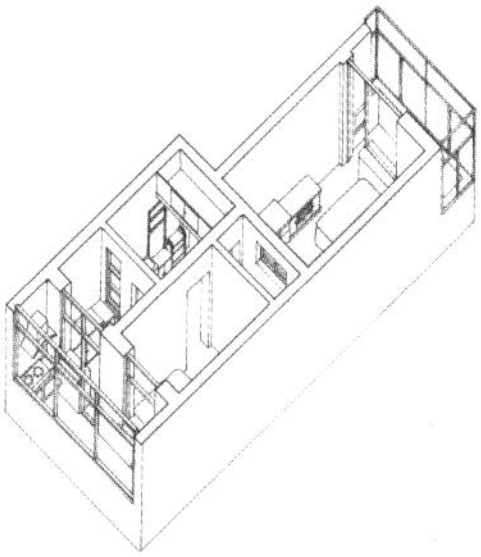

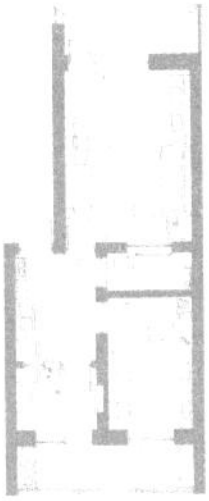

2006年

建筑面积：123.2㎡

居住人口：4人

产权所属：个人产权

描述：居住功能明确，部分空间仍较为逼仄

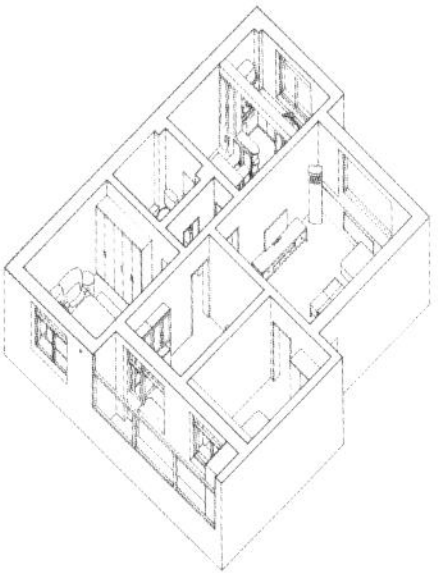

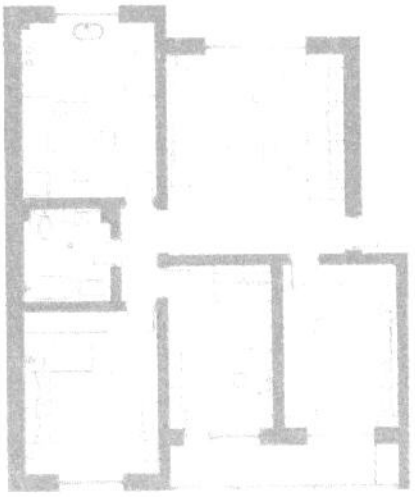

2014年

建筑面积：141.4㎡

居住人口：4人

产权所属：个人产权

描述：安装了电梯，居住功能进一步明确

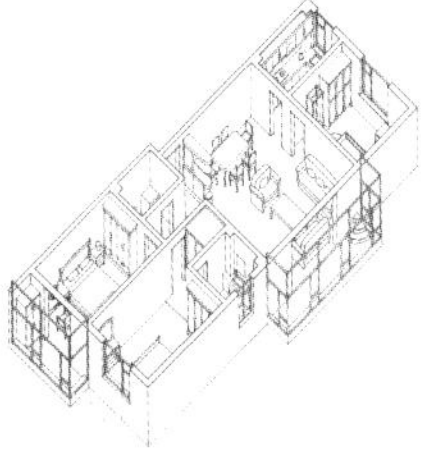

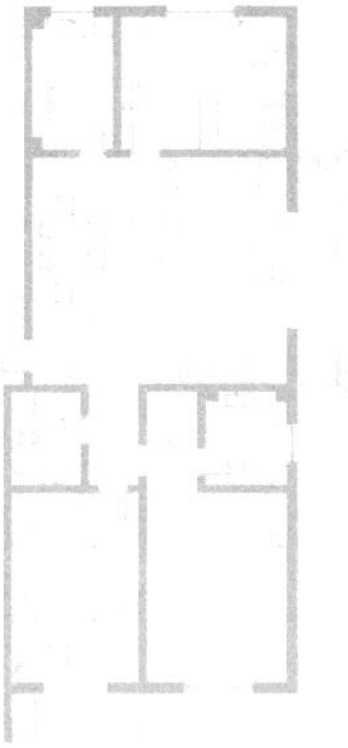

调研/冯田

地点/四川成都

1996年

建筑面积：78㎡

建筑户型：二室二厅

产权所属：房改房产权

描述：洗面桥东一街三号院，20世纪90年代单位分房

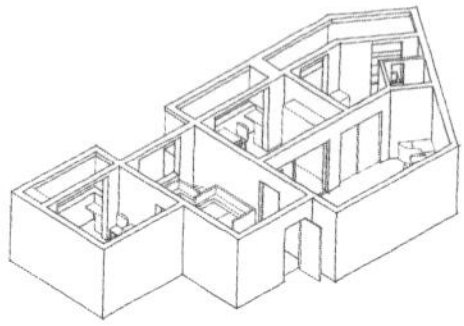

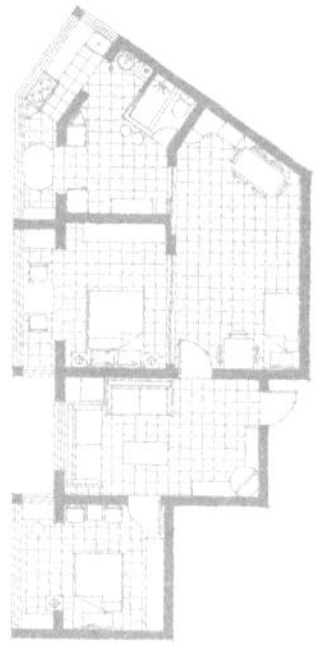

2005年

建筑面积：135㎡

建筑户型：三室二厅

产权所属：商品房产权

描述：位于成都二、三环路之间，于2013年改造

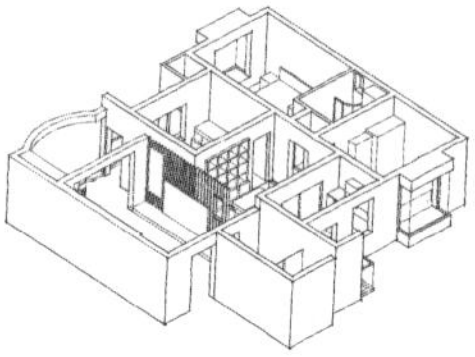

2011年

建筑面积：89㎡

建筑户型：三室一厅

产权所属：商品房产权

描述：现在交由专业公司对外出租，共用厨房和卫生间

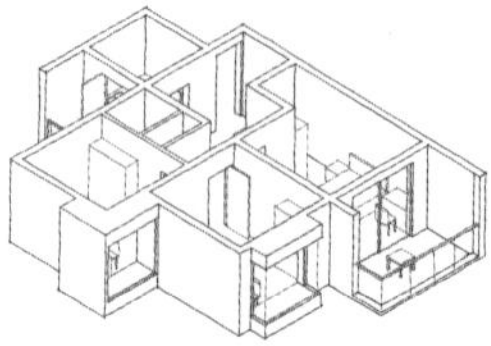

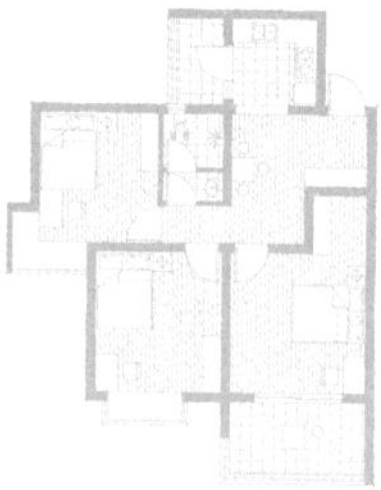

调研/黄舒弈

地点/福建泉州

1950年

居住人口：3人

建筑户型：两层楼房

描述：狭长体量，空间布局凌乱

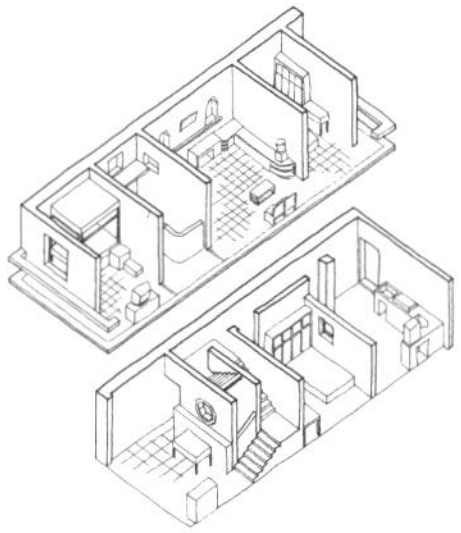

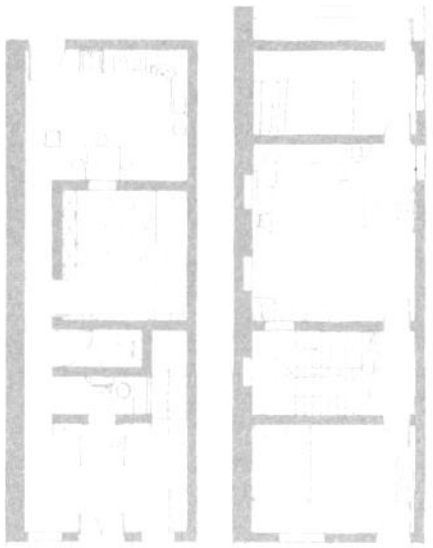

1990年

建筑户型：三室二厅

描述：宗祠加建，半开放，空间浪费

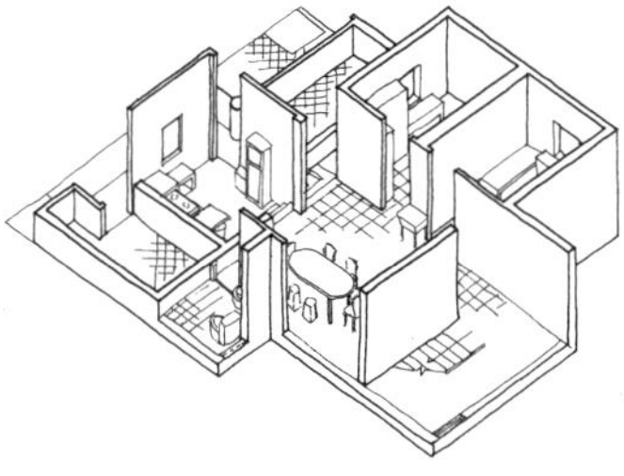

2011年

建筑面积：89㎡

建筑户型：三室一厅

描述：商品房小区，注重环境营造和生活情趣

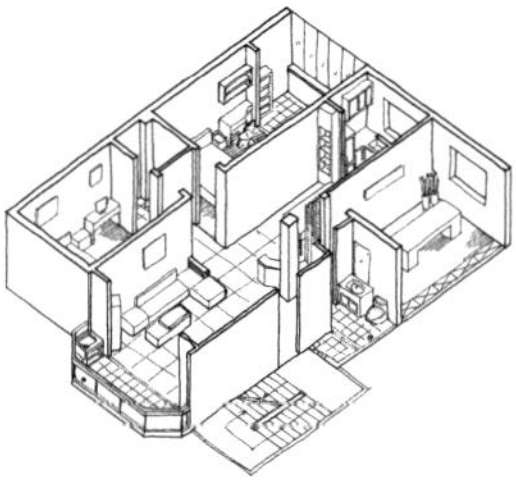

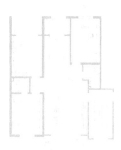

调研/周雨茜

地点/江苏南通

1990年

地理区位：学田北苑

居住人口：5人

房间布局：二室一厅

描述：客厅位于中间，采光通风比较差

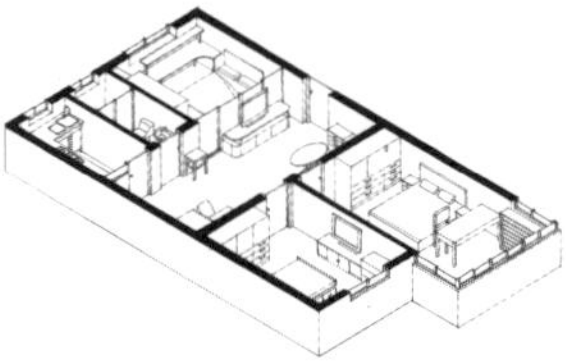

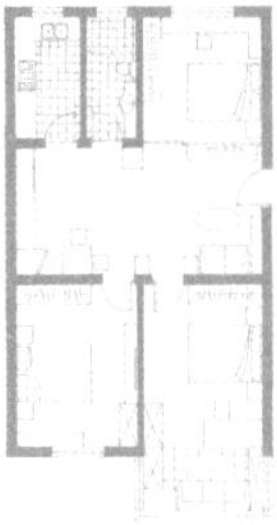

2001年

地理区位：莲花苑

居住人口：2人

房间布局：三室二厅

描述：小区内部绿化呈网格分布，缺乏多样性，组团中心向布局，中心区域利用率较低

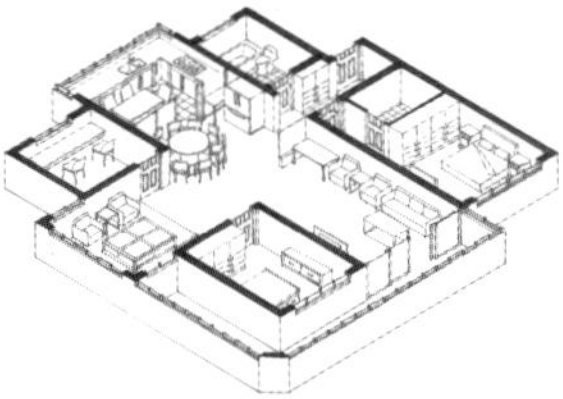

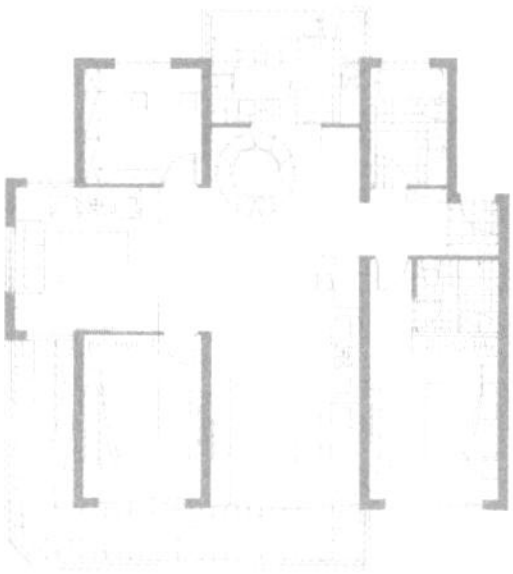

2007年

地理区位：兆丰嘉园

居住人口：3人

房间布局：复式住宅

描述：位于开发区，两层复式楼，组团分布，公共区域与卫生间卧室有分隔

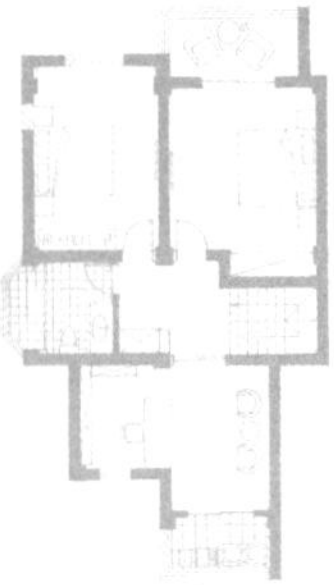

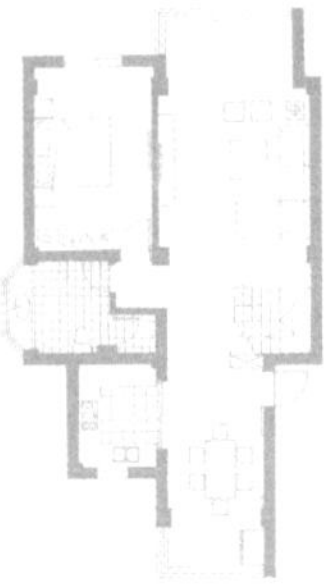

调研/熊晏婷

地点/上海

1995年

建筑面积：80.84㎡

产权所属：集体产权转为个人产权

房间布局：二室一厅

描述：房间狭长造成北部采光严重不足，住宅布置紧凑，交流空间狭小，一楼较潮湿

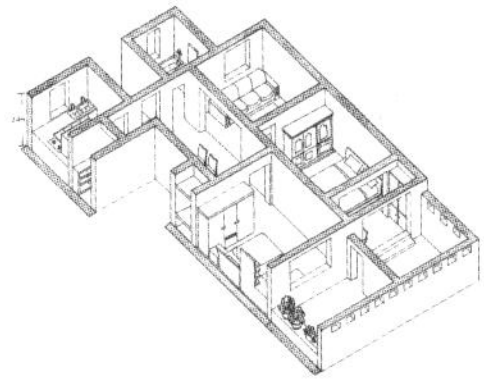

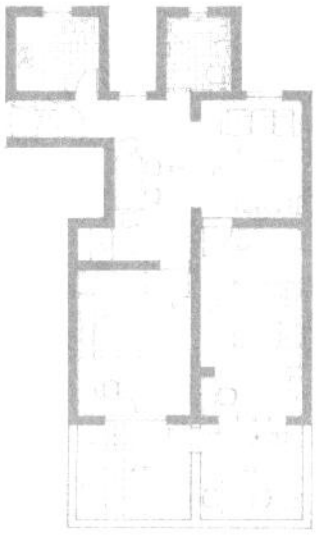

2002年

建筑面积：140.72㎡

产权所属：个人产权

房间布局：三室二厅

描述：居住密度较高。客厅主卧朝南，采光尚可；餐厅及朝北房间，采光差。卧室尺度较之前有所改善。

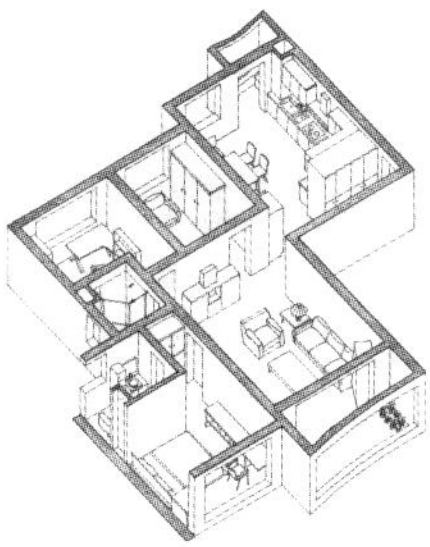

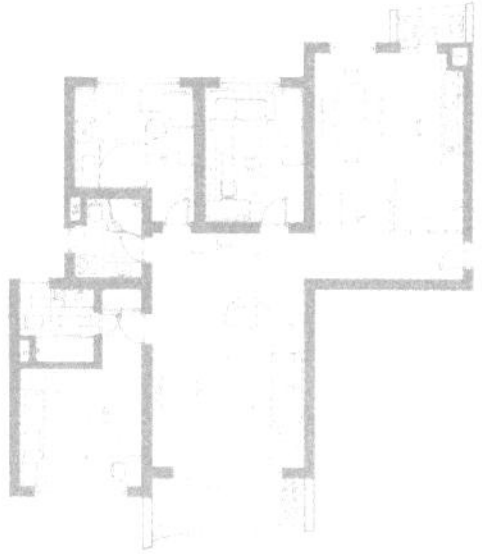

2010年

建筑面积：283.63㎡

产权所属：个人产权

房间布局：四室二厅

描述：住宅舒适度提高，交流空间继续增大，房间尺度进一步完善

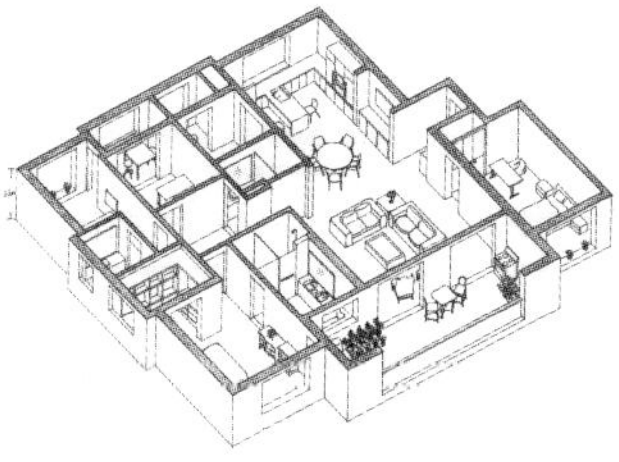

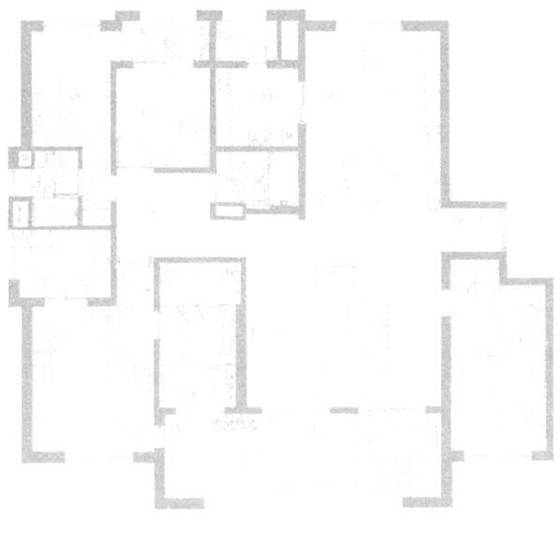

调研/田园

地点/上海

1992年

建筑户型：一室一厅

产权所属：个人产权

描述：集约高效，生活设施完善，建造初期用于多人居住，居住人数下降后舒适度提高

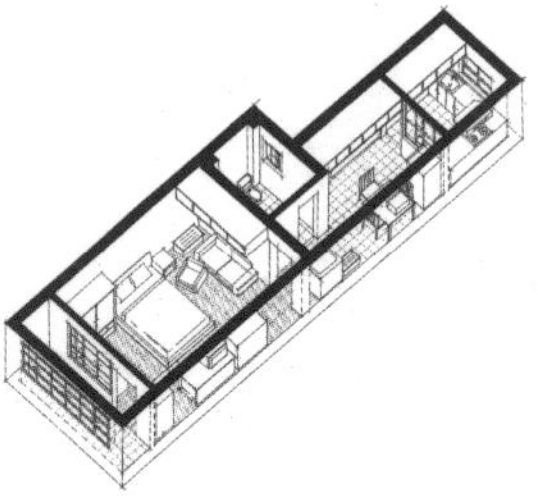

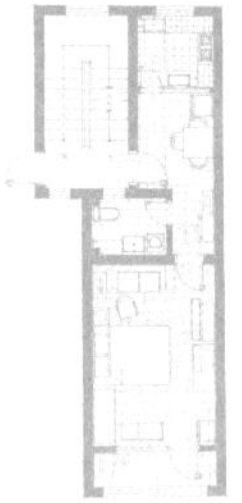

1998年

建筑户型：三室二厅

产权所属：个人产权

描述：布局紧凑，入户感受良好，功能布局合理，但客厅采光不佳

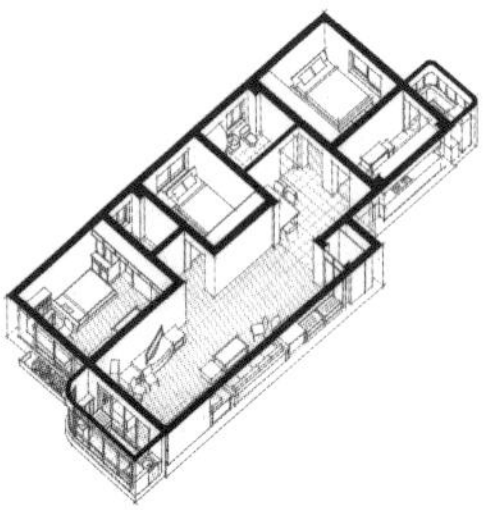

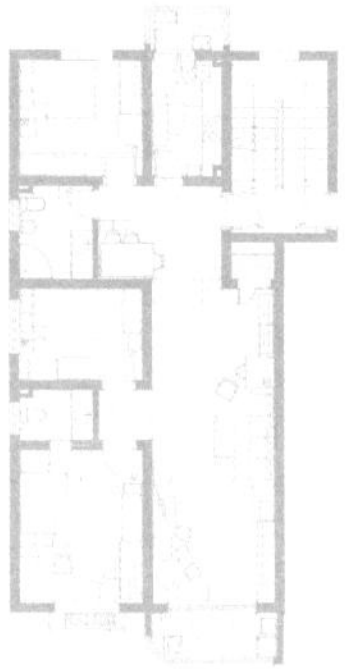

2004年

建筑户型：三室二厅

产权所属：个人产权

描述：面积大，房间宽敞舒适，但两个厅之间关联方式不佳

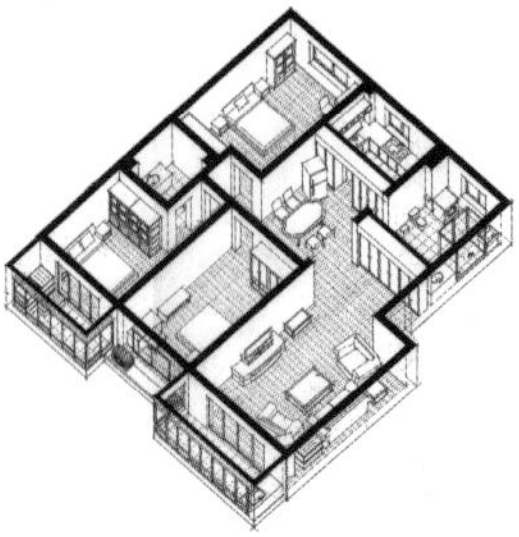

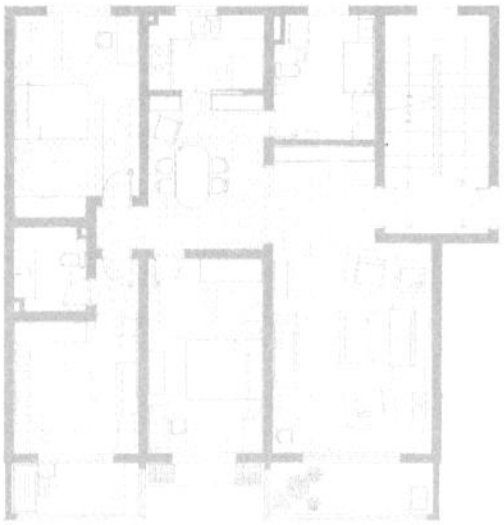

调研/罗辛宁

地点/湖北武汉

2001年

地理区位：蓝湾俊园

居住人口：4人

房间布局：江景房

描述：入住率高，车满为患，绿化面积小

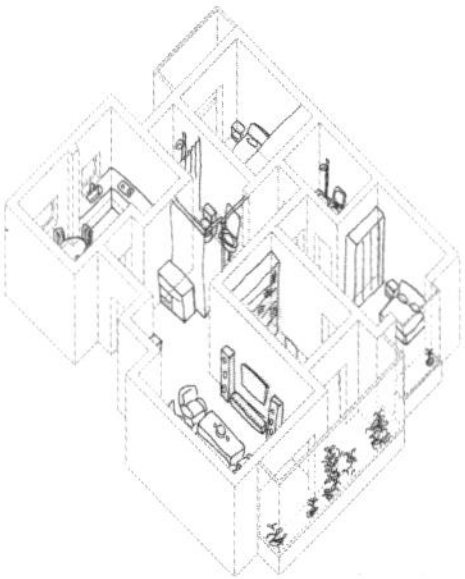

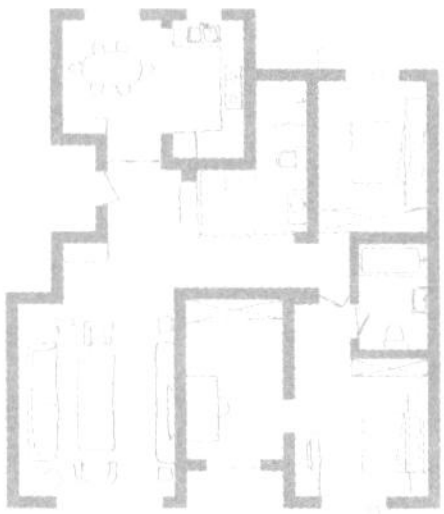

2006年

地理区位：梅南山居

居住人口：3人

房间布局：依山双拼别墅

描述：自然风景好，装修不够精细，房间布置松散

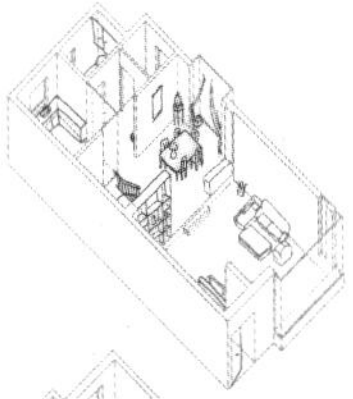

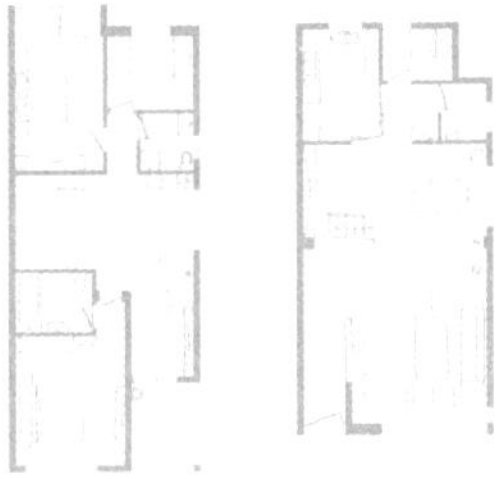

2011年

地理区位：兴华嘉天下

居住人口：3人

房间布局：复式住宅

描述：周边商业繁华，社区中心绿化适宜居住

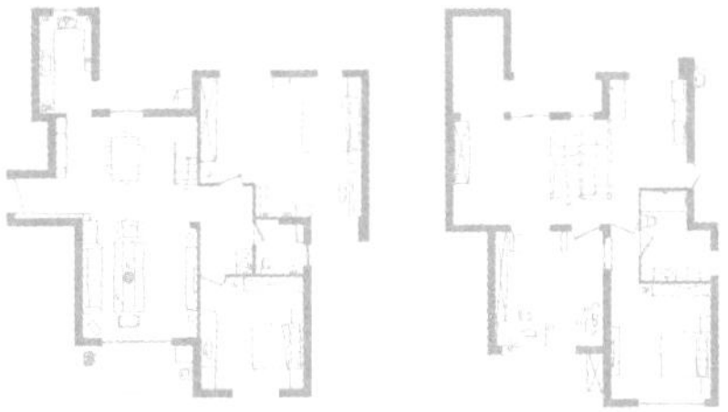

调研/张晓雅
地点/吉林长春

1996年

房间布局：二室一厅

描述：廉租房，建筑面积较小，房间的布局尴尬，私密与公共关系处理不当，室内采光差，房间隔墙设置不合理

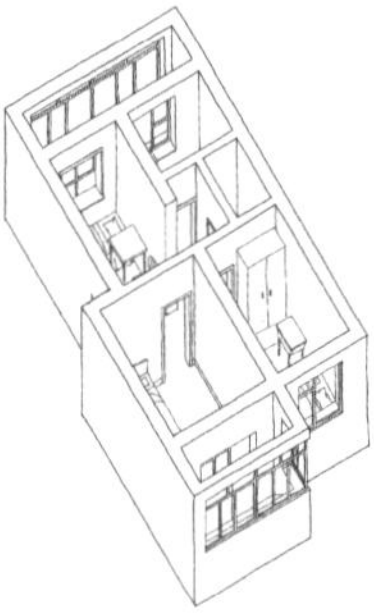

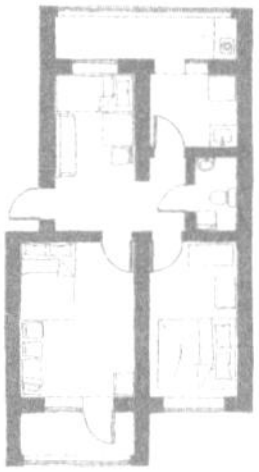

2003年

房间布局：二室二厅

描述：学区房，注重绿化和便民性，面积分配合理；空间通透，布局较合理，典型的窄面宽长进深

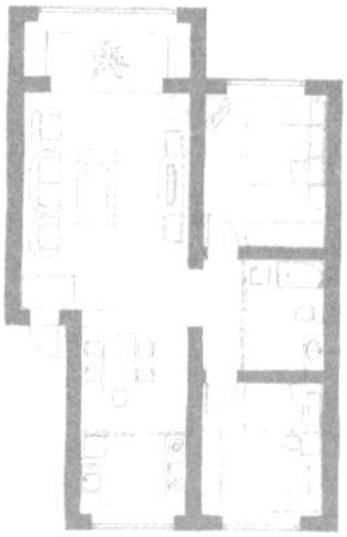

2014年

房间布局：复式住宅

描述：位于松花江边，远离市中心，内部安静，注重居住品质，绿化面积较大，建筑偏欧式风格，脱离了长条形住宅的模式

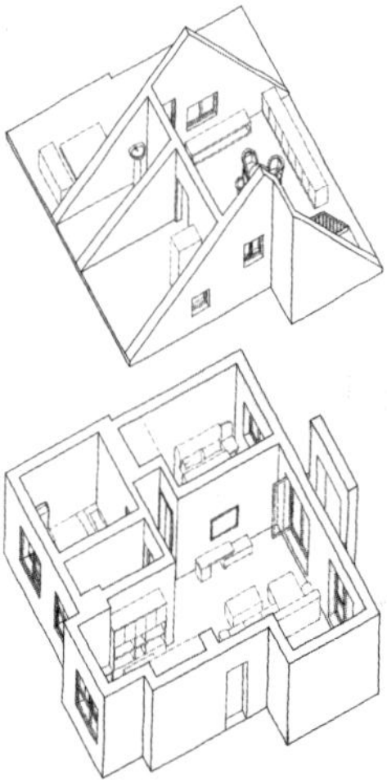

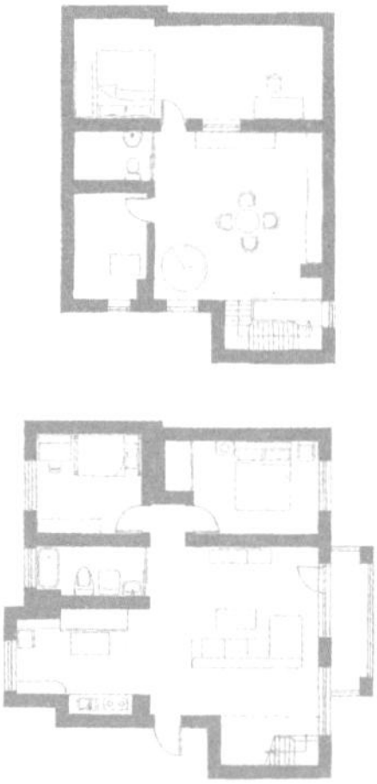

调研/申程

地点/新疆昌吉

1993年

地理区位：公司家属院

居住人口：4人

房间布局：三室一厅

描述：位于第二代市中心区域，空间布局不佳，没有餐厅空间，卫生间仅满足最小尺寸要求

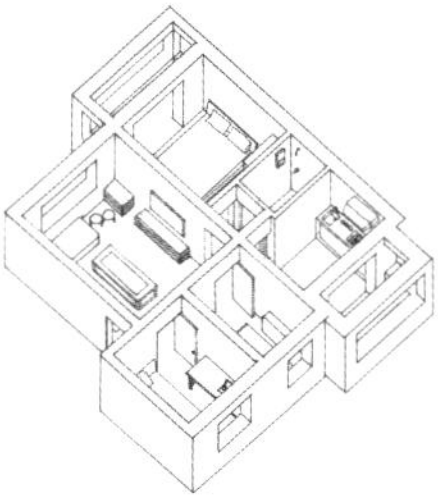

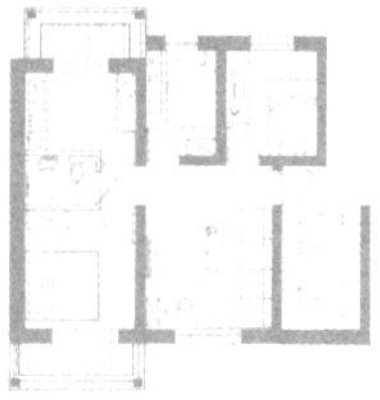

2000年

地理区位：市医院住宅

居住人口：4人

房间布局：三室二厅

描述：属于新世纪老城区外的一批住宅，公共空间与私密空间布置得当

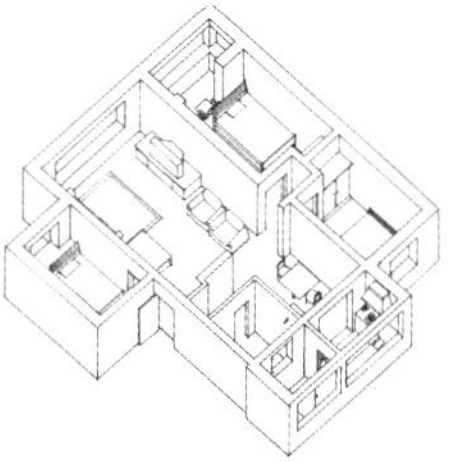

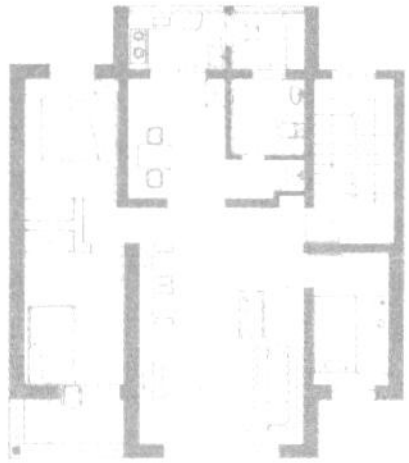

2010年

地理区位：新城区小区

居住人口：4人

房间布局：三室二厅

描述：餐厅和客厅连通，各个功能空间的布置更完善

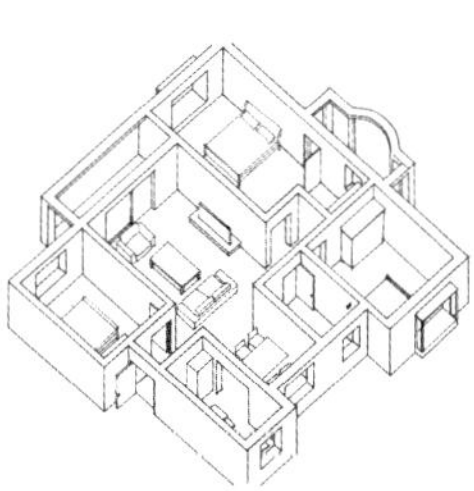

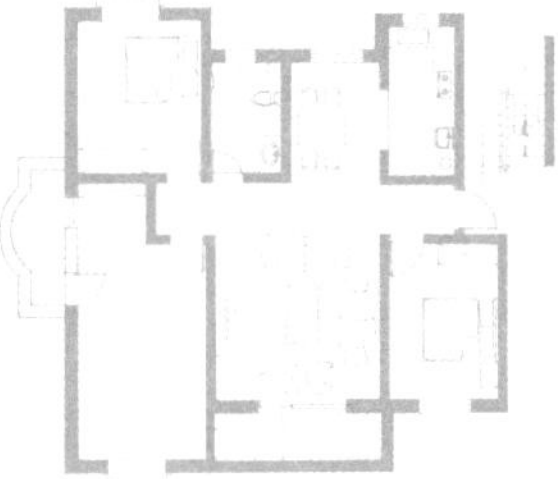

调研/陈俐

地点/绍兴诸暨

1980年

地理区位：老城区中心

居住人口：5人

建筑面积：约70㎡

描述：单位家属院，板楼行列式布局

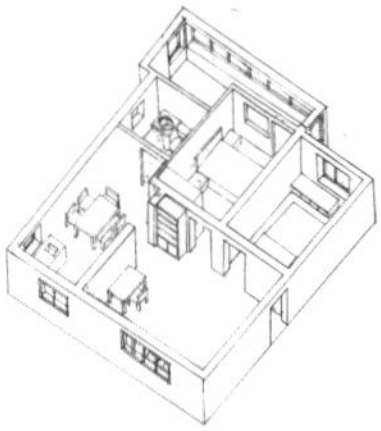

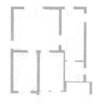

1999年

地理区位：老城区边缘

居住人口：5人

建筑面积：约180㎡

描述：原有村落拆迁后新建的商品房，周围环境好，但距商业区较远

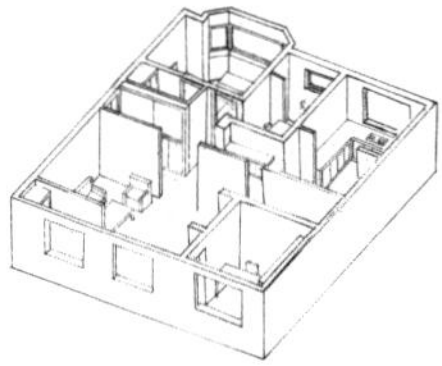

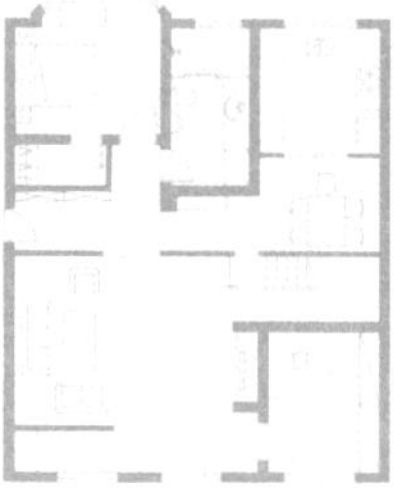

2002年

地理区位：城西工业新城

居住人口：5人

建筑面积：约280㎡

描述：别墅区，周边基础设施较少，客厅有好的朝向和景观，每户有自己的花园

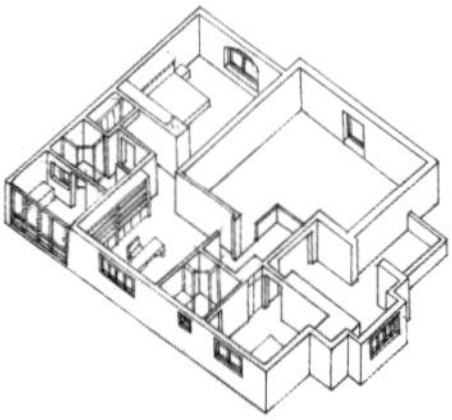

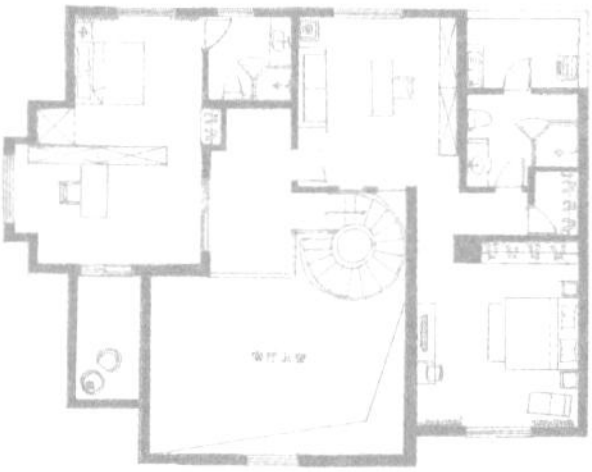

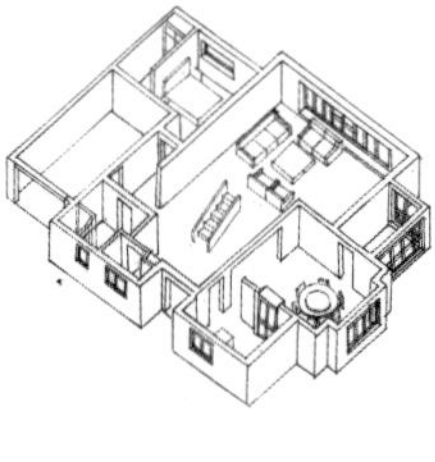

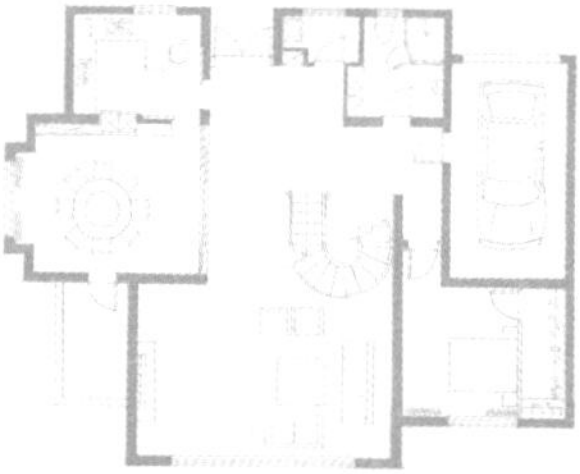

调研/高雨辰

地点/上海

1990年

地理区位：乐山大楼

描述：一梯六户，小区内部没有绿化，室内没有客厅，有暗房间，空气不能对流，通风较差

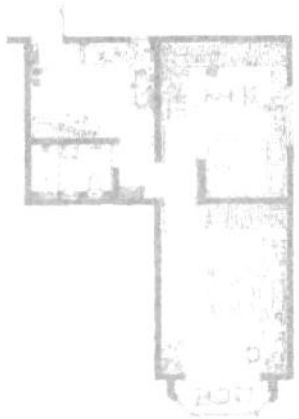

1997年

地理区位：百合花苑

描述：原为外销房，楼层的布局类似百合花，通过凹凸的变化产生若干个通风槽，使得内部的房间均有较好的通风对流

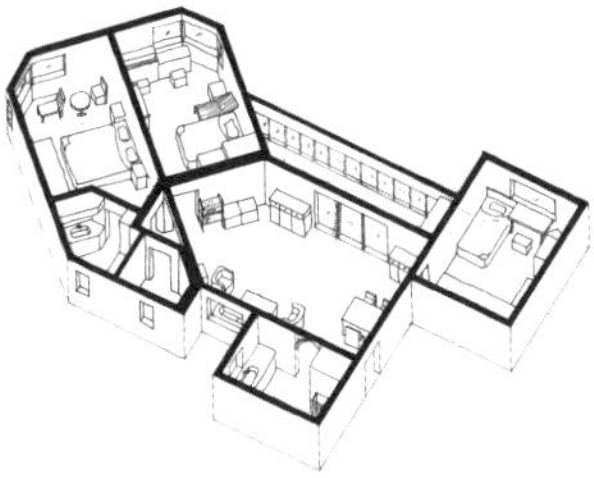

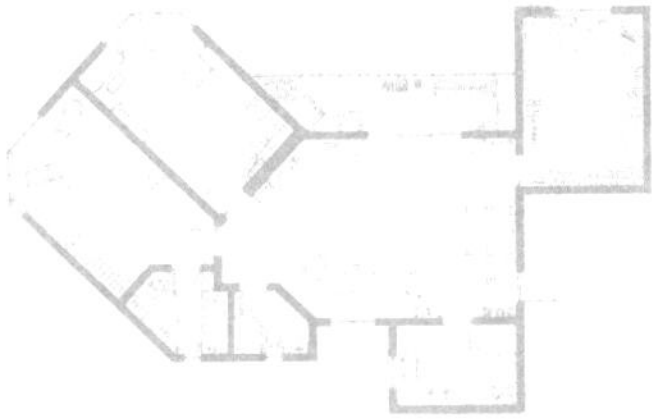

2004年

地理区位：恒联新天地

描述：小区绿化很好，注重景观的营造，室内采光通风较好

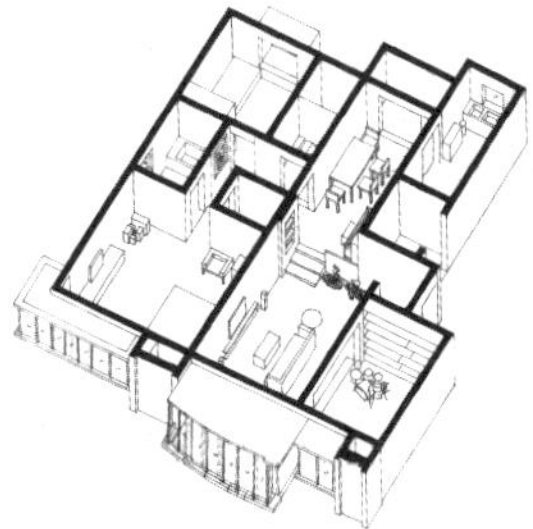

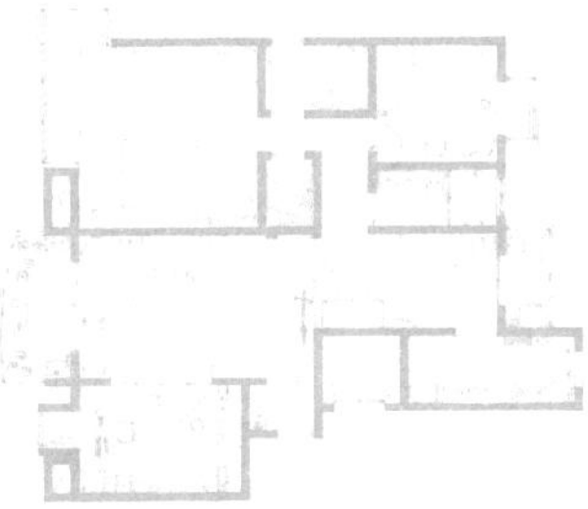

调研/贾姗姗

地点/陕西西安

1960年

地理区位：冉家村

居住人口：2人

房间布局：单间

描述：合租房其中一间18㎡的房间，日常生活大部分不在房间中

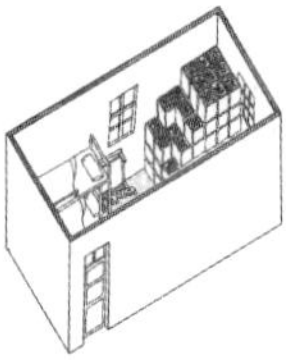

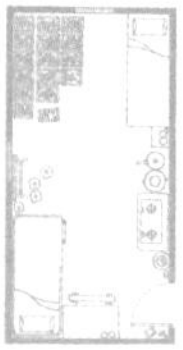

2000年

地理区位：著名景点旁

居住人口：4人

房间布局：三厅七房四卫

描述：周边商业旅游业发展成熟，地段较好；环境宜人，颇有小资情调

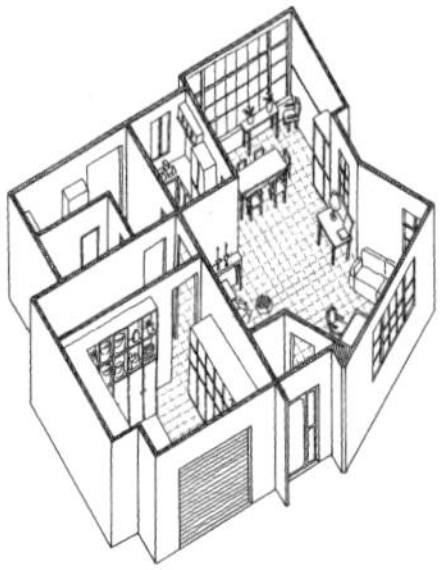

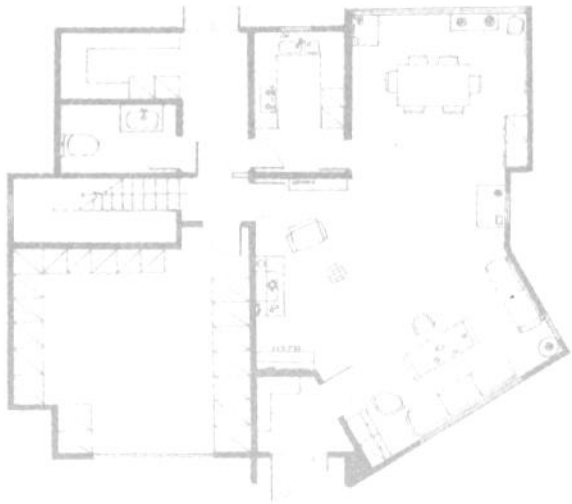

2010年

地理区位：二环外高层住宅

居住人口：3人

房间布局：三室二厅二卫

描述：周边商业配套齐全，功能分区明确

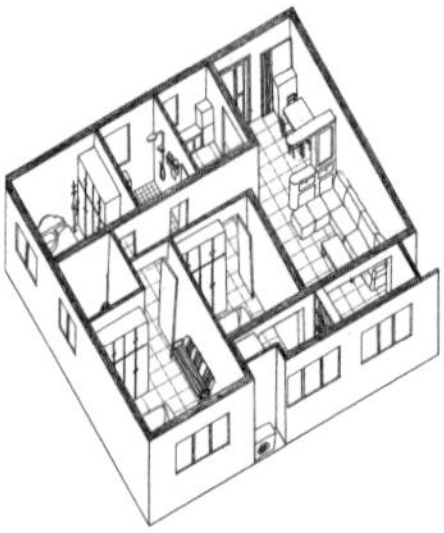

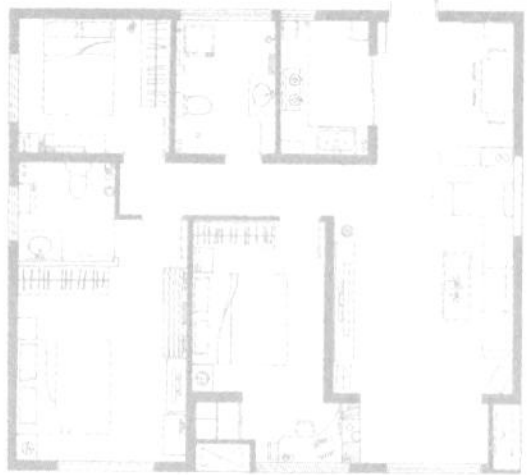

调研/鲁昊霏

地点/河南南阳

1980年

产权所属：个人产权

房间布局：独院住宅

建筑面积：222㎡

描述：布局类似传统民居，但结构导致厨房卫生间尺度不合理

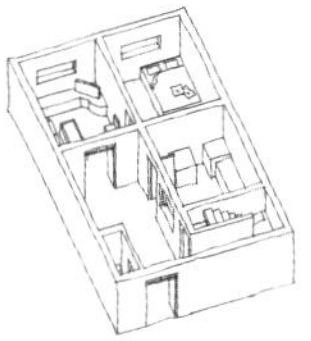

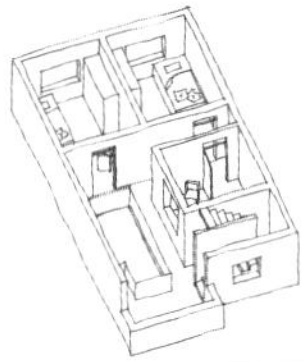

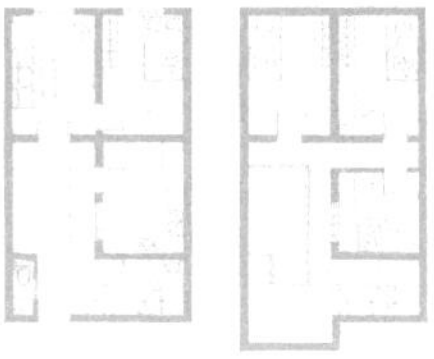

1990年

产权所属：建设银行分房

房间布局：三室一厅

建筑面积：74㎡

描述：一梯两户，北面上方有石棉瓦棚覆盖，光线较少，强调睡眠空间，不注重公共空间

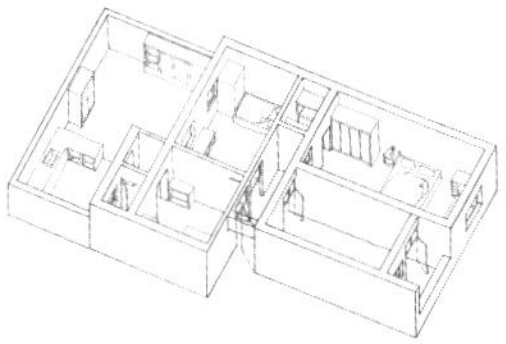

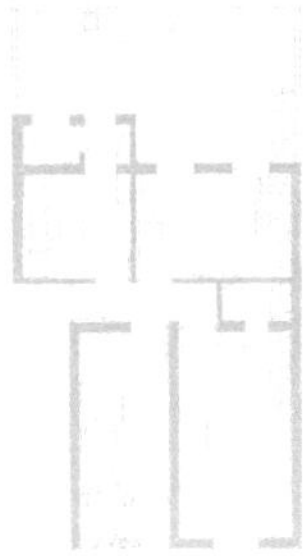

2000年

产权所属：商品房产权

房间布局：三室二厅

建筑面积：125㎡

描述：卧室和公共区域相连不方便，各房间品质较完善

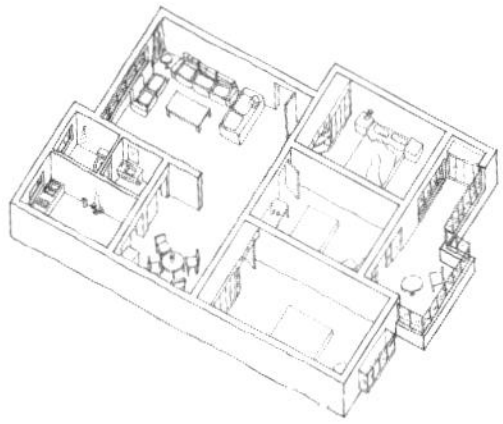

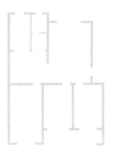

调研/陆奕宁

地点/上海

1994年

地理区位：兰岭园
产权所属：租借
居住人口：6人
建筑面积：50㎡
描述：物尽其用，见缝插针，家具排布密致，尺度不合规范

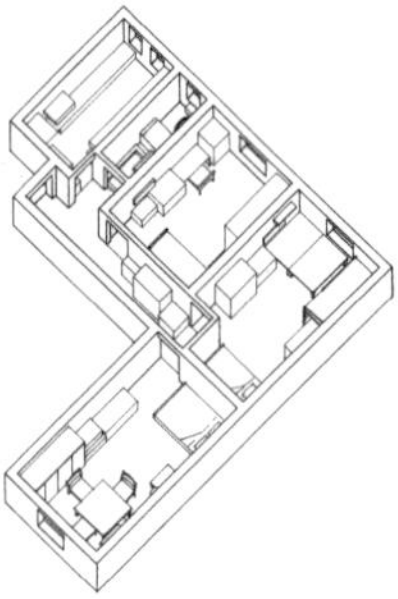

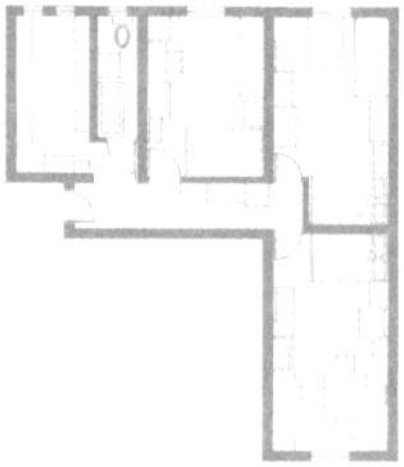

2003年

地理区位：中关村公寓
产权所属：个人产权
居住人口：3人
建筑面积：90㎡
描述：整体布局不好，房间全部朝南，卫生间不对外开窗，次卧采光不佳

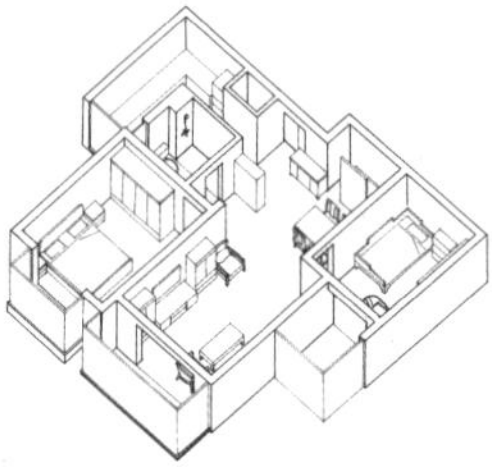

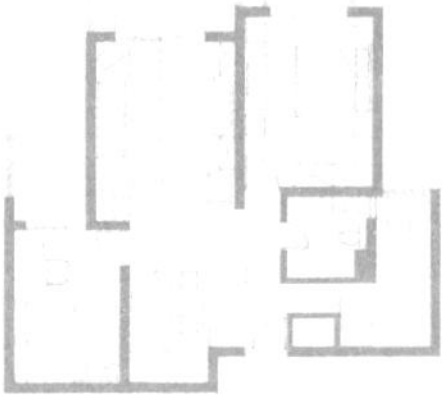

2014年

地理区位：御菁园
产权所属：个人产权
居住人口：3人
描述：有玄关等过渡空间，满足各种功能所需，但餐厅、衣帽间等略微局促

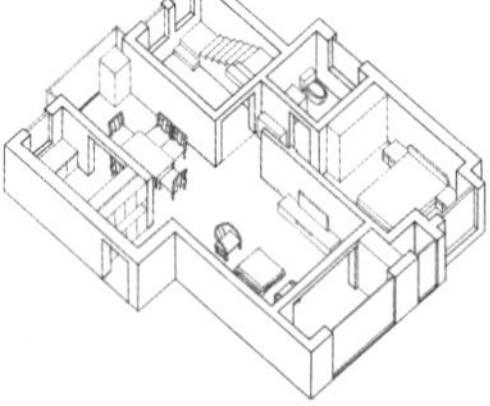

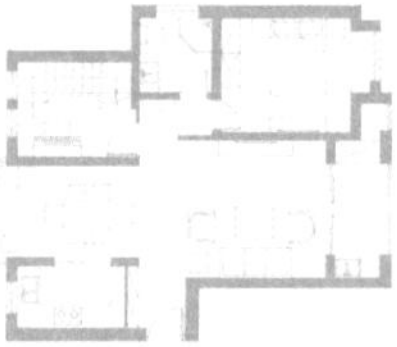

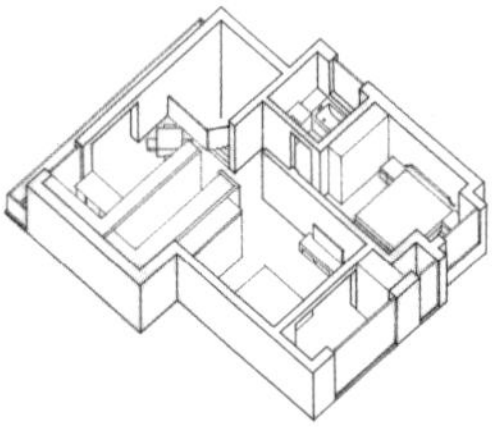

调研/王劲扬

地点/福建福州

1992年

房间布局：三室二厅

描述：省级机关宿舍，现为3人租赁使用，客厅利用率较低，采光较差，卧室与客厅连通，私密性较差

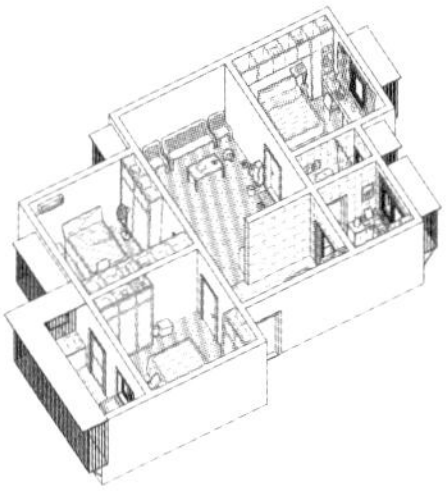

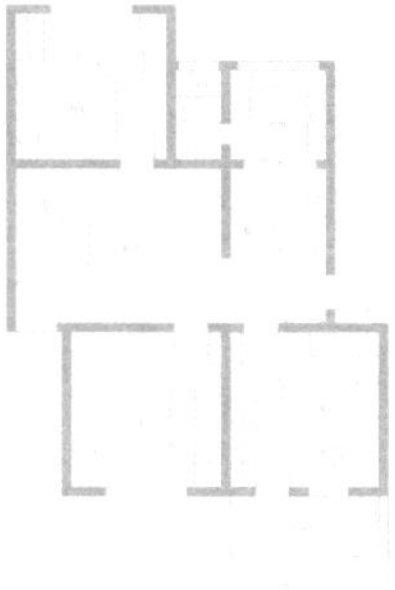

1995年

产权所属：商品房产权

房间布局：三室二厅

描述：卧室与客厅连通，私密性较差，自发进行改造以改善客厅采光

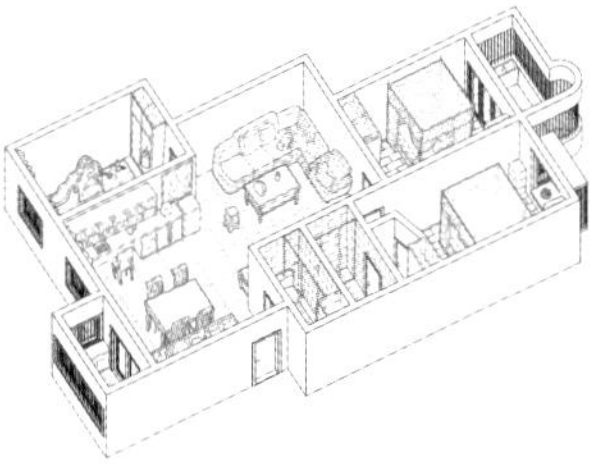

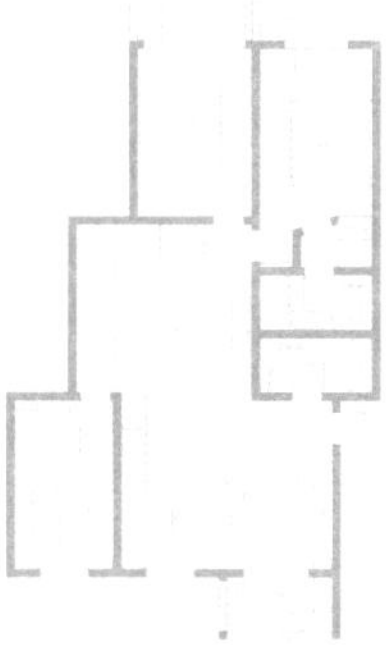

2005年

产权所属：商品房产权

房间布局：四室二厅

描述：私密性得到较好保证，内有大量凸窗提升采光，部分空间浪费

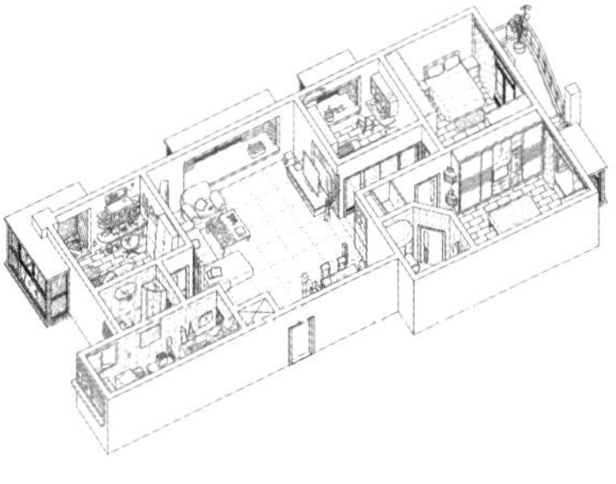

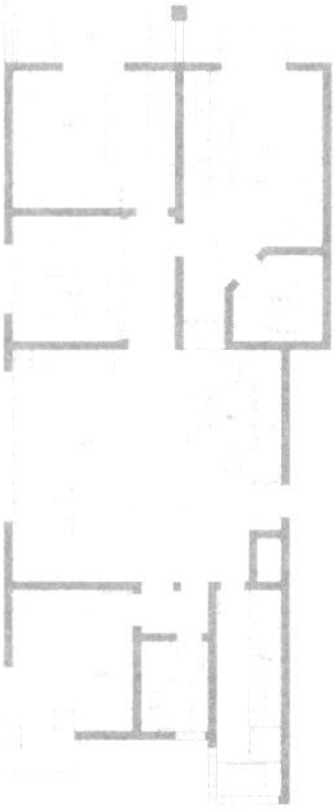

调研/王旭东

地点/江西赣州

1993年

房间布局：二室二厅

描述：目前由租户使用，整体与外界关系差，没有进行过改建

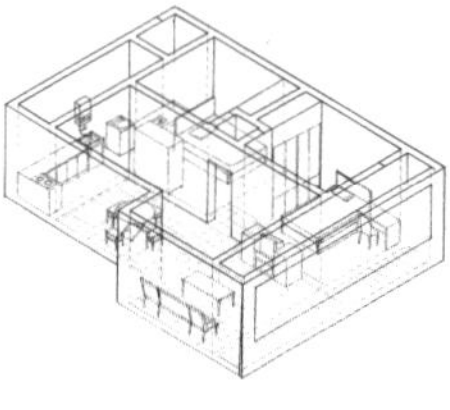

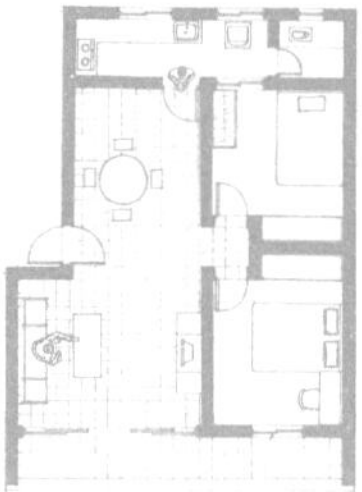

2000年

房间布局：三室二厅

描述：楼房与楼房之间因地界原因进行了错动，利用错动而成的顶为卧室加建了书房

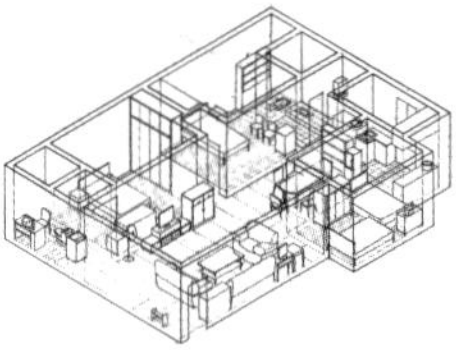

2005年

房间布局：三室二厅

描述：自发改变了入口位置，卧室的飘窗延展了卧室的布置

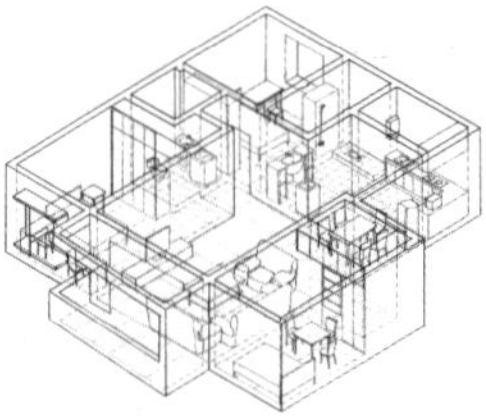

调研/王兆一

地点/吉林长春

1998年

房间布局：三室二厅

居住人口：5人

描述：缺乏储物空间，大起居室是家庭活动的主要场所

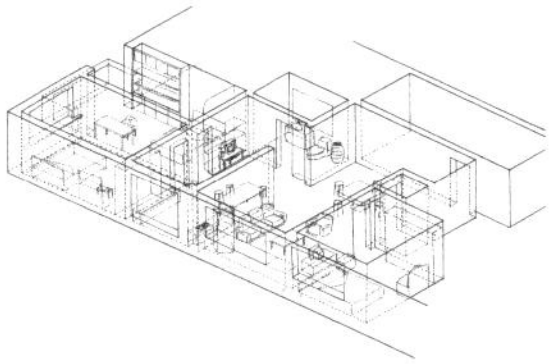

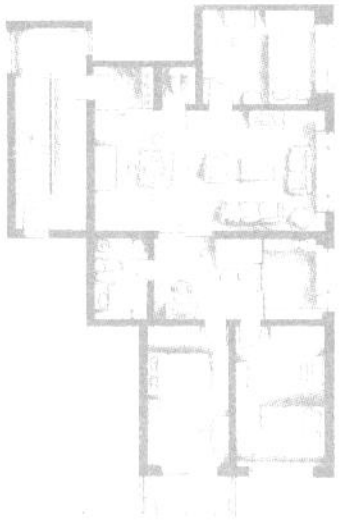

2008年

房间布局：三室二厅

居住人口：3人

描述：干湿分离，有正常的储物空间，卧室尺度相对宜人，流线关系糟糕

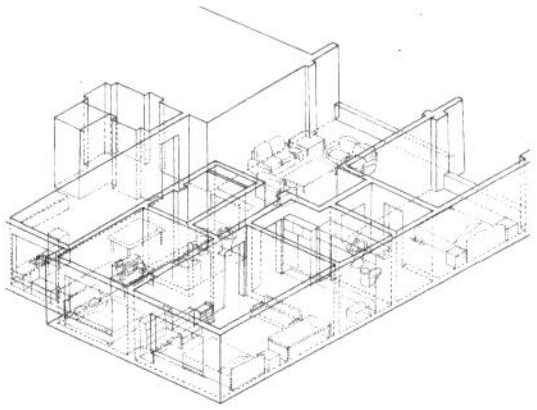

2013年

房间布局：三室二厅

居住人口：3人

描述：绿化较好，卫生间通风采光良好，房间之前有储物空间

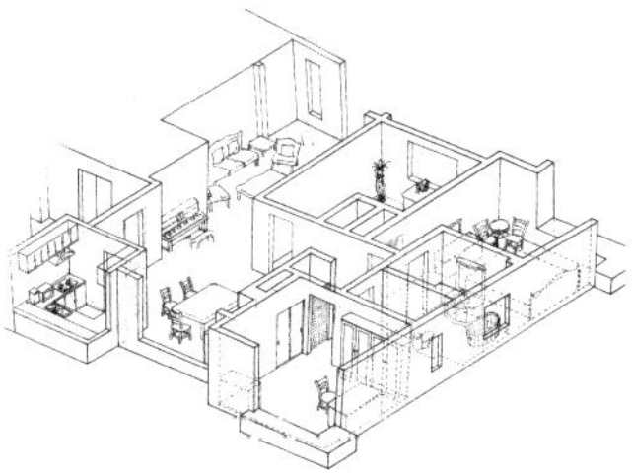

调研/张万霖

地点/上海

1941年

地理区位：裕华新村

建筑类型：新式里弄

建筑面积：170㎡

描述：由于私人搭建改装，楼梯间错位，亭子间结构混乱，空间利用率低下

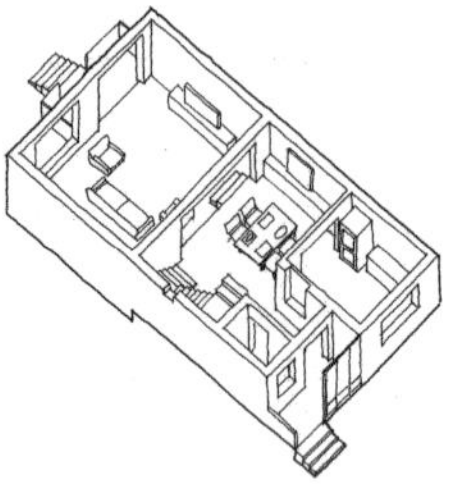

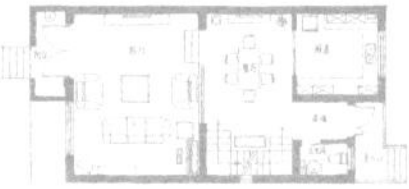

1995年

地理区位：中山大楼

建筑类型：集合住宅

建筑面积：80㎡

描述：建筑临街，与周边环境不相适应，建筑构造技术粗糙，住宅内部初具现代功能布局

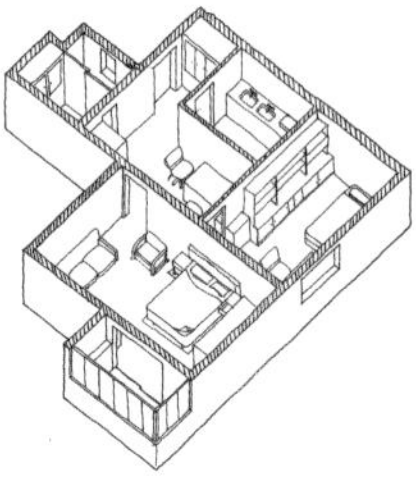

2004年

地理区位：爱丁堡小区

建筑类型：联排式住宅

建筑面积：230㎡

描述：绿化完整，居住功能分区明确，配套完整格局模式化，人居密度宽松

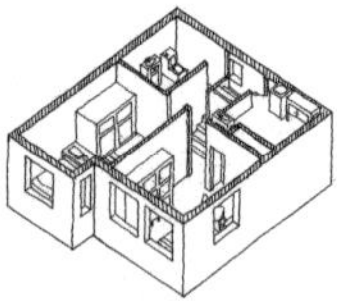

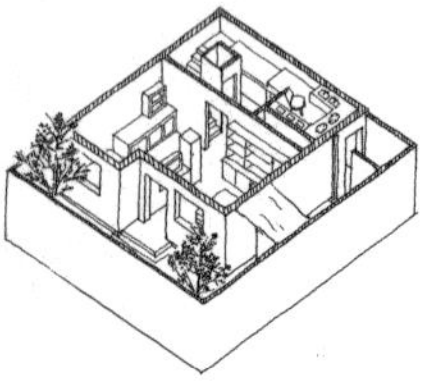

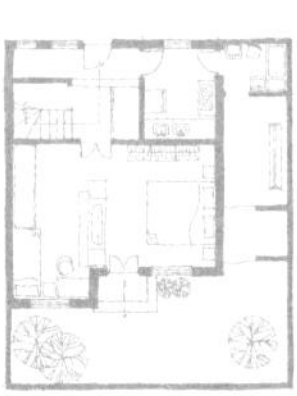

调研/朱玉

地点/四川成都

1973年

地理区位：成都军区

房间布局：一室一卫

描述：几户人家共用一条走廊，没有客厅的概念

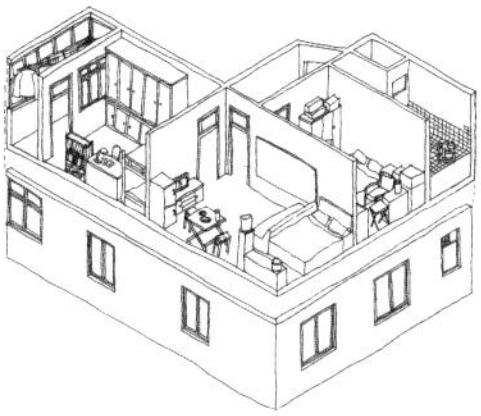

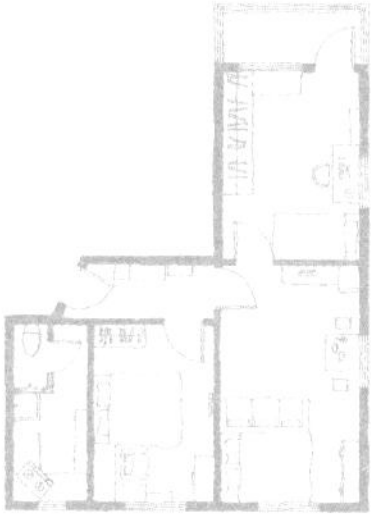

1984年

地理区位：邮电局分配房

房间布局：二室一厅一卫

描述：卧室独立，小方厅出现，餐厅与客厅混合

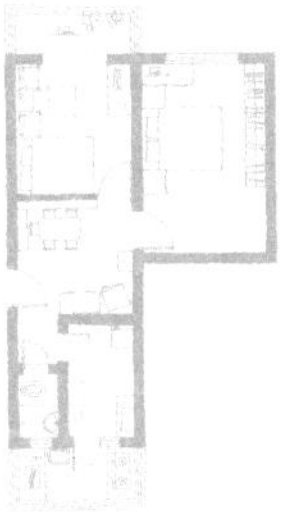

1997年

地理区位：川铁集团分配房

房间布局：三室二厅二卫

描述：卧室被压缩，客厅成了主要空间，注重一家人的公共活动空间

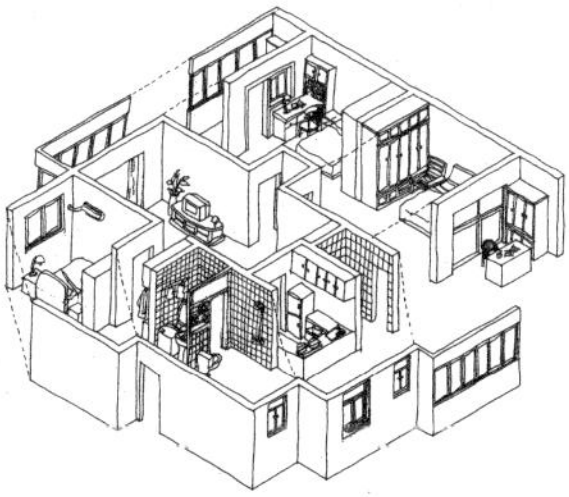

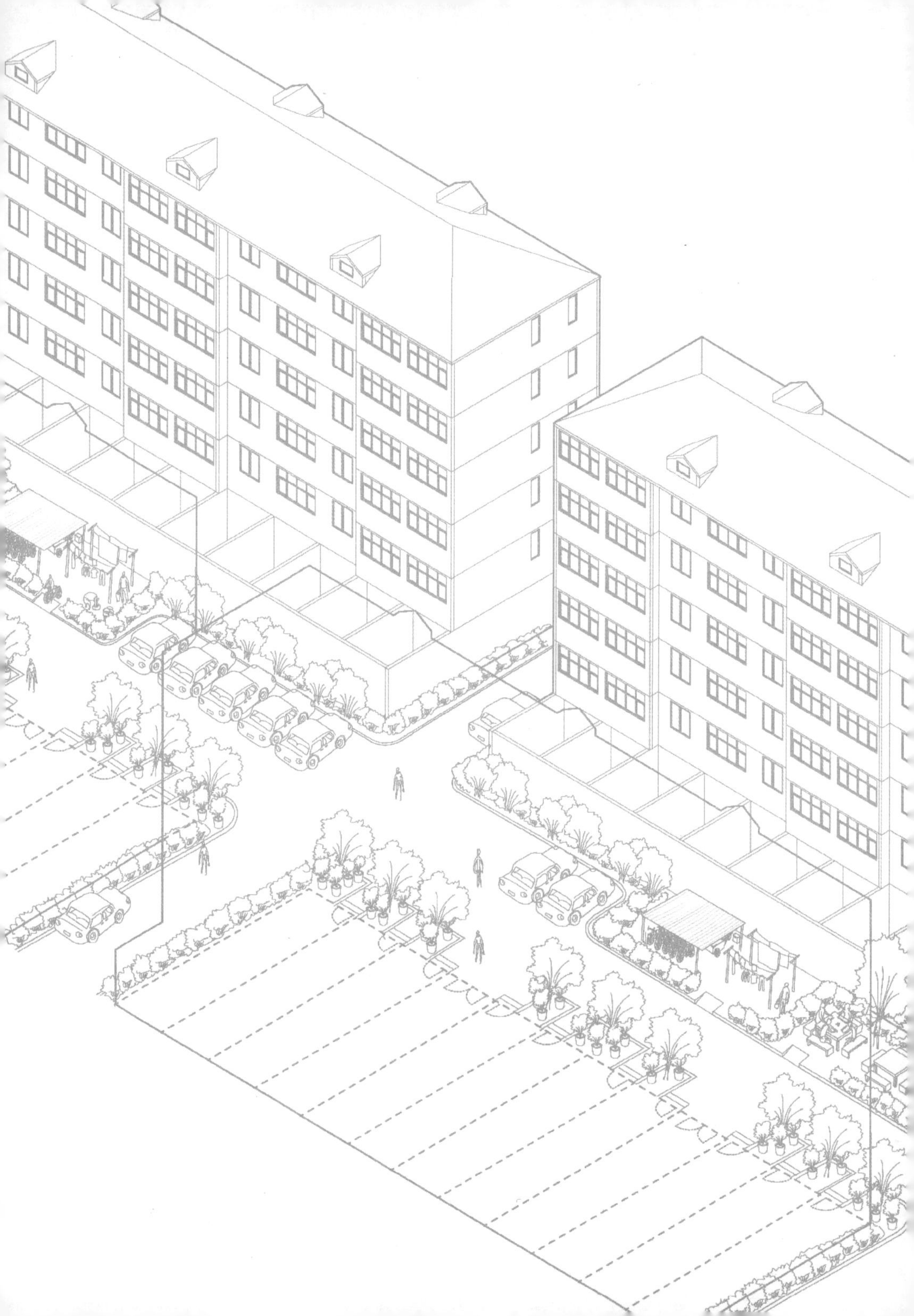

作业二
ASSIGNMENT TWO

都市稠密地区城市微更新设计
Micro Regeneration Design of Dense Urban Areas

通过对特定城市地段的阅读、走访、资料分析，建立对该地区发展及改造策略的思考；建立从更加宏观的角度（城市演进、城市规划、城市功能、城市空间等）对都市建造物的理解；确立洞悉及观察城市特质的意愿；确立研究分析城市、城市与建筑关联的基本方法。

图12　田林新村沿街商铺调研 / 陈俐、冯田、王旭东 绘

任务书

第一阶段：

分为两个部分。第一部分为个人工作，主要针对以下内容寻找切入点：

1. 居住及其环境调查。从公共空间到私家住宅入口空间，对住宅进行系列空间公共性的调查分析。对不同类型，尤其是低收入家庭居住进行观察及分析。对不同居住条件的住户生活模式进行观察。

2. 菜场运作的时间及功能规律考察，及其周边影响及关系的调查。

3. 沿街商业的使用功能、空间类型、运作方式调查。

4. 城市大型基础设施与城市空间及城市功能之间的关系。

这部分个人工作主要内容是寻找具有研究价值的切入点，在城市中找到可以展开研究的突破口，以便下一步展开调查，因而不需要以量取胜。

第二部分为集体工作。由教师按第一部分的工作内容，对学生进行分组。按组完成最后的调查及研究成果（图12）。

第一阶段小组调查范围为田林新村地区，可在宜山路以南、桂林路以东、漕宝路以北、钦州路以西的区域内选择（图13）。

第二阶段：

在课程基地周围，寻找细微调整后能大幅度提高城市空间品质的点进行更新设计改造，本阶段为个人作业。涉及现有住宅的，需要原住居民可以在原地回迁；涉及公共建筑的，需要与指导教师共同商议可行性。争取用相对小的代价，取得较大的效果。

作业介绍

调研是建筑设计作业的基础，调研的走向及定位影响学生对课题的认识，是对学生的建筑观念进行引导的重要内容。“小菜场上的家”课题作业成果的定位在很大程度上是在调研过程中形成的。课题希望引导学生用一种全面的眼光来看待建筑，并用综合的手段以建筑为媒介来解决现实问题。

从这个角度出发，首先需要让学生认识到考察一个项目的时候，不能将眼光局限在纯建筑的范畴之内。只有通过更加全面的调研才能了解与项目相关的各方面重要信息，并理解建筑设计工作的目的不仅仅是空间及造型，更是对人及社会的行为和意识进行的梳理及组织。在调研中除了物理空间之外，很多其他因素也应该是考察的对象，比如建筑的实际运营状况、建筑在现实生活中给人的真实感知、建筑与城市环境及社区的互动、建筑中不同功能的组合所带来的社会作用、特定功能项目对于设计工作的约束及潜力、设计及建造团队的资源精密整合方式等。课题暑期调研关注的是住宅的使用方式和时间性问题，以及不同地区菜场的运营模式比较。这个调研作业则聚焦基地及周围城市空间，研究菜场和住宅与城市及社会环境方面的关系。这类调研的内容必然是有些庞杂的。

在调研阶段，学生的设计方案都没有成形。调研的内容哪些将与具体设计相关，哪些不相关，在这个阶段很难看清楚。设计概念除了可以从纯建筑领域内发起外，也可能从其他领域内发起，调研得到的信息常常就是引发概念的基本条件。调研中还可以为后续设计找到很多的限制条件，对这些条件的吸收过程像是对任务书进行精确化的过程。这几点也需要调研的内容足够庞杂、丰富。

在有限的调研时间内，调研任务的设置要满足内容“庞杂”的要求。为此，首先在本作业第一阶段，让学生在前述任务书的四个大方向的前提下以自己的兴趣为切入点。个体的差异使得此次调研中得到的切入点面貌非常丰富，其中很多好的切入点被延续下来作为下一次集体调研的内容，有的甚至成为新的调研方向。切入点的多样性保证了调研内容的丰富性。

随后的第二阶段，老师也只设定几个大的范围，不对研究细节做严格规定。学生需要围绕主题进行发散式的思考，并自行选择具体观察对象进行研究，这样也为调研成果增加了诸多视角。成果分享让全班学生在很短时间内听到多方面的信息，各种调研得到的内容在学生个体的脑海里形成一个关于项目及场地状况的庞杂信息网络。

当然，庞杂表象后有课题对调研走向的明确要求，学生要对指定物理空间所处的社会环境进行阅读，并揭示空间中日常发生事件背后的原因。任务书中要求的菜场及住宅都与社会有不同的关联，学生要通过调研将这些关联部分的面貌揭示出来。为了没有明显的缺项，调研中学生分头对不同的对象进行观察。在作业二的第二次集体调研中，老师将学生分成七个组，每个组针对不同的调研内容。

第一组的调研内容为“各等级商铺及破墙开店现象”。这个组主要调研了田林新村沿街商铺的现状，具体包括店铺面积、性质、位置及分布特征等，让学生能够更加深入地思考田林各村基本的空间结构与商铺的产生之间的关系，去探究设计的制度与管理的制度之间应如何共处。

第二组的调研内容为“菜场运作及功能”。课题基地周边的菜场有自身的运作规律，菜场内的不同功能在空间中的设置方式及其原因、运营管理模式、菜场工作人员的生活规律、买菜人的行为特征等问题都是第二组的研究内容。课题任务书对菜场的功能没有详细的要求。这部分的设计条件实际上是由学生通过调研获得的。最后学生理解的任务书不再是一个面积指标，而是结合了具体组织方式、行为及空间形态，是一个高度整合的任务书。

第三组的调研内容是“人群与空间关系”。通过对菜场及工人新村的历史沿革的研究，以及现状中内外部人员对公共空间使用案例的具体分析调研，使得学生能够对于居住人群的共处模式及公共空间的使用状况有初步的了解。

第四组的调研内容是“街道中的公共空间”。田林新村中错综的街巷道路形成了丰富的街道空间，通过对街道组织方式、空间尺度及私有空间与公共空间之间的渗透关系的研究，使学生能够观察了解到规范要求与实际感知之间的差异性，对后期个人的设计形式产生更多思考。

第五组的调研内容是“住宅区共有空间及绿化”。这一组的学生通过对基地及周边住宅区的实地观察，对住宅整体布局、不同住户类型对公共空间的使用情况进行调研和总结，从而分析建筑本身的设计与住宅的共有空间、绿化以及私人占用之间的关系。

第六组的调研内容是“住宅及其空间改造”，主要从住宅的尺度、适应性功能分布、加建三方面来研究住宅。住宅是课题设计部分一个主要的内容。暑期作业中学生取得了诸多不同地区住宅的样本，但学生对基地周围住宅的建造、居住、建筑品质、社会环境状况等方面还不了解。这一组的同学需要通过实地调研、走访、资料查找等多种方式对这个地区的住宅区进行更深入的了解，并结合现场的观察勾勒出关于住宅改造变迁的完整故事。

第七组的调研内容是“基础设施”。公共设施在之后的具体设计中往往会被忽视，但实际生活中，公共基础设施反而是与居民生活最息息相关的产物。这一小组将对基地及周边住宅区的基础设施总体情况、使用情况进行调研，使学生了解到居民真正的使用空间、生活习惯以及建筑基本的一些东西。

本作业的调研课题既有系统性的控制，也给学生主动发掘研究对象预留了足够的空间，两方面的结合使调研成果可以既有庞杂的特点，又有在课题要求领域内的深入挖掘，为后续的设计提供必要的基础条件。

本作业最后一个阶段是“城市微更新”的个人提案，它让学生在调研的基础上在田林新村的城市环境中寻找用简单的设计就能提升其空间品质的点。它将设计引进调研的话题，在引发学生兴趣的同时，让学生更积极地寻找和建立调研与设计的内在关系。

本调研作业周期两周半，期间得到了很多调研成果。书中很难将所有成果进行展示，我们只对作业中“都市稠密地区城市微更新设计”个人作业的部分图纸进行汇总，并附上作业汇报时教师的评语。该作业汇报的时间是2015年9月28日。

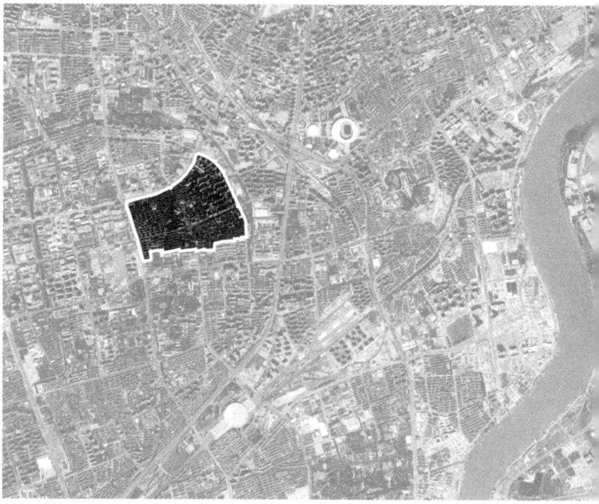

图13　田林新村区位图

宅旁新增绿植设计/陈路平

NEW LANDSCAPE DESIGN BESIDE RESIDENCE

活动人群多为老人和小孩，现状室外活动场地少，缺少遮雨挡阳的雨棚。绿化区域的布置较随意，使得活动场地尺寸不足，相较于统一规划的大片设施区域，人们更喜欢在家附近活动。设想绿化悬空布置，对下部空间起到遮蔽作用，解放下部空间，绿化以独立花坛为主，一层加建处与花坛围合出空间死角。设计补偿绿化率，增加面积；大乔木挖洞保留，花坛以草坪灌木组合为主；靠近住宅部分变为木格栅和攀缘植物，稀疏透光；在靠近住宅部分地面种植灌木，提高一层住宅私密性；增加垂挂植物，保留部分地面植物；考虑与建筑的凹凸结合。同时，收纳暴露在空中的电线，设置可折叠座椅，调整建筑出入口，选择浅色木材增加空间亲和力与活力，主结构使用混凝土外包防腐木。

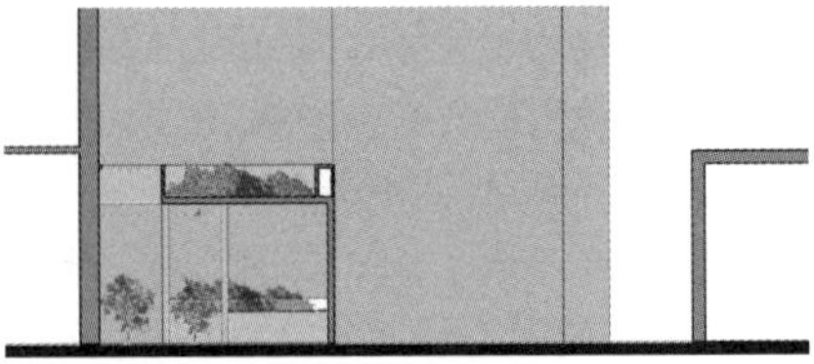

立面图

效果图

庄慎

改造绿化也许对于小区是一件好的事情，但是选择的地方不合适。全选在二村这个地方，所有的空间都在被每家每户争夺，建筑师又冲进去争夺了一块空间。也许没主的不积极的空间更好。二村所有的地都已经被瓜分好了，有形的无形的、有界限的无界限的。这样的选择可能是进入了一场错误的战争，也许你应该放到更好的地方。

张斌

你的思考深度相对比较浅，虽然也有从人群的角度来考虑。里面大尺度的凹口全部被填起来，却没有说明任何的形成机制，是政府买单？老百姓合作？还是老百姓自发合作？底楼北面虽然不是阳光面，但也是采光面，也有人直接从这里入户。如果是自发合作，底层的居住者的权益如何保证？它可能对整栋楼有用，但是对底层的人是有侵害性的，这样如何去协调？

货车式社区活动室/何侃轩

TRUCK-LIKE COMMUNITY ROOM DESIGN

社区里的中老年人对棋牌室的需求非常大，主要分为以下三类：私人加建，建筑原功能受到影响；活动中心，收费较高；露天自发聚集点，天气限制较大。另一方面杂货铺租金两三千元一个月，物价比菜市场高，顾客不多，同时占用公共空间。能否将杂货铺和棋牌室相结合，形成一个经济共同体？将商贩的货车改造成为一个可以提供遮阳的棋牌空间。根据不同时段的功能需求间歇性使用流动货车，售卖和停留功能也可以有多样的复合方式，同时多辆货车之间还可以组合使用，满足更加多样的功能需求。存在问题：提成补贴无法达成共识，可通过短期试运营建立书面协议；聚集人群过多，堵塞交通，需要避免货车在次弄或狭窄处停留。

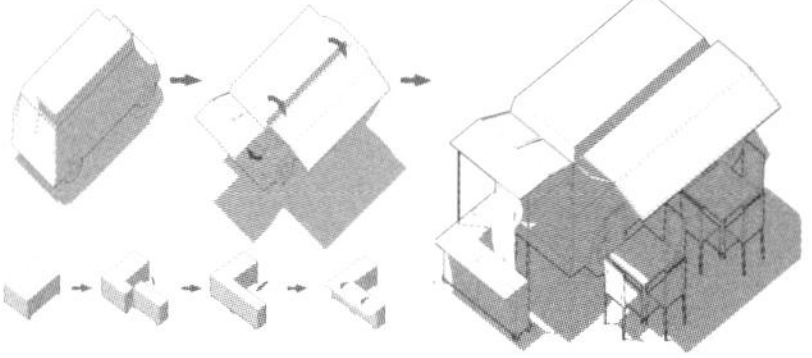

临时活动点模式示意

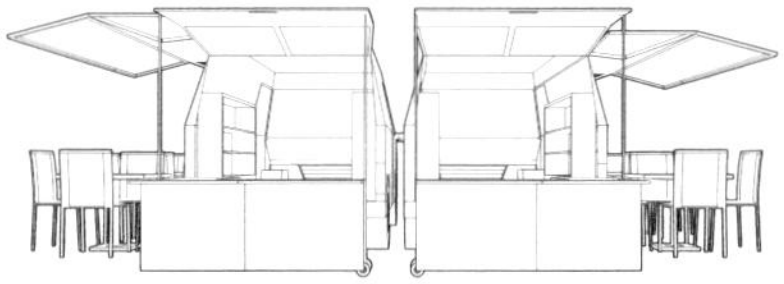

组合模式一

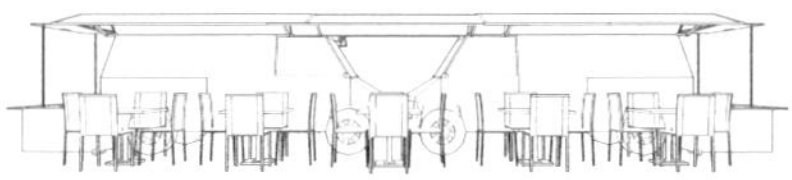

组合模式二

张斌

你提出的问题以及提案、落脚点都是不错的，但是忽略了一点：你探讨了你选择的对象在移动上的机制，提到了和固定店铺的结合、和房东及租户如何平摊成本，让这两者结合起来，但这个机制和房东是没有任何关系的，相关者是城管或小区的业委会。杂货铺的店主和小区有需求的老人活动相结合，那么杂货铺店主做这些事的动力在哪里？一辆改装过的货车到底是“移动杂货铺+活动室”还是“货车+活动室”？这件事情要成立，就需要变成一个“移动杂货铺+活动室”，但如果这样，还能不能是辆车？经过这样大规模改造的车是不能上路的，只能在小区内部移动。你需要解释更多的社会关系，也就是这个设计的成立点。技术层面上，你对于改装过的车的表达都很好，但是社会关系的转移被忽略了。

非机动车位与社区功能整合设计/花炜

INTEGRATION OF BICYCLE POSITION AND COMMUNITY FUNCTION

社区道路宽度较窄，停车进一步限制了道路宽度；社区居民自发在停车棚下活动，自行车随意停放在附近。车棚占用面积过大，停车位置被占用，车棚夜间无照明，停车与活动共存。居民休息与停车时间的重合少，是否可以探讨搭建一种复合停车和休闲等多种功能的构筑物？功能包含存放自行车、日常交流、照看小孩、棋牌活动。由于自行车停放有70°倾角，相比可节省约30%的面积；折叠的桌椅为全天在家的住户提供休息区域；活动的桌椅满足了多种需求；在顶棚安装灯槽满足夜间照明；凳子在不用时可当靠板。

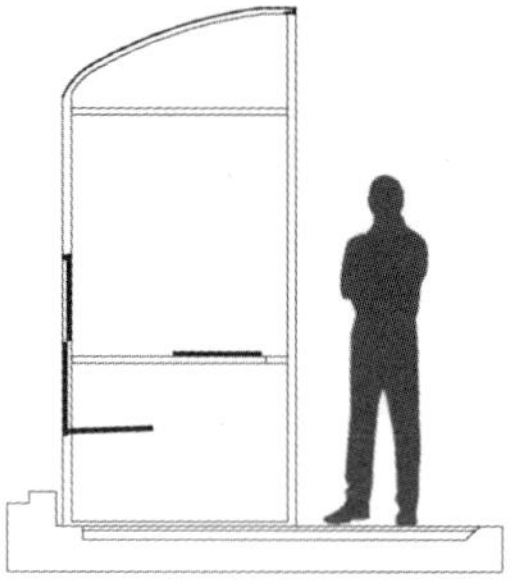

日常模式侧面图

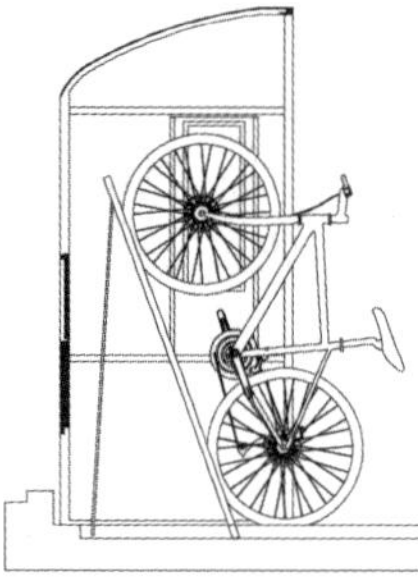

存车模式侧面图

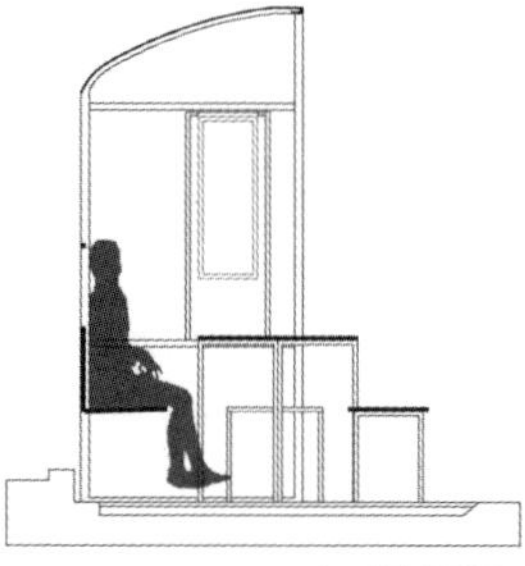

打牌模式侧面图

王方戟

如果你要用液压的方式把车抬上去，存在成本问题。当你在这个地方做设计的时候，意味着你的投资就指向这里。应该想想如何用经济有效的方式去克服某些问题，而不是去增加东西。但我觉得你构思的策略，以及你的介绍还是比较合理的。

张斌

它比较合适靠道路的另外一侧。这是一个复杂的多功能构筑，设想不错，但是这意味着成本的数量级增加。对此要有清醒的认识，而不只是强调漂亮的设计。

廊下商业空间的分季使用/冯田

SEASONAL COMMERCIAL SPACE UNDER THE CORRIDOR

基地现状商铺功能多样，廊下平台形成临时商铺，多为季节性售卖的流动摊位，销售环境较差。存在以下问题：店铺分区混杂；空间资源浪费；平台临时经营不便；店铺平台无明显界限，杂物无序堆放。本设计围合平台，明确分区；创建短期经营空间；调整门窗。方案的优点包括：店铺再造，租金降低；经营环境改善；充分利用空间；空间整洁规范；平台用途多样化。不足之处在于后方店铺经营可能受到影响。

改造前商业空间

改造后商业空间

庄慎

微更新不仅是城市美化运动，你的更新没有分清公私领域。空间应该如何处理？关键点在什么地方？改造与每家每户占有的领域、时间性、经济性相关，受益方、支付方、使用方的关系都需明确。如果想达到一个理想的城市效果，对于如何支撑设计的基础，是需要去调研和回应的。房子的内外有一条界线，里面是租户，外面是公共空间，才导致你分开设计，协调两者关系。但你反过来想，如果所属权明确了，外部的摊位和内部的经营如何来分割或打破这条界限。

王方戟

她的观察挺好，短时间内观察了时间上的变化。我觉得城市里肯定会有很聪明的方法来适应这种时间的变化。你现在提出了两个问题：一个是廊下空间要怎么去使用？另一个是分季的商业如何合理地被吸收？但从你的介绍中我觉得只讲了一个很大的外因，没有往你自己想要设计的东西上去明晰化。

菜场海鲜摊位的更新设计/黄舒弈

RENEWAL DESIGN OF SEAFOOD STALL IN MARKET

菜场内路面湿滑：出水口不便清洗，冰块融化时排水不畅导致溢出；对冰块的加工处理在公共空间进行。菜场内有异味：外排水使得废水直接暴露在公共空间且鲜有人清洗；摊位内部对于废水处理过于粗劣。更新方案首先规范原有分区，将海鲜区统一集中管理，再截取转角处的摊位进行分析。将路面下沉以防止水进入其他空间，利用木构架找平，利于排水、提升辨识度，消除碎冰的可能性。摊位采用粗糙石材，创造停留空间，利于冰块处理，产生一定的斜度，便于导水入沟。

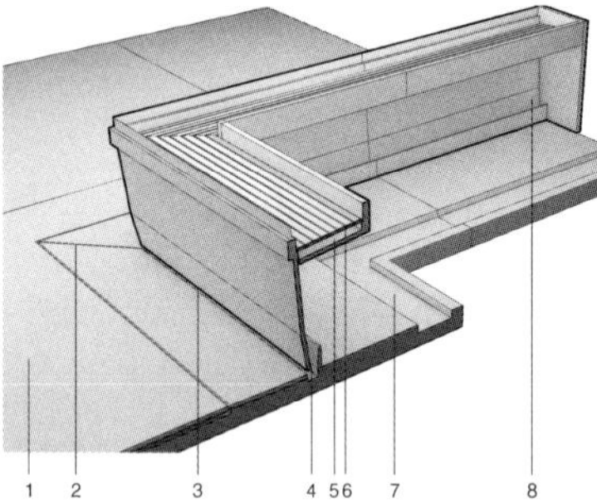

1 木构架地板
2 石材转角处留出较大缝隙排水
3 外隔板底部未与地面接触，留出缝隙排水
4 明沟置于两挡板之间，不可见
5 空腔用于收集融水，使得水与海鲜分离，避免长时间浸泡产生气味
6 木格栅可取出，方便清洗空腔
7 排水明沟，上设滤水隔板
8 融化的水通过外隔板内壁流入排水沟

摊位剖透视

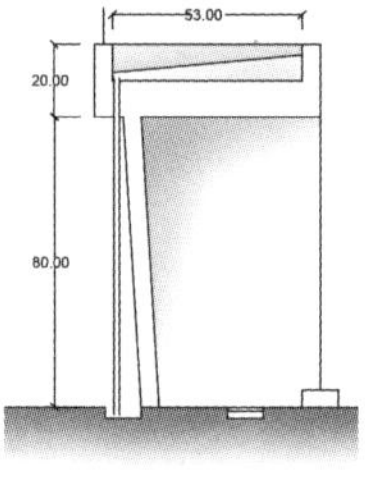

原摊位剖面

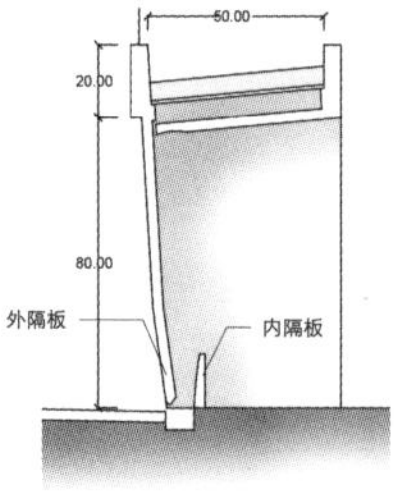

更新后摊位剖面

庄慎

想法很好，做法上却不是很有效。我有些疑问：垃圾怎么办?人为增加了下沉的集水空间，上面虽然有格栅的滤水设施，但垃圾也很容易冲下去，之后再怎么清洁？这个要想得更加周全，否则就等于添了乱。

从清洁耐用的角度来说，在海鲜区用木格栅做构造不是特别好，便于清洁的耐久的金属可能更加好。设计是为了解决杂物垃圾，你增加了系统的复杂性，看上去很漂亮，却减少了打理的便捷性。

王方戟

对摊位按照实际使用要求进行的设计，虽然可能会存在难以清扫的死角，但是总的思路及设计结果还是很好的。

小区垃圾点改造/罗辛宁

RENOVATION OF GARBAGE SPOT

小区垃圾屋处于路口处建筑端头，临近休息处荒废，周边卫生差、环境凌乱。垃圾屋周边投放口不明显，导致周边垃圾堆积，清理口被堵塞，导致垃圾屋实质上废弃，居民转而使用垃圾桶。垃圾屋四面利用率低，立面材料与周边住宅表皮不同，显得较为孤立，周边绿化阻碍居民通行。设计将使用率低的绿化改位，将垃圾屋四面都加以利用，投放口密封，清理口视觉上隐蔽但容易到达。立面材料与周边住宅表皮相同，清理口与表皮同色，使得投放口凸显出来。

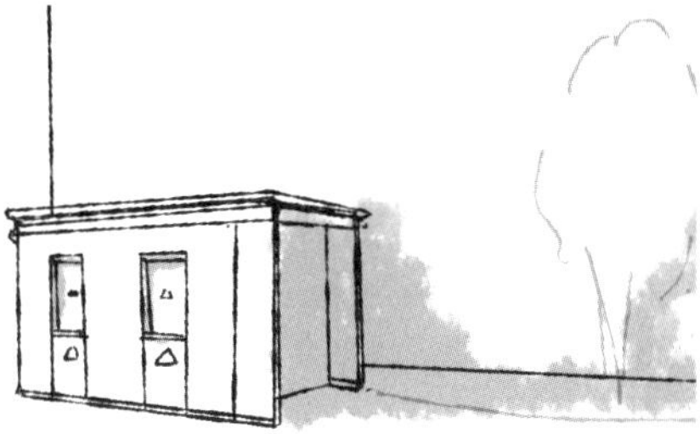
外立面设计

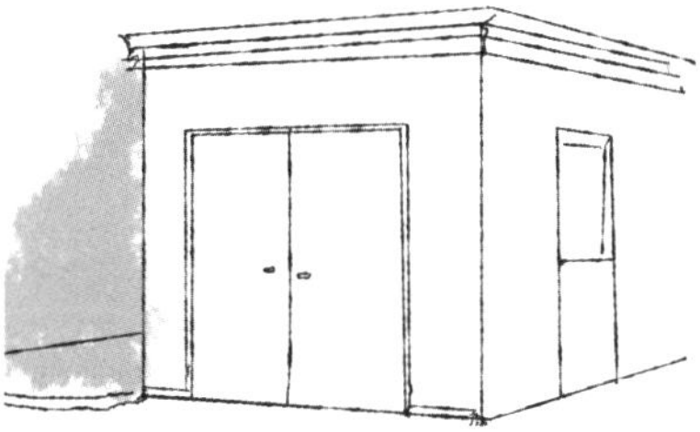
外立面清理口设计

庄慎

我觉得垃圾房的处理是一个有意思和有挑战的事情，它是一个普遍性的问题。小区的垃圾房好像总是一个很讨厌的地方。做这个垃圾房，鼓励人们好好丢垃圾，甚至还要鼓励垃圾分类，再把废弃的活动场所组织得更加好，这些都是你可以来做文章的地方，不要仅仅局限在改造垃圾房平面这种方式，可以对垃圾房和周围没有用的“垃圾空间”一起改造。

王方戟

你是唯一一个对垃圾站做设想的学生。但是你好像并没有从垃圾处理本身的角度去设想，仅仅是把垃圾站整合一下刷一刷。

街道开敞空间品质提升/申程

IMPROVEMENT OF THE WIDE SPACE IN STREET

社区活动中心位于田林东路近柳州路路口北侧，社区中心从外观上分为主体、影剧场和图书馆三个部分，而广场即位于三者和街道红线之间。广场和街道形成封闭的边界，对位随意；人群自发的行为显示出广场边界的不友好，等待者没有座位，存在功能不明确的空间。广场内部空间权属关系含糊，社区中心主入口不明确。设计将广场内部空间权属优化，将空间对位分区，设置共用区域，考虑回车需要、通过需要、社区中心入口需要。座位设置考虑适应人的流线，设置封闭的边界以加强空间权属。

效果图

鸟瞰图

王方戟

大广场的使用困境是中国很多城市都要面临的一个问题，它用起来其实不大有生气，但我们做建筑都喜欢根据红线在前面空出空地。那这种方式应该怎么用当代的手法来回应？怎样用更容易的方式让这种空间成为一个新的可能性？我现在的感觉是默认这种东西存在的合理性，尽管它本身有一种非合理的气息。那么以什么方式去改变这种感知是你需要去思考的。

宜山菜场西弄加覆盖设计/田园

A COVERAGE FOR YISHAN MARKET'S WEST ALLEY

雨天对该路段买菜者和买早点者造成很大困难。非高峰时段人流稀少，场地空余。设想调整道路秩序，营造可供人活动的街道空间。通过改善菜场入口区域使用状况并创造活动空间，给居住者营造一个更好的社区入口空间和公共服务空间。设计上，在该路段上从田林中学最南侧围墙开始加建覆盖物；菜场营业时间及用餐时间内，在东侧放置一些桌椅，供人休息交谈或用餐；菜场停业后收起桌椅，提供相对较大的活动场所；设有吊灯，改善夜间照明，也为居住者活动创造条件。覆盖物为买菜者和买早点者提供便利；规范停车，便于通行；为菜场和住宅小区营造入口的过渡空间；创造社区活动和交流的空间。

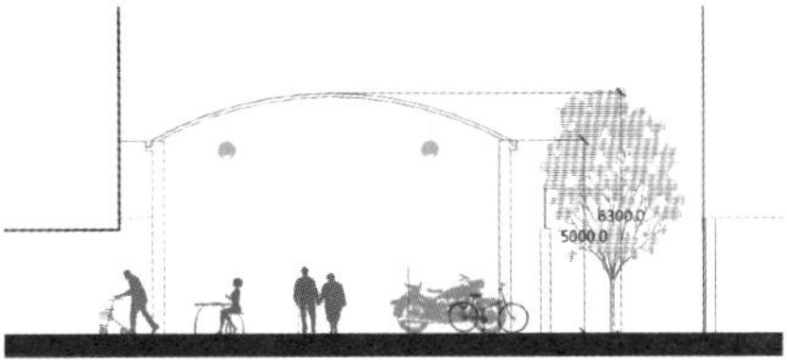

南侧剖面图

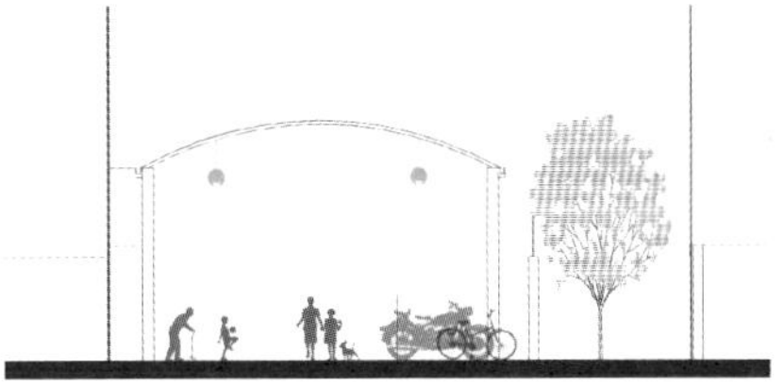
北侧剖面图

王方戟

你所选的点是让人有异样感觉的街道。在这种尺度下，按理说汽车是可以通行的。但因为新村有自己进入的方式，因此这个街道非常宽，但机动车的流量却相当少，给人一种更易于步行的感觉。对于这个街道本身来说，你要通过这个空间和菜场形成一个新的关联。从空间体验的角度，怎样把这种存在的感知通过功能重新组合的方式重现，是学设计的同学应该去考虑的。

庄慎

我看到了你为了停车达到你希望的方式做的努力，但你的目的是什么？你要意识到会造成的影响，清楚你想达到的结果和采用的方法之间的关系。我觉得现在主要是一种下意识的行为，需要变得更加有条理。当我们碰到一个问题，除了搭个棚、做个限定诸如此类的方法之外，还可以把思维更加扩展。

住宅开敞式外廊扶手扩大更新/熊晏婷

EXPAND DESIGN OF OPEN VERANDA HANDRAIL IN RESIDENTIAL

旧时期共产生活模式无法适应生活方式的改变，具体表现为：公用厨房狭小，室内储物空间少，南侧没有阳台；居民自发加建厨房，过道杂物堆积；公共过道半私人化，外廊通过功能减少、起居功能增多，兼具工作阳台和景观阳台的功能。自下而上利用空间的模式，是普通人通过自身经验表现出的身体和建筑的关系，也反映城市内部边缘空间不同人的共生现象。希望能通过一种简单有效的手法，限定空间，让使用者更加舒适地生活。设计在阳台扶手外侧统一开槽，可以用作花架／洗手池／加建厨房，下方留出储藏空间；增加装置（如：雨棚、座椅、衣架）；填平外廊楼道高差；由各种临时性材料建造的盒子是新时期生活方式的体现和生活状态的外向性暴露。

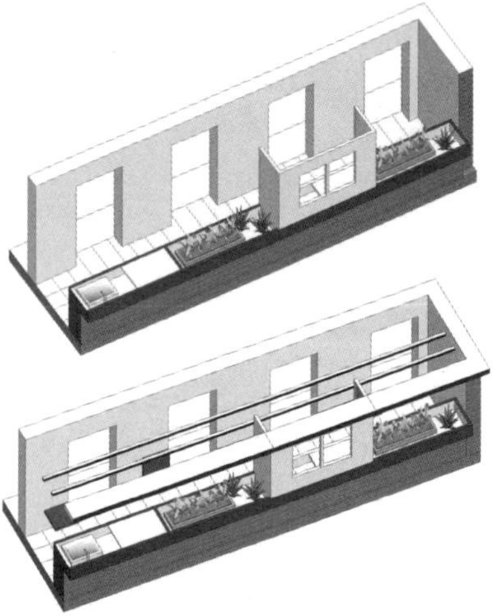

统一搭建雨棚、座椅、衣架

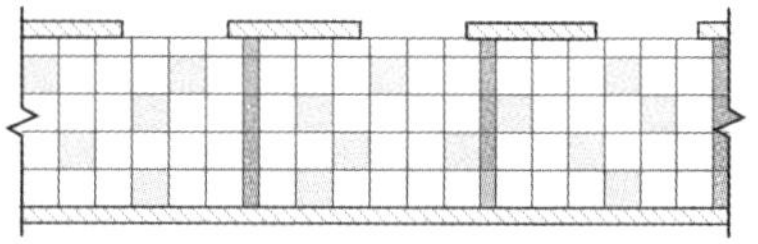

铺地改造

张斌

设计涉及的动作不大，只是在走廊上面挑了一块板，所有活动在板上面解决掉，做了一个小尺度的半封闭系统。你还需要回应小尺度对应的问题，比如有完整的厨房需求的人怎么用？有没有内外结合的可能性？形式感好，但是规则和目标之间的过程需要系统地整理。

庄慎

你的观念太过于把它当作一个审美的事情来考虑，是在以一个外来人的眼光看待它。实际上，它是一种争取生存空间的很无奈的方式。设计师一开始要去设想目标和目标实现的可能性，而不能只是把它当成一个好看不好看的问题。

菜场出入口及停车改造/张晓雅

DESIGN OF MARKET'S ENTRANCE AND PARKING SPACE

菜场主入口道路在通过状态时，大门起到对机动车的拦截作用，但非机动车和行人仍可通过；拦截状态时一些人把车停在菜场外面，进入菜场购买所需。从九村、十村方向次入口处南侧来的买主把非机动车停放在菜场外部，进入菜场；九村、十村的买主把非机动车停放在小区内部，步行出小区进入菜场。设计将车棚面积扩大，将小区中停放自行车的部分充分利用起来，利用绿化和座椅规划区域功能，在车棚附近增加居民休息点，为等候人群提供空间；将原来的三股人流分开，减少拥堵并增大菜场西侧空地的利用率，增加内部的早点摊的公共性；将两个非机动车出入口分得更开，使两股流线不重合，将排队空间内移，防止拥堵，将几个可直接乘车购买的摊位串联在一起。

鸟瞰图

效果图

张斌

这条通路除了通向菜场门口，也是整个小区通往宜山路的一条南北向的主要通道。在这条路上你布置了很多的停车架，通行肯定会受影响，包括货车的运输也会有问题。

庄慎

目前的使用状况，已经是使用者们尽量利用了现在的条件，其利用、改变和互相协同已经非常高效。如果要创造更多的可能性，其实是需要去打破现状的。

王方戟

这种布局是否跟底层平面相关？这种模式能否存在于其他地方？假如范本很多，是否可以证明这种模式是可以重复的？同样的模式复制到其他的地方可能会带来新的效果。有的小区底层不开放，且底层一楼的住户不面向街道，这就没法起作用。只能在底层开放的小区实行这种模式。我觉得范本的多样性是很重要的考虑因素。目前菜场设计、通道设置、停车方案虽然效率很高，但都是在一种非总体规划的前提下实现，没有考虑大的人流关系和周围停车的关系。

成功宅间模式的复制/周雨茜

REPRODUCE A SUCCESSFUL SPACE MODE

目前一层居民的私人杂物、绿化对公共道路占用严重，一层居民对宅前空间的占用与其他居民停车之间产生了矛盾，道路过窄，难以停车。设计效仿六村，分散选点，释放绿化缓解停车压力，具体操作如下：领域的暗示、分割与肯定；交通与其他活动分开，安全性提升；提供场地，活动自定；绿化补偿，提供围合与遮阴；在住宅的私密空间与小区的公共道路中增加过渡空间。希望车道供居民停汽车、自行车、摩托车，车辆通行；步道供一层住户占用一部分的宅前空间（私人），确保其他居民步行的畅通（公共），同时一层住户宅前部分空间用于居民聚集（公共）；交通分流，提高安全性，激发居民活动，形成入户前的过渡空间。

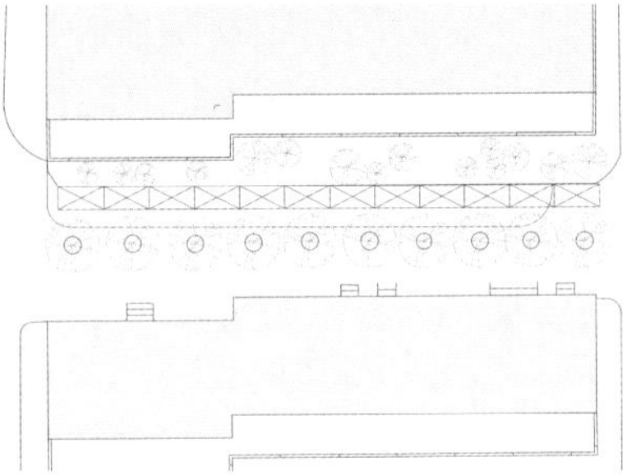

平面图

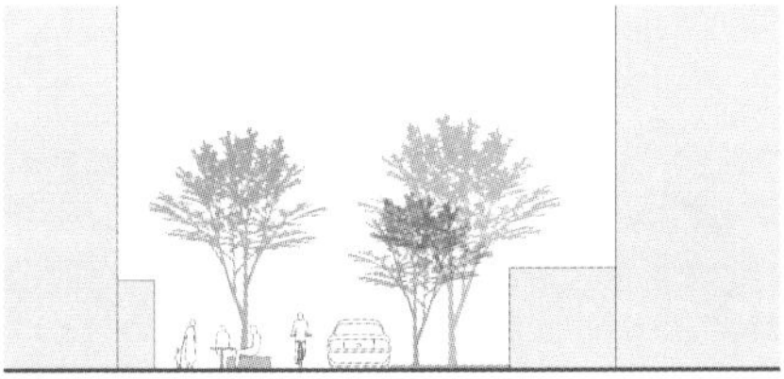

立面图

张斌

牺牲了住宅南向的绿化，倒不如把宅间压缩，使用垂直停车提高效率。要考虑提案的可行性还应该调研一下这两栋住宅所需停车位总量，考虑发展和可变性，指出提案的灵活性和发展空间在哪里。这个方案对于宅前的照顾是比较现实的，虽然这当中有个绿地归属以及收费的问题。绿地不是无偿享用的，住户也要有所贡献，如果没有贡献完全私有化是不合理的，需要去思考机制问题。

王方戟

如何把这两者平衡，你提到了新的模式，即现状正在使用且有效的依靠植物重新分配绿地的方式，我认为现实当中类似的范本可能可以更支持你的设想。

庄慎

你讲的事情很简单，对应两种状态，一种是你认为积极的状态，一种是你认为消极的状态。两种对比，一种是乔木，一种是摊开占地的灌木，因为你是为了更好的、积极的空间以及空间利用，两者之间其实存在差异。

商业聚集效应提升空间活力/陈俐

COMMERCIAL EFFECT TO ENHANCE SPACE VITALITY

由于主弄南侧的电线杆、自行车停车位等的限制，机动车主要在主弄北侧通行。市场南侧的两栋居民楼底层大多数作为商铺使用，空地与车道界定不清。设想将底层的商业活动延伸至南侧空地上，利用底层商铺带提升空地活力。利用电线杆轴线以内空间作为空地范围，保持现有的车辆通行宽度，保留空地原有的停车功能，清晰界定空地与车道范围。在空地上设置坐凳，利用自行车后轮上方空间，设置台面供休息和商业活动使用。有车停放时，台面可作休息使用，无车停放时，台面可作为商铺向外的延伸摊位。

效果图

商业使用示意图

停车使用示意图

张斌

这条田林新村的主弄目前已经日趋公共化和城市街道化，但是原来的街廊空间格局还是比较消极。这个提案通过自行车停车和坐凳、桌面的结合，很好地为这条非正式的街道提供了多样的、灵活的活动支持，并有利于塑造这条自发街道的空间特质。但是要考虑的是，由于小区主弄没有两侧对称的人行道，这种不对称的街廊格局对于两侧的“居改非”底商各有哪些影响？对于北侧利用住改底层院子搭建的底商，从空间权利的公平性和街道空间的有效性角度考虑，是否应该建议拆除院子的违章搭建，直接用底层居住空间做底商，进而用庭院作为车道和商铺之间的缓冲，以平衡南侧目前的人行空间？

住宅天井改造设计/高雨辰

RESIDENTIAL YARD RECONSTRUCTION DESIGN

天井被改建为卧室，采光通风极差。一楼为盗窃重灾区，全部加防盗门窗，居民较少打开窗户。天井围墙由政府统一搭建，为半砖墙，结构上容易进行改造。设计保证原天井墙尽量不拆除，侧向天窗获得更多阳光。取消侧面窗户，提高隐私性。改造后每户让出宽25cm长2m的面积，形成凹槽，种植绿化。通过凹进，使得两户拥有良好的通风槽。窗户开在凹槽里面，外面有绿化遮挡，隐私性好，窗户不需常年关闭。凹槽宽50cm，一般人无法进入，安全性有保障。打开窗户即为绿化，满足自身景观需求，且对整个小区的景观亦有贡献，景观更统一。

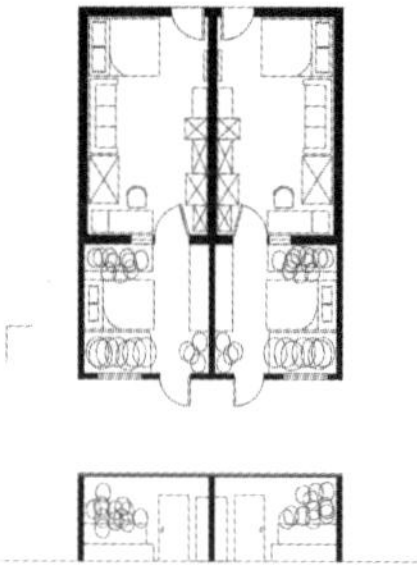

改造前

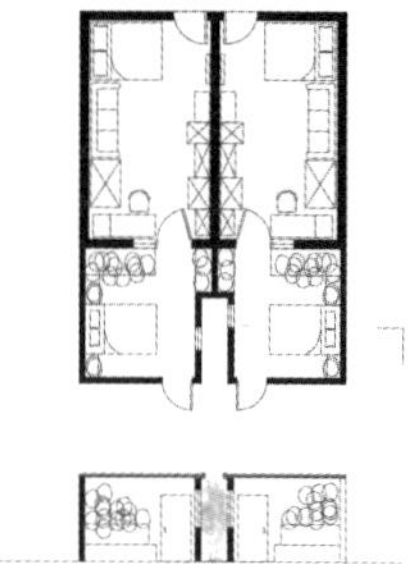

改造后

内侧窗防盗及绿化

庄慎

虽然首层是有防盗要求的，但并不是说因为防盗的要求就可以减少通风。要解决这个问题的话，需要把这两个问题一起解决。你现在的处理方式一是牺牲了开间，另外也牺牲了通风，室内的感觉会有差异。权衡利弊的话，还是会有损失。

张斌

这更像是为底层庭院做的自下而上的搭建示范设计。从这个角度我和庄老师的看法不是很一样。说到采光通风防盗绿化如何整合，不是单层面积越大就越好，问题是产权要界定清楚。不是南面采光就最好，最好的应该是在庭院和房子之间的空档中。因为院子其实比室内要低三十厘米，这样老房子和主体结构之间能开一个高窗，对采光通风的作用很大。退出来的这个庭院虽小，但是可以通过一些高度处理的方式更集约地利用。而出租用的房间在一定高度上有叠合成小公寓的可能性，这样就会比现在更有针对性。

宅间空间使用更新/贾姗姗

THE INNOVATION OF RESIDENTIAL SPACE

一层住户的南向阳台被改造为活动平台，没有衣物晾晒处；老年人室外活动处无遮阳挡雨设施，造成使用不便；住户停车无人看管。设置小单元斜向放置的自行车停车架，既满足日常使用又减少街道空间占用，同时可以用作物品暂存台和临时休息座椅；根据阳光照射角度和雨水方向设计活动遮阳；将遮阳棚框架进行延展，作为晾衣架使用。老年人活动空间与停车空间靠近放置，利用活动人群作为停车看管，降低偷盗率。停车区域不设置雨棚，避免居民产生不平衡心理，进而向管理部门提出更高的要求。

透视图

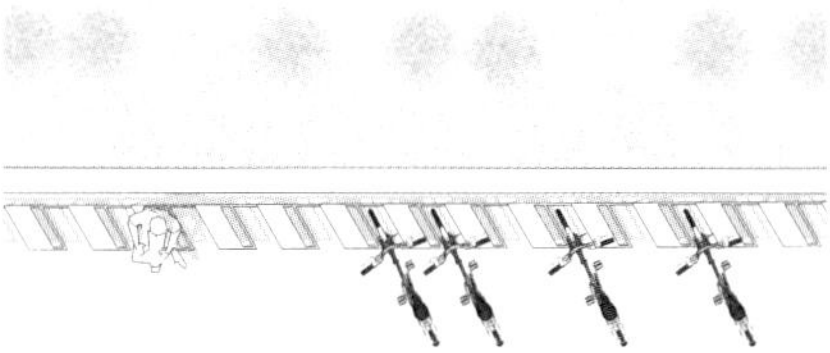

顶视图

张斌

我觉得总体视野还是很好的，做的东西不是偏向物质性的，而是更倾向于社会系统和人际关系。但是其中有一点我想提醒一下，你提到底层的人没有地方晒衣服，但是原本底层南面有一个很好的院子，是他们把院子填了，你却还在为他们去侵占公共空间，这样对于二楼住户来说是不公平的。虽然在宅间形成了停车、老人活动和晾衣服的结合，但是要去确定晾衣服是不是底层的人的特有行为。如果不是底层的人才有的行为，楼上的人也来，他们为什么要来？这个问题需要去回答，如果只定义为底层的人的话，是有问题的。对于老人活动来说，整栋楼都是可以共享的，这一方面是可行的。还有关于你的提案的解决路径的问题，这三个问题到底是几个路径呢？仅仅用两个路径来解决三个问题总归不是一个好办法，我觉得这是可以再讨论的。

菜场旁夹缝空间改造/鲁昊霏

INNOVATION OF GAP SPACE BESIDE THE MARKET

菜场平面布局紧凑，无停留空间。老人坐轮椅不方便进菜场，孩子被禁止，他们需要合适位置的停留空间。原有菜场使周围建筑破墙开店，不断拓展。各商户破墙开店所搭的雨棚支离破碎，不方便买菜者停留，周围仅一家早餐摊，而内部住户生活暴露。设想政府参与，改造消极空间，使购物方便，满足简单的吃喝需求，同时为菜场老人与小孩提供等候休息的地点。设计改造顶棚为轻钢结构，利用住宅排水管排水，统一街面，改善住宅入口的私密性。希望有更为私密的住户入口，为老人、小孩提供等候空间，提供桌椅供早餐使用，丰富商业活力。

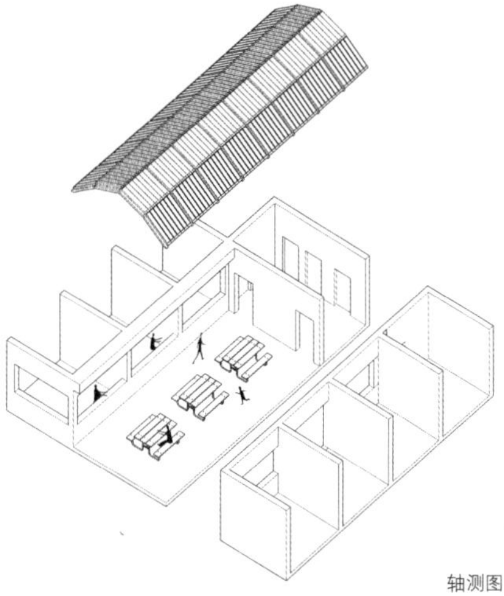

轴测图

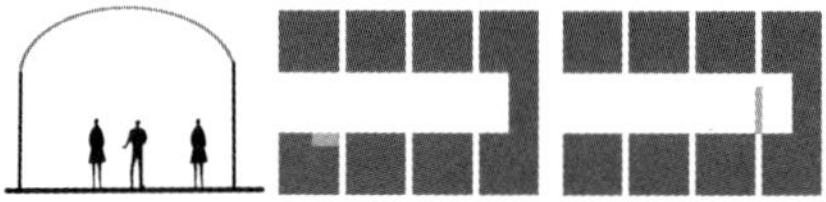

改造顶棚　　整理街面　　私密入口

王方戟

现在看到的两个房子，原本是自己管自己，要整合起来听上去是可以得到很好成果的，但缺少对现状复杂性的处理，就会出现新状况。对各家的归属、权属的平衡有更多的思考，就可以更真实地去想象更新的东西。更新不是一个很纯粹的设计问题。如果把它当成一个很纯粹的设计问题，就是没有把这个事情如何处理想清楚，你也没有考虑过设计之后被忽略的二楼的部分。原本二楼虽说很破，但通风、上下没有什么矛盾。搭建之后，上下路径就可能完全隔绝视线，产生矛盾。所以我觉得不是要马上冲进去改造，而是要把背后的原因分析清楚。

庄慎

停留空间是一个大的思路。在这个思路下，从微更新的角度来讲，它是一个小的局部的更新、提升和整理，但还没有达到微更新的细致度。需要通过具体的方式对于这种模式进行提升。现在还停留在局部空间比较杂乱，仅仅是整理一下的层面上。

停车位综合整治/陆奕宁

IMPROVEMENT OF PARKING SPACE

由于现状机动车位疏于管理，很多车辆停放肆无忌惮，侵占交通，阻塞菜场门口和交通要道。与此同时菜场现状功能单一，缺少休憩区域，大量居民站在街边吃早饭，老人没有地方休息，等候的人倚靠在别人的车上。本设计目标是引导规范停车，同时为居民提供休息便利。通过划分停车区域，在保证商用区域满足日常需求的同时，尽可能增加民用区域；明确商业区域，为商贩固定铺位；增设引导性装置；采用可折叠式金属制自行车车位锁等设计手段来实现。

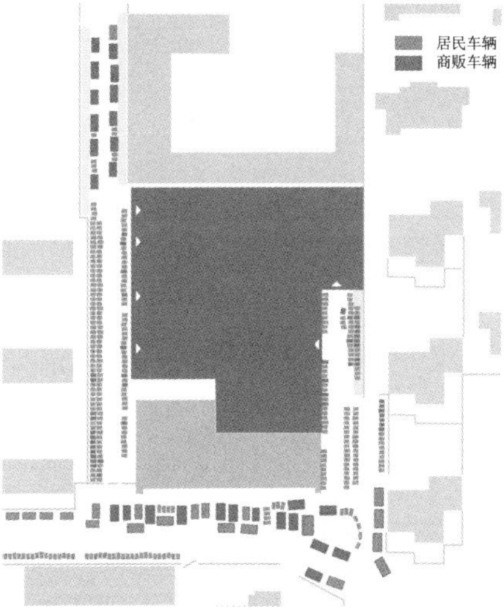

车辆停放现状

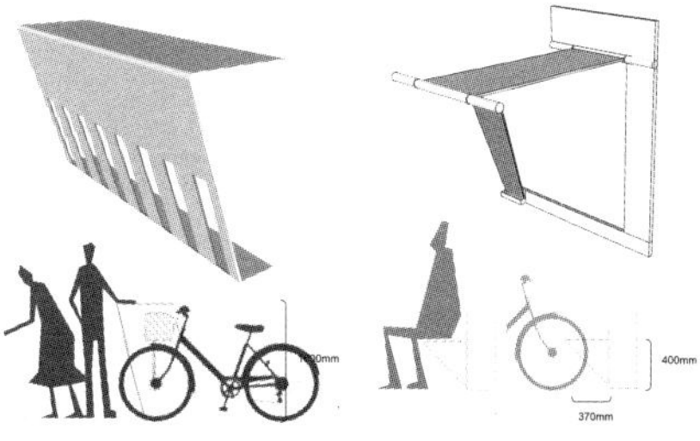

停放装置1　　停放装置2

张斌

思路比较清楚，但有一个共性问题，就是它的大概成本。要达到你的设计效果似乎要用到铝合金，昂贵的价格似乎是承受不起的，但如果不是铝合金的非工业化的材料就会强度不够或者锈掉。

王方戟

你对这个地区的停车做了新的调研，给大家带来了新的意识，对后面设计有帮助。建立在研究和观察基础上的设计，会更加有效。你用了非常简单的方式，通过自行车车位的收放来增加车位，同时控制机动车的行动。虽然没有具体看到收放产生的效果，但是可以想象它的有效性。

重组宅间空间/王劲扬

IMPROVE THE RESIDENTIAL SPACE

目前私有绿植往往堆放于公共绿植周边，少数居民直接利用原有公共绿化部分进行私人绿植养护。汽车停放随意，没有明显的车位归属关系。非机动车停放有集中式和零散式两种，用户往往根据便利性就近选择。宅间空间提供的功能比较单一，住户不得不将几种功能进行混合使用。设计上，通过乔木灌木的遮蔽，一层住户的私密性得到增强；延续了私人绿化的需求，使之更容易管理，避免在宅间公共空间产生堆积；减少公共绿地面积，将加建形成的停车棚、晾衣架整合进原先的公共绿地区域，将原有的绿地景观改造为公共活动场所，供周围居民聚集休闲；结合公共绿化改造，整理出适合车辆停靠的区域。

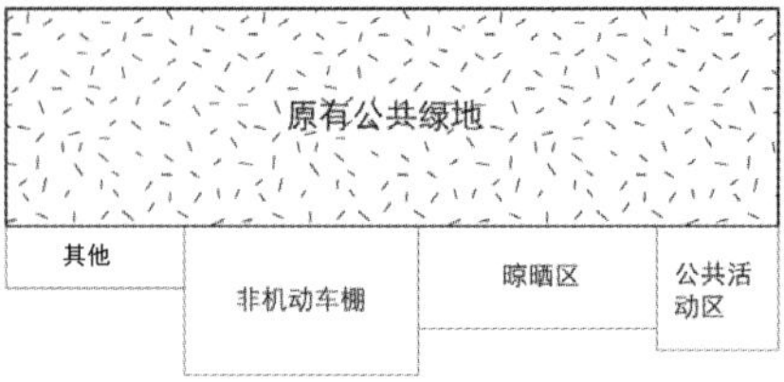

更新前意向

更新后意向

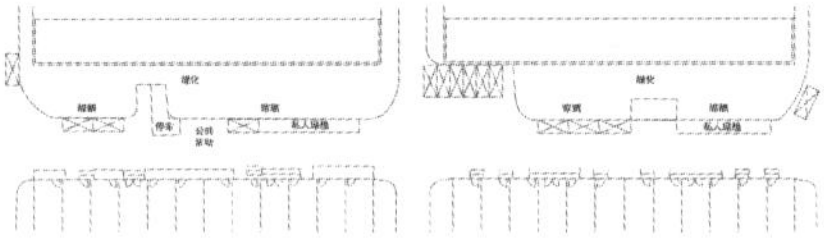
更新前平面图

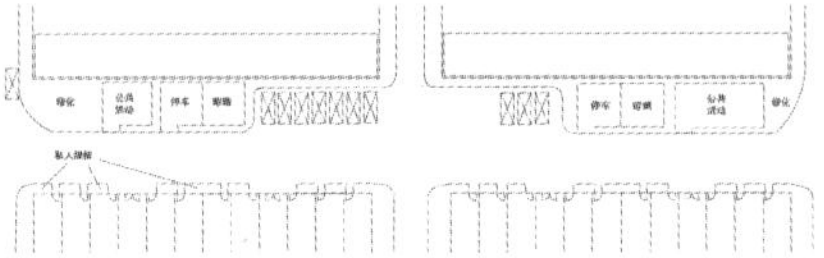
更新后平面图

张斌

提案抓住了宅间空间现有的各种矛盾，将户前私人空间、公共停车、活动、晾晒、绿化等不同属性和需求的空间进行了有机的重组，挺好的想法。更进一步可以考虑两点：一是这些空间需求是否有实地调研的支撑？二是对于现存的临时性、复合性的自发使用的态度有点消极，能否在提案中吸收住户自发使用方式的这种灵活可变、可进可退的优点，让提案更体现自下而上的特质，区分一下哪些是系统性的统一安排，哪些是住户可以自由发挥的？

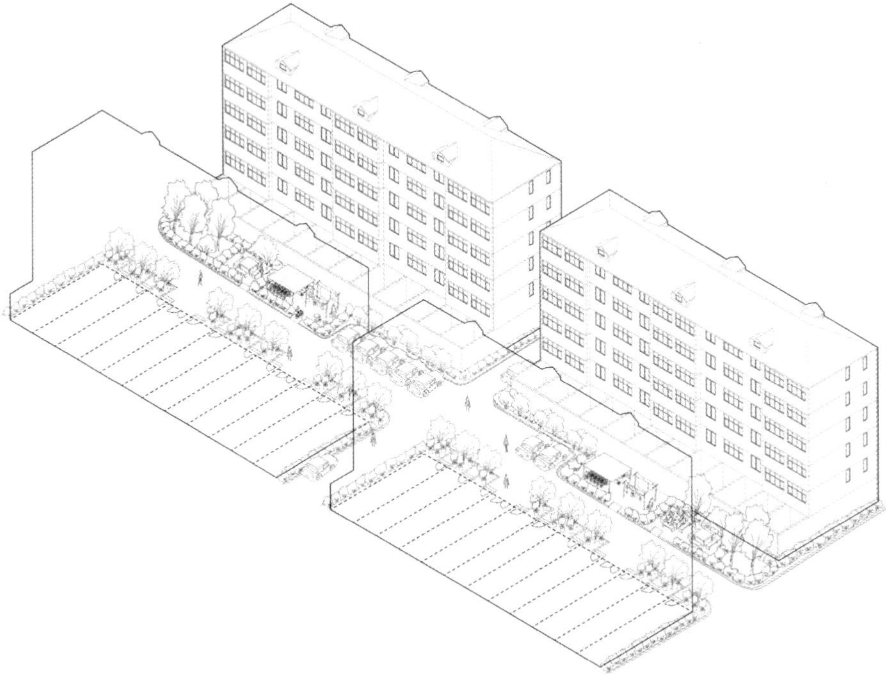

轴测图

公共绿化

活动空间改造

车辆停放

沿街小店铺空间品质提升/王旭东

ENHANCE THE QUALITY OF SHOPS ALONG THE STREET

住区的“之”字形道路交叉口一般会有商铺和人群聚集停留，需要提升这些商铺的空间品质，为活动人群提供更加舒适的社区公共空间。将自行搭建的棚子改造成为预制板结构，既能够满足一层活动需求，又为二楼提供了活动阳台，对二层住户进行补偿，用砖块对交叉口重新铺装。希望通过上述空间操作鼓励租户进行更多的室外活动，激发社区活力。

平面图

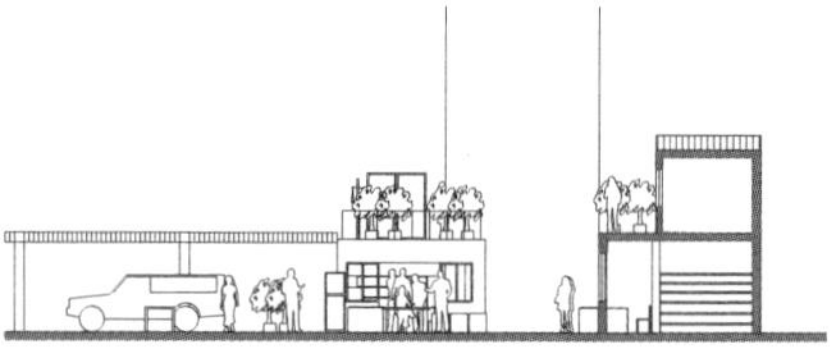
剖面图

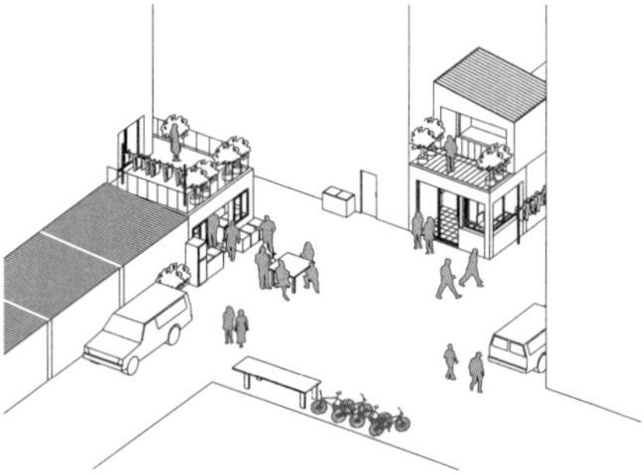
轴测图

王方戟

你提出的这个问题也是我一直在想的，为什么一直没有人这么做呢？底层增加了使用空间，那么二楼相应的空间应该给别人用作露台，事情就更容易协调。但好像这些现象并不常出现，可能有些其他内在的原因。

张斌

这一提案鼓励田林二村这样的老式小区的内部共有空间更多地公共化，向城市开放。这样底层更多地“居改非”，平台下提供了更多的经营空间，平台上作为二层住户的露台，甚至鼓励“居改非”上楼。二村的主弄空间有这样的空间潜力，但要考虑这种改变背后的利益分配机制问题。

菜场功能分区及流线改进/王兆一

FUNCTION AND STREAMLINE IMPROVEMENT OF MARKET

希望改善功能分区和流线，将顾客流量大的蔬菜区搬至一楼，调整肉类和水产摊位的排布，打通原本不连贯的东侧走道。一方面方便老人购物和运货，也可以促进南北向的人流，为目前一些受冷落的摊位带来客流；另一方面，在没有变动的摊位中，水果区、茶叶区、肉摊、水产摊位都将受益。提升摊位自身品质，将位于梁下的肉摊从梁下拉伸出来，通畅的走道使购买和运输人流打断了并列的水产摊位，为消极面墙的摊位获得了转角优势。改变蔬菜区的功能布置，蔬菜摊位的陈列台宽0.7m，用于操作和储物的空间宽1.3m，柱网净距3.3m×3.3m，在保证原有走道宽度的情况下岛状排布。

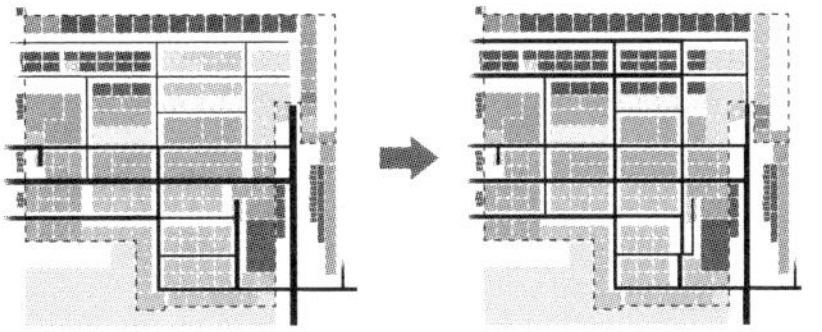

改进前后的摊位分布以及期望的流线变化

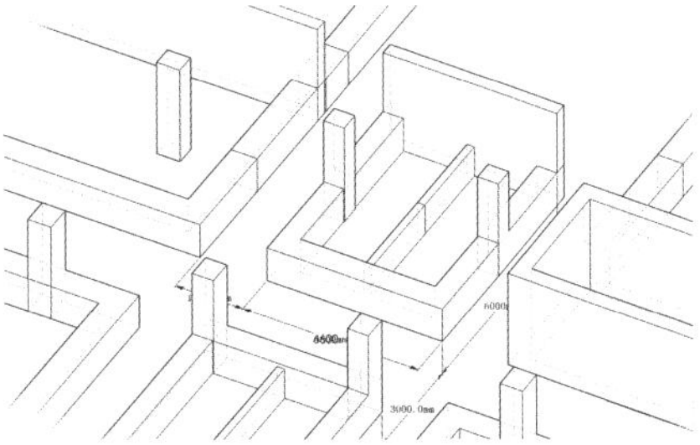

改进后的肉类摊位尺寸

王方戟

把蔬菜摊位放下面，服装摊位放上面我觉得挺好。不过把蔬菜摊位放一楼应该是菜场的常规做法，为什么现在会出现在二楼，肯定是因为一些利益上的关系。我猜有两个原因：一是服装摊位和蔬菜摊位不在一个产权范围内，当你把它放在二层之后，他们其实并没有义务把这个空间贡献给你；二是当它挪到二层之后，人流会明显减少，在原本的布局中，菜场吸引的人流对服装摊位是有所贡献的，所以才形成一种微妙的平衡。

庄慎

你主要讲的是功能与流线的改进，包括店铺和结构柱网的关系。采用的方法是通过改变一个店铺的结构和位置，把它延伸出来，使得它更加开放，能够招揽到更多生意，再根据这个方法微调了菜场的布局。从我的角度上来讲是认可这个做法的。从小的控制方法入手，和整个大的菜场的总体联系在一起，从而达到了微更新的意识和一个切入点能达到的效果。

菜场前街道空间调整/张万霖
IMPROVE THE STREET IN FRONT OF THE MARKET

选址位于两条主弄的交叉口的菜场，能感受到强烈的社区氛围，往来人群既有小区内部居民，也有外来买菜的或交通路过的，还有在这里交流休憩的人群。在现场观察发现，交往空间依附于商业的蔓延，私家车的停放会干扰人的交往。绿地沿着墙角分布，但因为车辆停放变得消极，不能被人使用。设计放大入口空间，南北东西退界3~5m；将绿化带去掉，供停车和摊铺使用；依附北侧商业成为一个供人休憩的空间。通过绿地空间的释放，停车空间尺度的调整，以及商业、游憩的重新组合，使得空间资源的利用更加高效，从而主动适应人群。

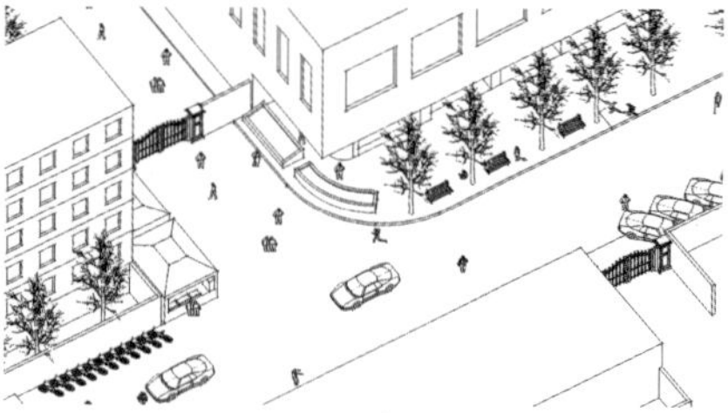

轴测图

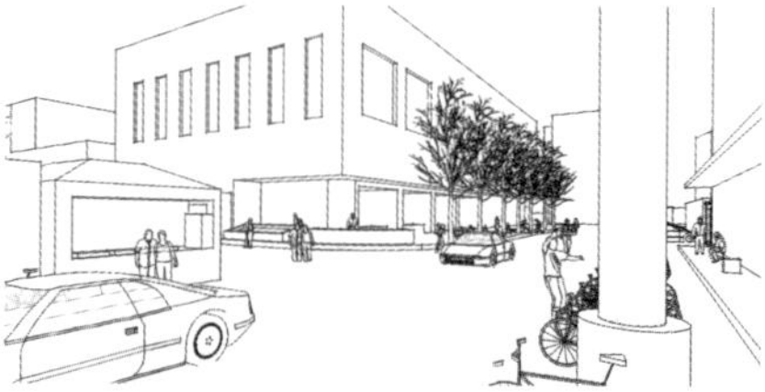

透视图

王方戟

汽车停在超市门口形成一个半公共的空间，让这里的店面有了一个相对稳定的状态。我能理解你要去掉那个三角形的绿化，对于街道来说，这个很高的绿化的存在让一般人感觉有点绕。但是它的存在让这个区域更有深度，你把它净化了之后，这种趣味感降低了。目前看来想法只是清理，要如何重新设计这个地区呢？因为这个车位不是公共的，而是半公共的。这种半公共空间的使用，以及这种半公共空间环绕的感受，如何通过设计来呈现，我觉得也是需要思考的。

有组织的住宅搭建尝试/朱玉
AN ORGANIZED RESIDENTIAL BUILDING ATTEMPT

现状公共走廊被杂物侵占，老人希望有更多公共活动，需要更大的空间容纳各类功能，搭建是有必要的。自发性搭建水平参差不齐，存在安全隐患且分配不均。但各种搭建方式很有个性，满足了不同的需求，立面有故事性和活力。希望引导居民自发性加建，既保证安全性和公平性，又满足居民各自的需求，保持立面的活力、独特性；规范性和灵活性并重，促进居民交流，为公共活动提供空间。设计在北面由政府统一搭出架子，居民根据自己的需要选择搭建；在走廊前搭建进深1.5m的架子，面宽1.6m，为每个房间面宽的一半，每一户可根据自己的需求选择一到两个格子；居民可自己选择围合方式，材料、装修一律自费。

透视图

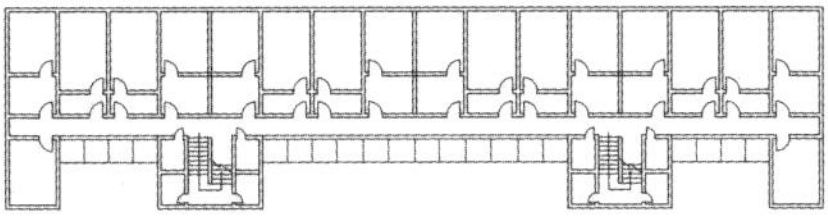

平面图

庄慎

首先，本来这个房子是有缺陷的，随着住户的增多、生活方式的改变，原来的房子不适应现在的用法，所以他们搭建了棚架。现在每家每户搭出来的东西左右上下是分开有间隔的，和你做的有什么不一样呢？在自主搭建的时候如何协调处理这些统筹的事情呢？你有一个系统的想法，但是没有针对性解决的措施；其次，既然已经搭建了，有没有想过更好的空间?利用更好的结构和形式？对空间的利用我觉得还没有做到，你现在仅仅是比它原来搭建的多了一米五，并没有充分利用这个空间；最后是结构，设计中左右相邻是一样的，也就是说楼梯间两户的均好性问题，这个没有得到解决。

作　业　三
ASSIGNMENT THREE

社区菜场及住宅综合体设计
Market and Residential Complex Design

本设计注重设计各个环节之间的平衡关系。这些环节包括：建筑的场地关系，建筑造型，建筑的功能调配与人流组织，建筑的公共性等级关系，建筑的空间、结构、建造等因素。

图14　区域总平面图 1:2500

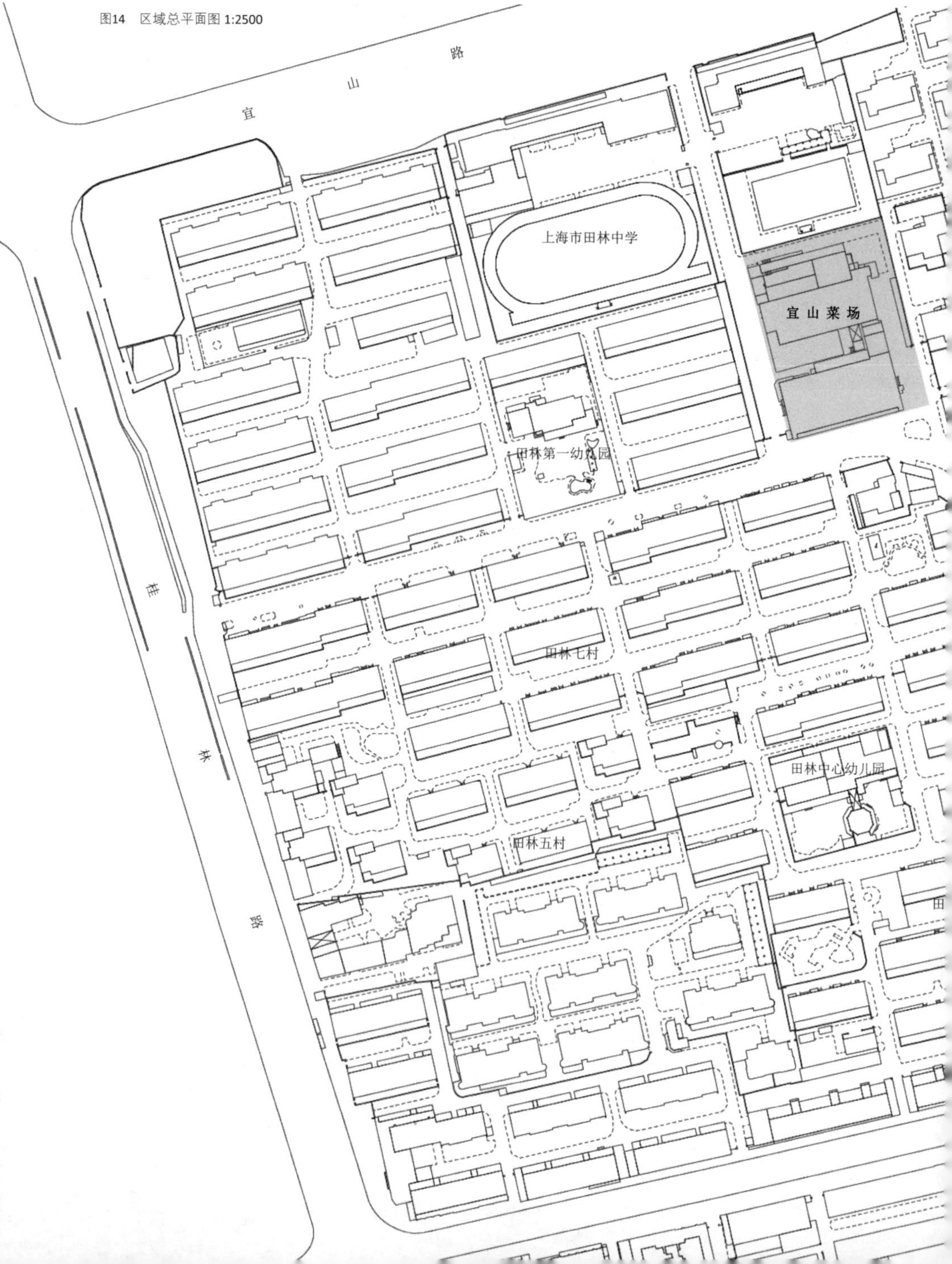

田林十四村
田林十村
上海实验学校
田林科技幼儿园
田林十二村
田林九村
田林第四幼儿园
田林八村
州
路
田 林 东 路
路
林

任务书

为改善本地区居民购物环境，本课题拟对田林新村现宜山菜场的地块进行升级改造（图14）。场地内原有其他设施均予以搬迁。设置部分社区回转安置住宅。

基地面积：4700m²。

总建筑面积：4000m²。

其中社区菜场：1500m²（包括管理、出租商铺、公共厕所等必需设施，并按规模设置变配电房一间、垃圾压缩站一间）。

社区便利超市：500m²。

社区回转安置住宅：800m²，建筑面积55~75m²的住宅共11~15户。

廉租住宅：1200m²，建筑面积在50m²以下的住宅不少于24户（若要对住宅面积比例进行调整，需要明确理由）。

停车：按调研要求设置机动车停车位。必须充分考虑自行车、人力货运车的停放空间。

退界：建筑退道路红线3m以上，南面红线可不退界。

容积率：0.85

建筑限高：24m

功能：垃圾压缩站按功能要求设计，要考虑垃圾车正常进出及垃圾收集。

其他：出租商铺店招位置及控制需要进行设计；建筑红线内景观需要进行设计。

成果要求

首次汇报：

与“菜场”及“住宅”两个内容相关的专题研究报告（与设计概念相关的研究，形式不限，应该有文字内容）、项目宣言书（文字控制在250字以内，主要对设计概念及其生成逻辑进行准确描述，另加一个关键词。项目宣言书可不断修改，但在每个阶段都需要提出）、概念模型及概念图纸。具体形式、比例等自定。

中期汇报：

项目宣言书、平立剖图纸、1/200模型、其他各阶段要求的成果。

最后成果：

局部1/50实体模型，总体1/200模型（需要做场地关系），1/100底层平面，1/200其他各层平面，1/500~1/1000总平面图，内部场景透视图，外部透视图，设计分析图，500字以内设计说明。

李 立

章 明

王方戟

孔 锐

作业介绍

作业三“社区菜场及住宅综合体设计”是一个建筑设计练习，课程任务是在基地上设计一个菜场及住宅综合体建筑。基地位于田林新村现宜山菜场，为一个矩形的规整地块。通过前期两个调研作业的训练，学生对任务中的功能及这个功能应该如何融入环境都有了较好的认识。这从他们在设计初期提出的很多概念中都能看出。这些概念很多都能顾及与项目相关的多种因素，而不是从单一的纯形态因素出发。作为一个综合性的训练，这部分课程在概念引发、环境关联、功能落实、空间及形态设计、结构及构造方案、设计表达、模型推敲等方面都有涉及。虽然从成果上来看，这个部分完成了一个实体的建筑设计，但这个部分与调研部分是密不可分的整体，缺少了前期的观察、分析、视野的拓展、观念的交流，在这个部分得到的成果必然也不会是这个样子。

作业三的周期为十二周半，每周两次课程，每次四节课。教学上采取集体评图与小组讨论相结合的形式。在整个教学过程中进行了五次集中评图，其中有两次有外请评委参加。来自亘建筑的范蓓蕾、孔锐老师参加了第三次评图，陈屹峰（大舍建筑）、章明（同济大学）、李立（同济大学）、孔锐、范蓓蕾老师参加了最终评图。除评图时间外，其余课程均为小组辅导。任课的三位教师每位各辅导七位同学。以下呈现的是这个作业部分最后成果。为了适应发表的尺寸，平面图及剖面图由设计者本人进行了简化。每个作业前的设计说明由设计者撰写。作业后的评语是对2015年12月27日此次作业在同济大学建筑与城市规划学院C楼地下展厅评图时各位老师现场评语的总结。

陈屹峰

张 斌

庄 慎

范蓓蕾

融　　于　　广　　场
INTEGRATE INTO THE SQUARE

设计：陈路平
导师：王方戟

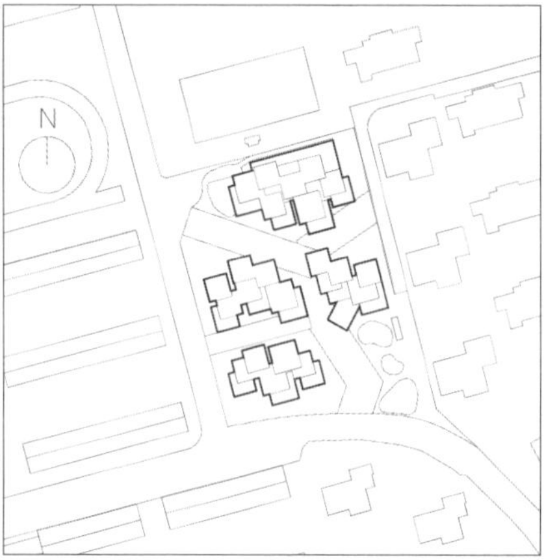

总平面图 1:3000

一层平面图 1:1000

通过前期调研发现田林新村严重缺乏公共活动空间，居住密度高，环境压抑消极；同时各功能分区在设计时往往划分得相对独立，而使用现状却是空间外溢与无序混合。设计希望创造广场，以架空手法获得底层空间与城市的连续感，同时让住宅和菜场融于其中，提供更为自然和主动的混合，使得居民、菜场人群、广场人群三类交融，功能相互叠加，激发更多种活力。

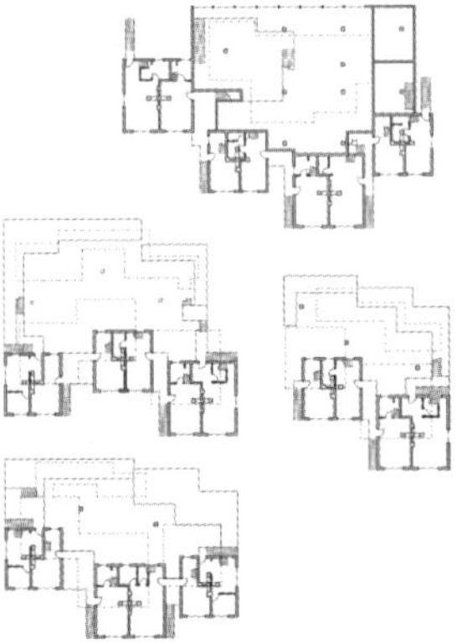

二层平面图 1:1500

三层平面图 1:1500

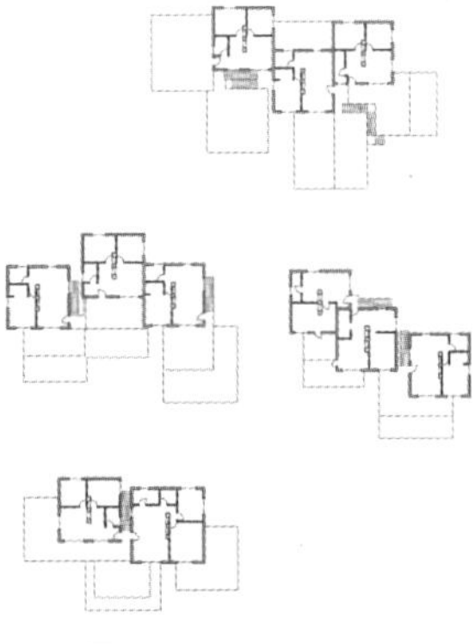

四层平面图 1:1500

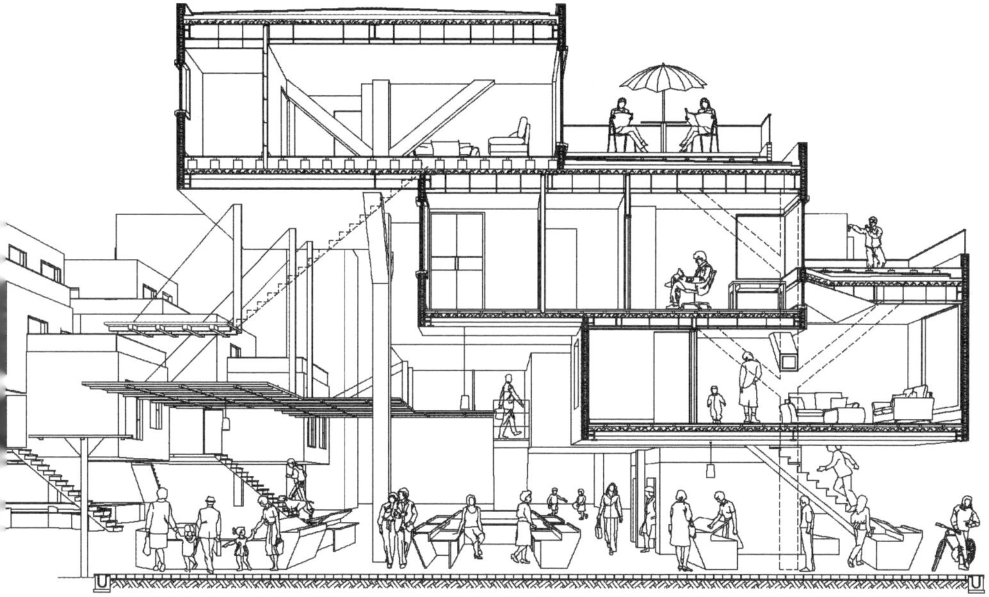

章明

你的设计特点是层层退台，或者说台地式住宅，如果下面的空间是架空的。架空的部分很高，有的有三层高，下面整个都做菜市场，那么这些住宅下面两到三层的空间是做公共交通还是住宅交通？你有明显的特点：一是照顾了树，形成了斜向的通道，由此把建筑分成了四组；二是住宅是台地状的。但这样一定会带来下面空间怎么使用的问题，而你正好填充了很多菜场的功能，二层的空间主要用于交往和交通。

李立

我觉得你的主要问题是建筑的气候边界不明确。比如你底层的菜场的缝隙是封闭的还是开放的？另外地面划分和建筑的形体没有关联，相当于只是画了一个图案。

张斌

退台式的做法每年都有学生做，最后就是有一个朝北很高的菜场，然后西北风刮进来，风雨全部往里灌，这个问题是解决不了的，只能宽容它。一定程度上做些平台和棚架，可以遮挡到一点。

社区菜场及住宅综合体设计

街 · 坊

STREET & LANE

设计：花　炜
导师：庄　慎

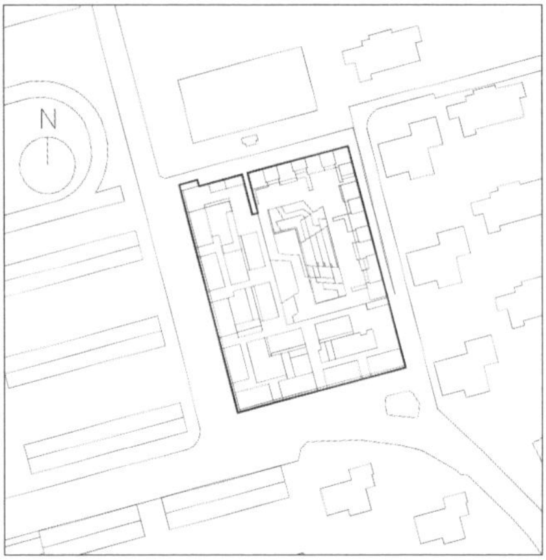

总平面图 1:3000

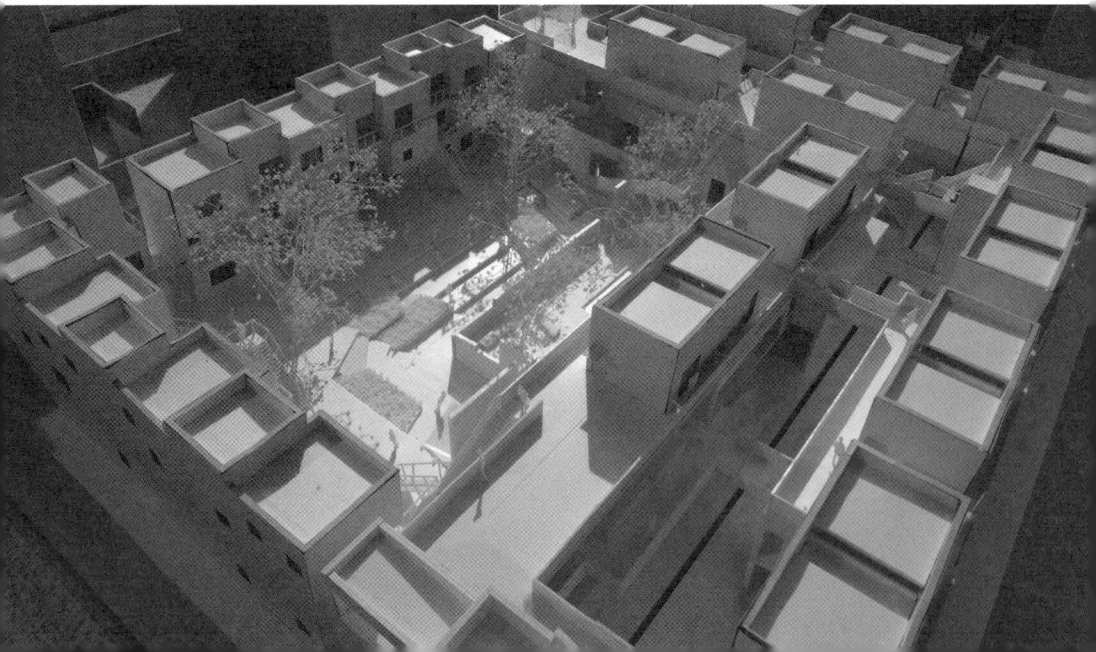

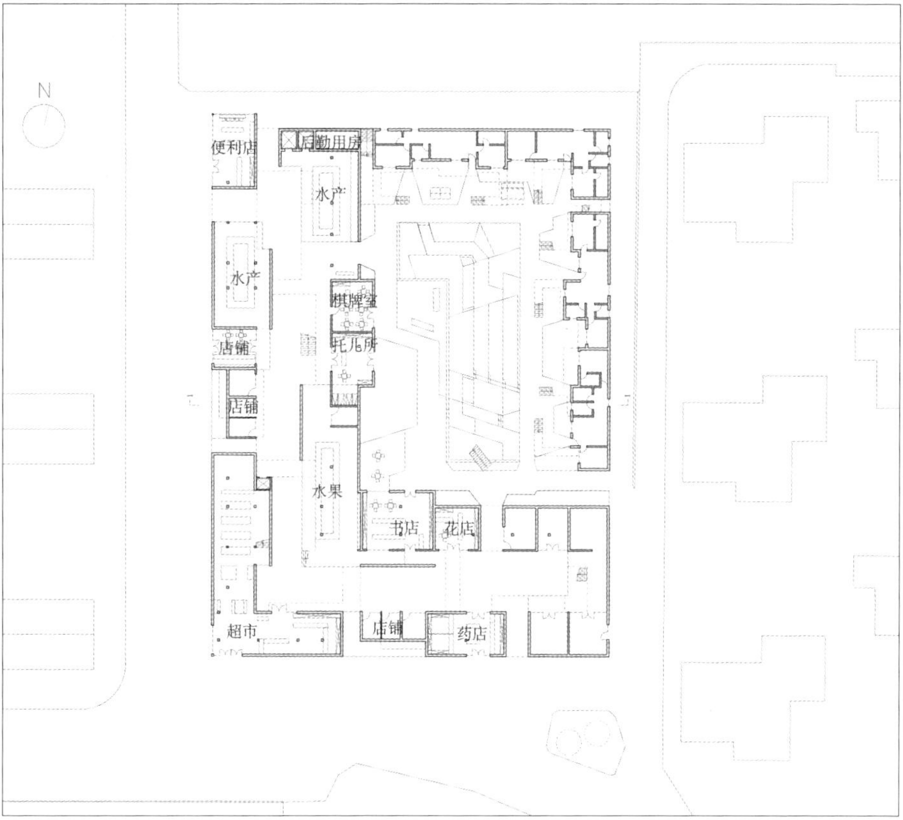

一层平面图 1:1000

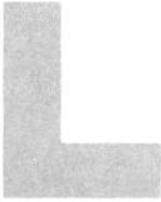

现代化的住宅与菜场保证了安全便捷，但模糊了记忆的特征，菜场虽然热闹却缺失一丝过往的人情味，变得高效而冷静。从街坊入手重新组织菜场与住宅的关系，借鉴过往走街串巷热闹亲切的菜场氛围，重新确立“小菜场上的家”的居民生活模式。设计将热闹的“街”与亲切的“坊”两个气质差异的组团组合，形成一个更有人情味的引发旧有的菜场记忆的菜场综合体。

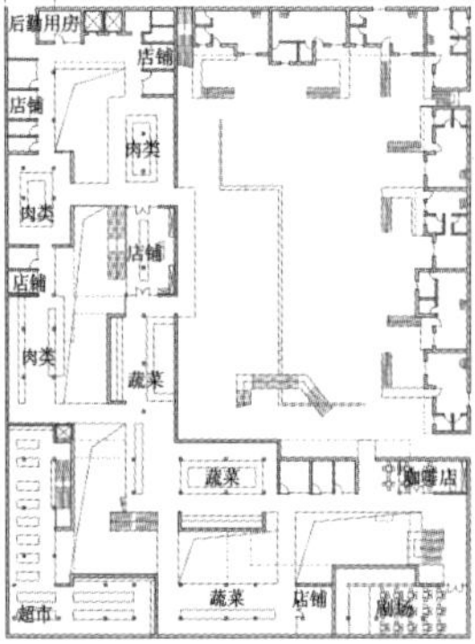

二层平面图 1:1500

三层平面图 1:1500

孔锐

街巷跟整个社区连接的方式会让人觉得是一个内向的空间，但你的出发点应该希望它跟社区是连接的，但是这两头会让人觉得相对封闭。它不像上海，一是因为你的街巷是封闭的，二是气候特征让我觉得像是北非和西亚。你参考的东西是否能很好地匹配到场地上是另外一个调试的过程，现在能看到在形式选择方面存在断层。

李立

我个人很喜欢这个方案，遗憾的是它有点不属于上海。如果这里面居住的不是低收入者和打工者的话，这个方案没问题，居住大院和菜场两者结合得很好，菜场符合购物习惯，居住大院通过三层蔓延到周边形成有层次的空间也挺好。之所以说它不属于上海，是因为这种封闭的氛围不是上海的氛围。

陈屹峰

这也是一种模式的突破，大围合下再做第二个层次，结果超越了一般想象。但要考虑处理几个问题：第一是这么大的形体放下去后和周边的关系要考虑；第二是人要怎么样进去；第三个问题是人怎么样能比较愉悦地从地面上到平台入户；第四个问题是西向怎么样处理。如果这四个问题能妥善解决，那么这个设计还是不错的。要解决西向和屋顶上人的问题，不是很有必要恪守特别正交的状态，上面可以更加放松一点，比如扭转一下朝向就能比较好解决。

章明

这种设计是建筑师都想要做的设计，因为建筑师特别喜欢做这种街区围合式、形态完整、内部空间都在掌控下的设计，有带状的、院落式的，但是为什么在上海实现得非常少呢？因为有采光通风的要求，而江南对通风要求非常高。第二个问题是尺度的问题，现在的围合尺度像一座城，入了城非常活跃，外面非常规整，精神性比较强。但是带来的问题也是显而易见的，外围是不是可以打开一些，斜向切割大一些，人流引入大一些，而不是现在这种类似土楼的防御的状态。从社区来讲，应该照应社区的各个角度，让底层更加开放。居住功能有几点需要注意：一是日照和通风；二是有窗地比，即窗在地面上占了多少比例。一旦是住宅了，你这种做法就不成立了。试一下调整这条街的形态，可以解决好多问题。

反 差
CONTRAST

设计：冯　田
导师：王方戟

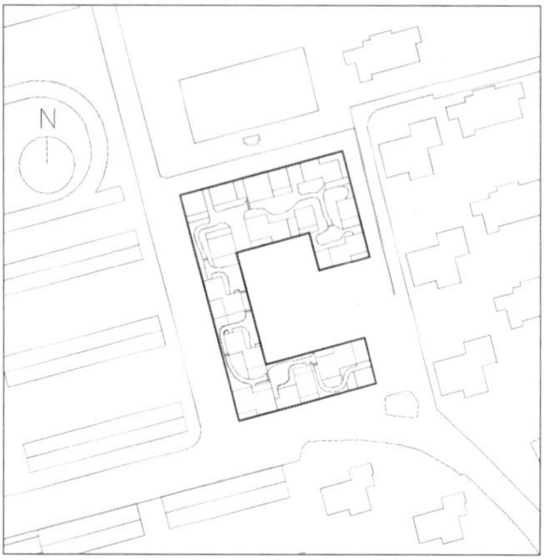

总平面图 1:3000

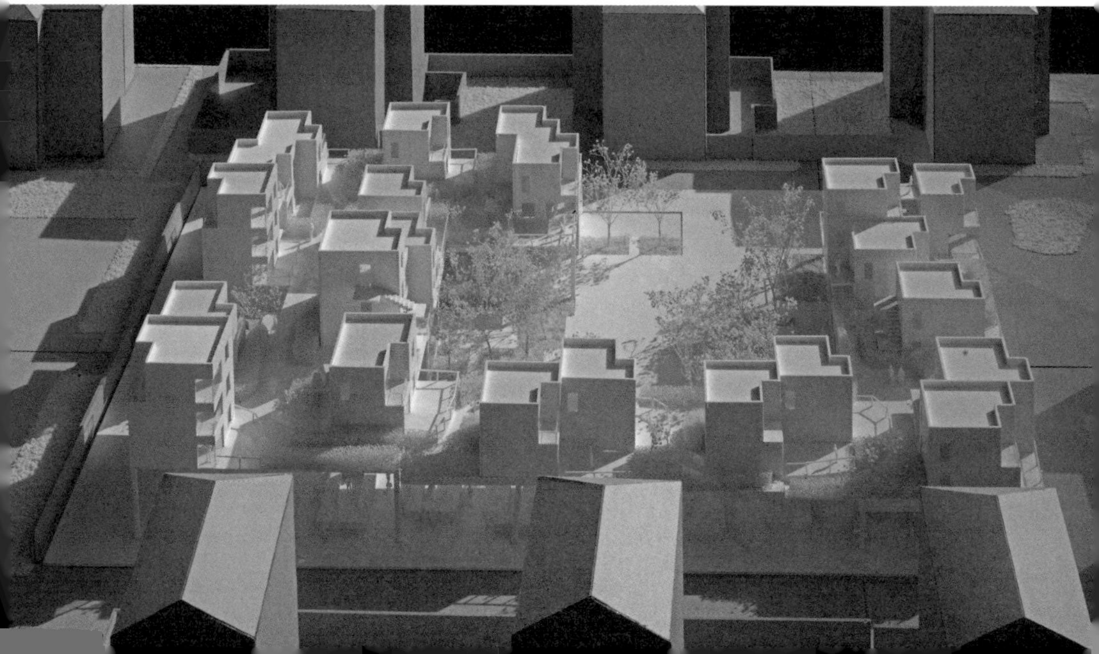

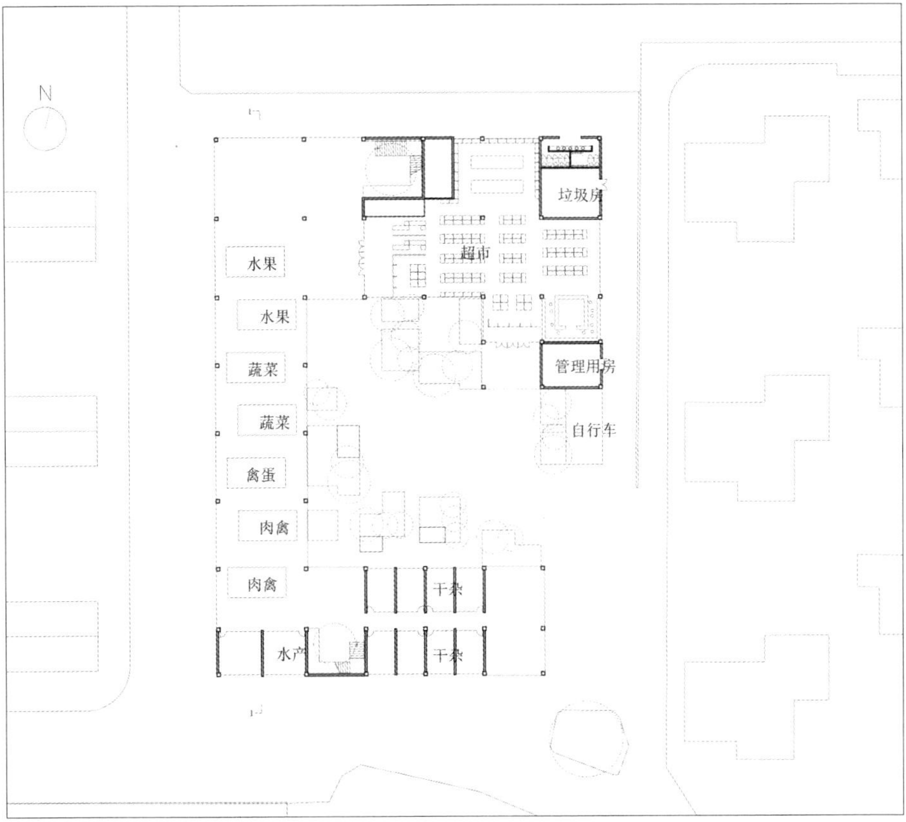

一层平面图 1:1000

田林新村缺乏开敞且公共性强的空间，所以在设计中希望形成尽可能开放的公共空间来弥补这种缺憾，与此同时也希望让住宅充分享受自身的私密空间，与其他密集小区形成反差。菜场、公共空间需要更加开放，采用广场形式。居住空间应当私密，用营造更多的庭院来实现。使公共的更公共，私密的更私密，通过人们在空间使用中感知的反差来营造良好居住的体验。

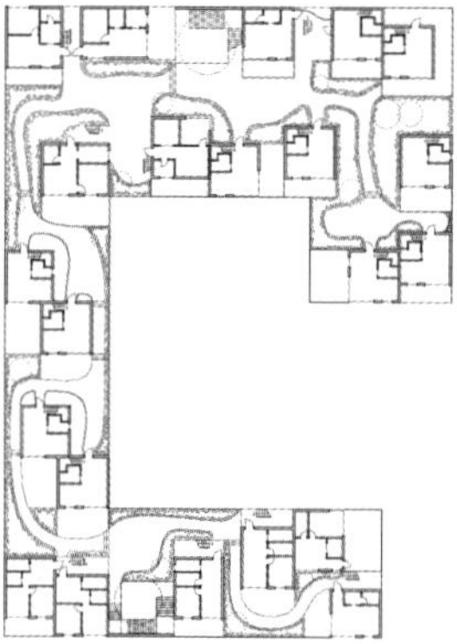

二层平面图 1:1500

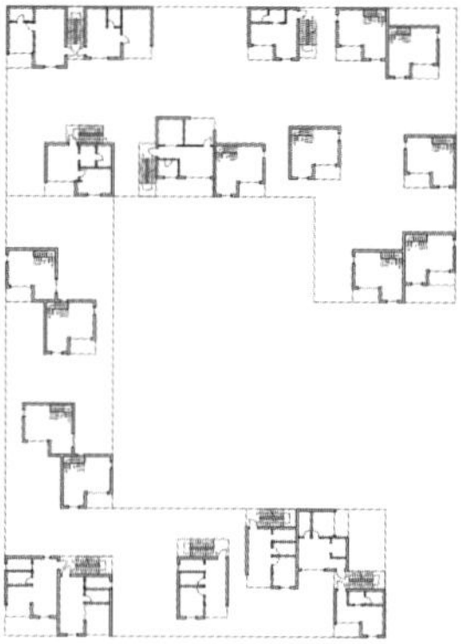

三层平面图 1:1500

章明

你的结构问题相当于还是一个基座的问题，只是基座逐级升高，上面的结构就不管了，都直接落在下面的钢筋混凝土上。设计布局从南到北逐级升高，改善了后面部分的通风采光问题，但我感觉特点还不够鲜明。上到屋顶平台有两个楼梯，一个是在超市的西北角，这个楼梯比较公共，而另外一个楼梯在菜场的交通干道上，这会导致上面的居住和下面的菜场严重叠加，可是你不是想要公共的更公共、私密的更私密吗？入口下面有一个架空广场，一边可以上去，一边可以进入菜市场，这个处理方式可以实现公共和私密的区别，只是这个架空下面种了两片绿化，没有雨水和阳光这个是很难存活的。整个方案的半围合的感受是挺舒服的，但是为什么要把这个广场的开口对着围墙，这一点还可以再考虑一下，可能是因为有那棵树，其实树的位置可以再往旁边让一点点，让人流更直接地插进来。

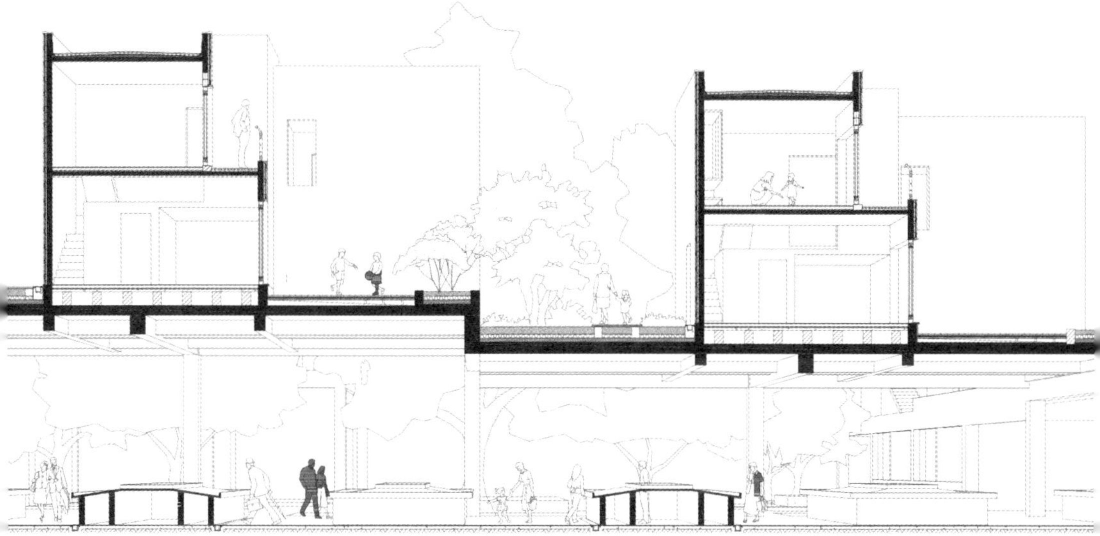

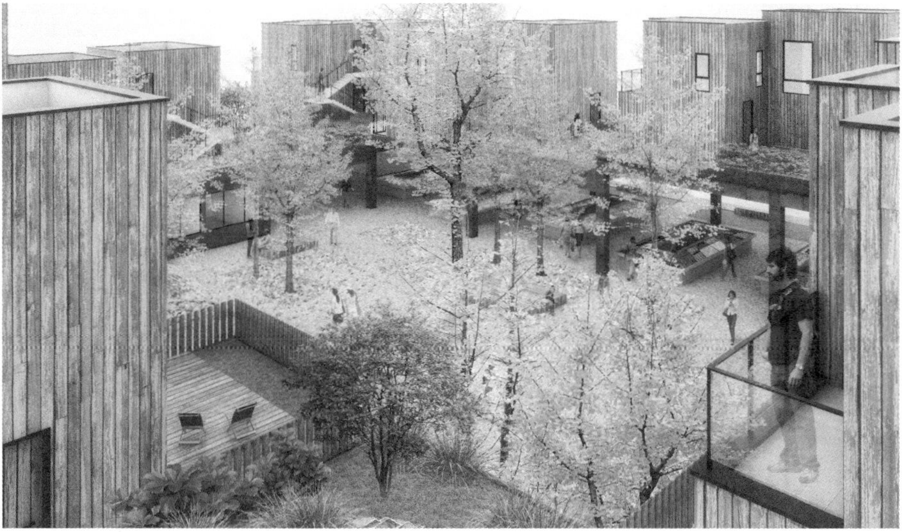

社区菜场及住宅综合体设计

适应性生长
ADAPTIVE GROWTH

设计：何侃轩
导师：庄 慎

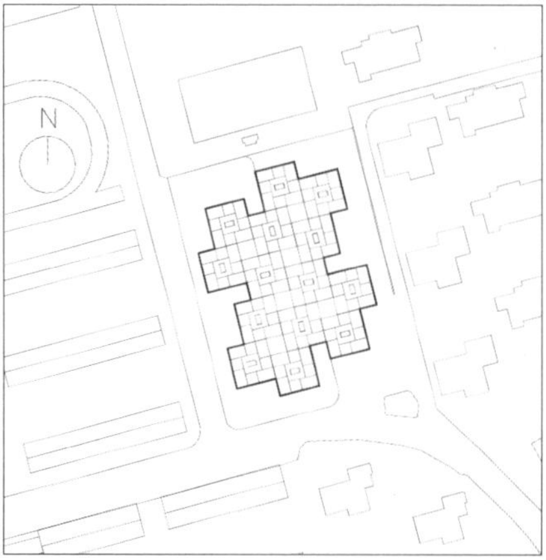

总平面图 1:3000

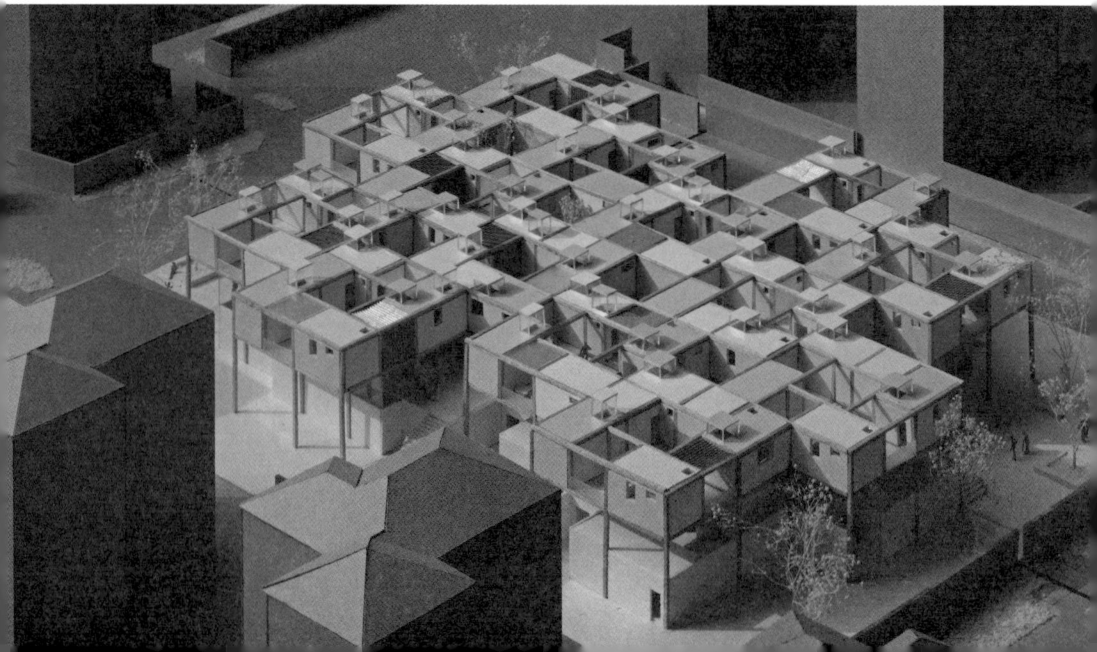

一层平面图 1:1000

设计以适应性住宅为切入点，应对田林新村复杂的人群构成以及周期性的家庭结构变化，探索适应性住宅在低层高密度中的应用。因此采取了合院式居住模式，风车状布局形成组团。以均质清晰的框架作为生活的容器，住户在可控的规则下进行自主选择和自主营建。每一个住宅单体对应一个菜场摊位，形成组团式的摊位布局，三种摊位类型对应不同的功能分区。

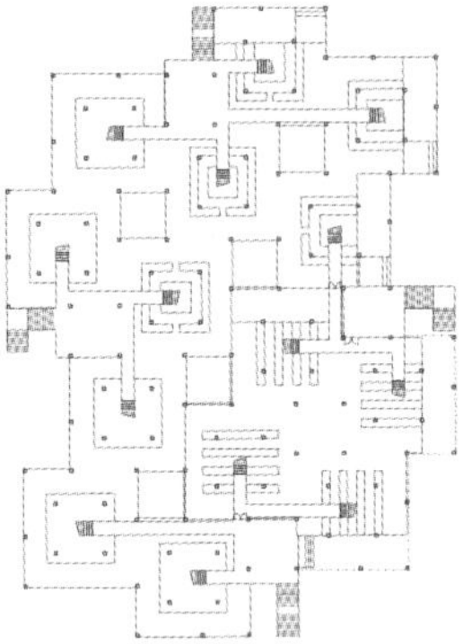

夹层平面图 1:1500

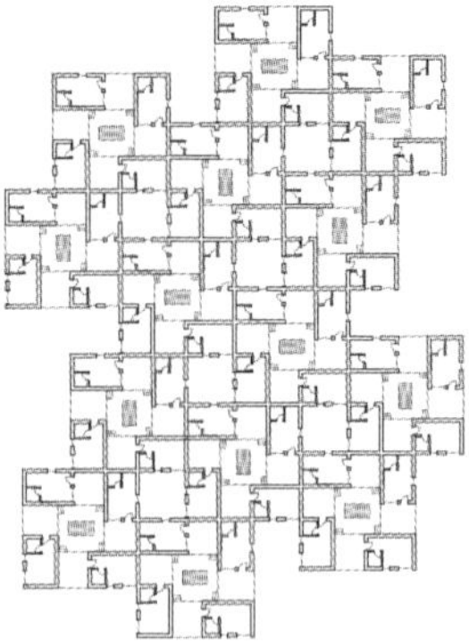

基本单元平面图 1:1500

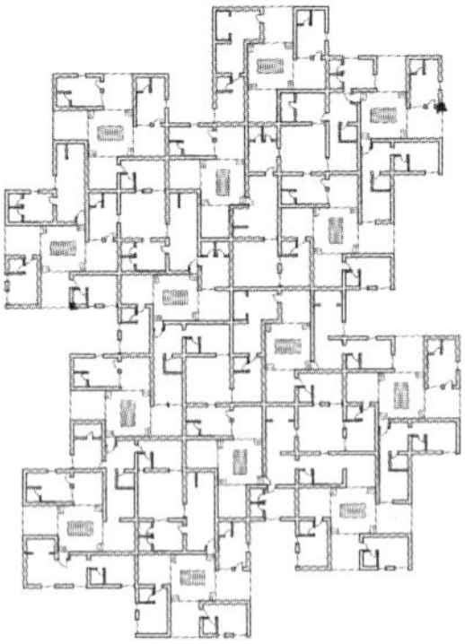

组合单元平面图 1:1500

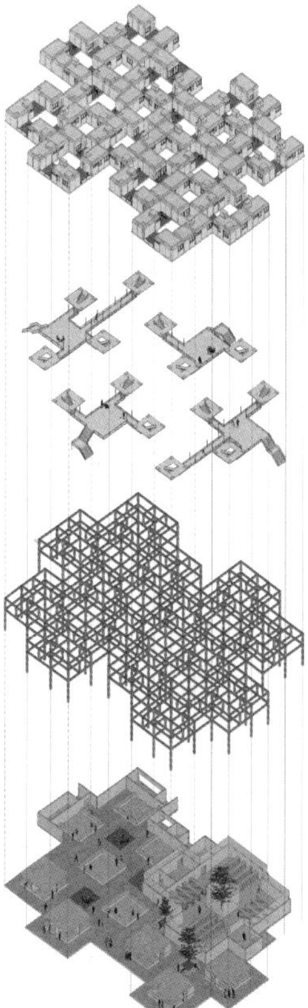

分解轴测

章明

你需要解释为什么要做一个平铺的适应性住宅。我觉得可以不用强调搭建，因为本来就是违章的事情，但是可以去强调各种户型的组合方式。有可能以后廉租的人变少了，两户并成一户，慢慢改良成普通的住宅。现在这个最小的单元只能住一位单身人士。像素化的拼装组合，最大的价值就是把竖起来的建筑平摊到了地面上。如果底层只有柱子落下去，就可以把下面的菜场做得更活跃。

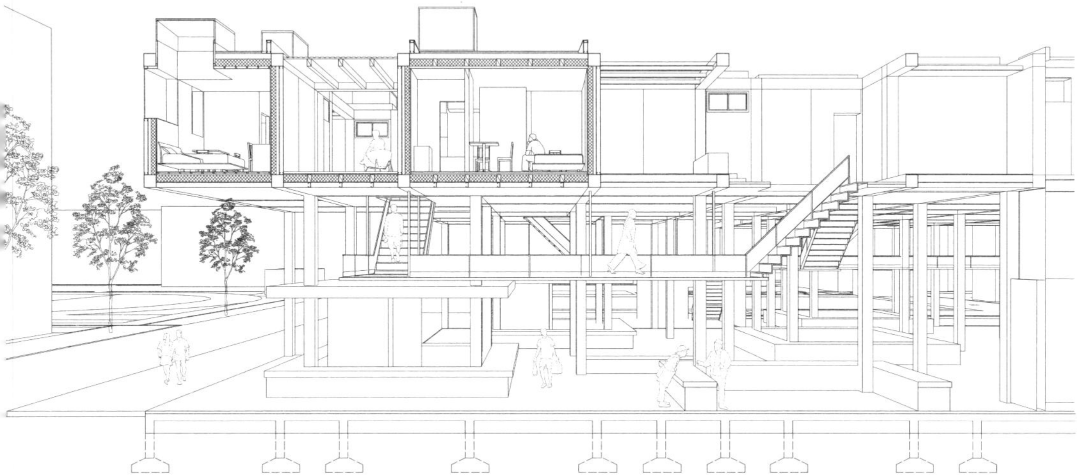

陈屹峰

每年都会出现类似的高密度方案，一般主要有两个问题：一个问题是怎么入户，这个方案利用夹层入户，解决得还是不错的；另一个问题就是户型，平面上看作为基础模数的小格子尺寸可能有点小，户型组合受到了一些限制，同时户与户的朝向有一些问题。既然这样的方案牺牲了很多，就要思考由此我们得到了什么。比如你得到了一个大覆盖，这个大覆盖的优势有没有充分挖掘出来？给菜场和周边环境提供的舒适空间是否只有这种模式才做得出来？非常规的模式一定会带来一些问题，对于这种模式带来的好处和坏处需要有价值判断，比如是不是为了这个院落可以牺牲一些采光，等等。其实就是先做一个框架，然后往里面增加盒子。

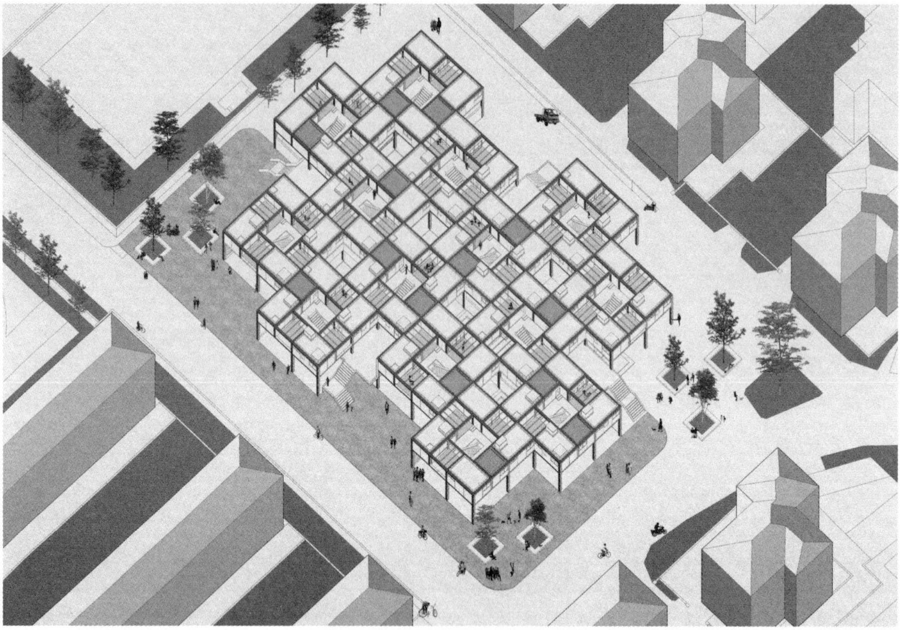

庄慎

每户都带一个天井，单体组合的时候院落还会增多，当保持最小单位的时候每个单体的采光都很好。他的设计呈现出风车形，然后有一个大的框架，人们可以根据自己的需求去进行填充。我觉得这个架空的高度他自己掌握得还挺好的，把它做得比常规稍微高了一点，所以下面比较开敞。

张斌

作为一个社会住宅，这样的院落是福利性质的吗？回迁和租户是混在一起的吗？两种人群的搭建方式最好还是要进行界定的，因为并不是有搭建就是好的。社会住宅是福利，是把公共资源分给你，你再进行搭建就相当于把公共资源变成私人资源了。

李立

一开始我觉得这个楼梯有点乱，但是仔细看了之后我发现做得很不错，四个楼梯上去再分四个，级差控制得很好。不过我看到好像有的住户可以同时从两个地方上，似乎在领域感上会造成一些问题。

缝隙
GAP

设计：黄舒弈
导师：庄　慎

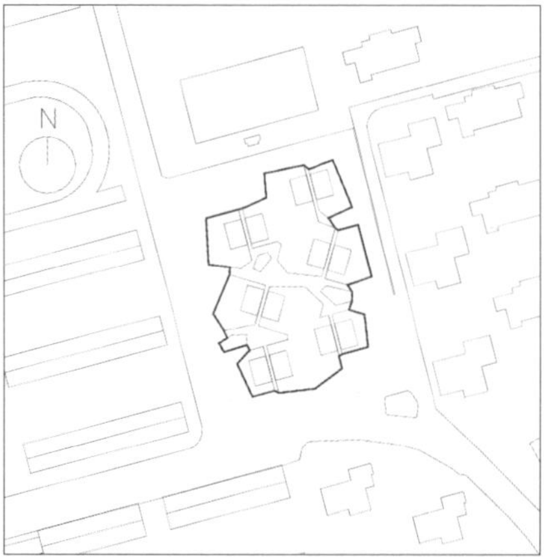

总平面图　1:3000

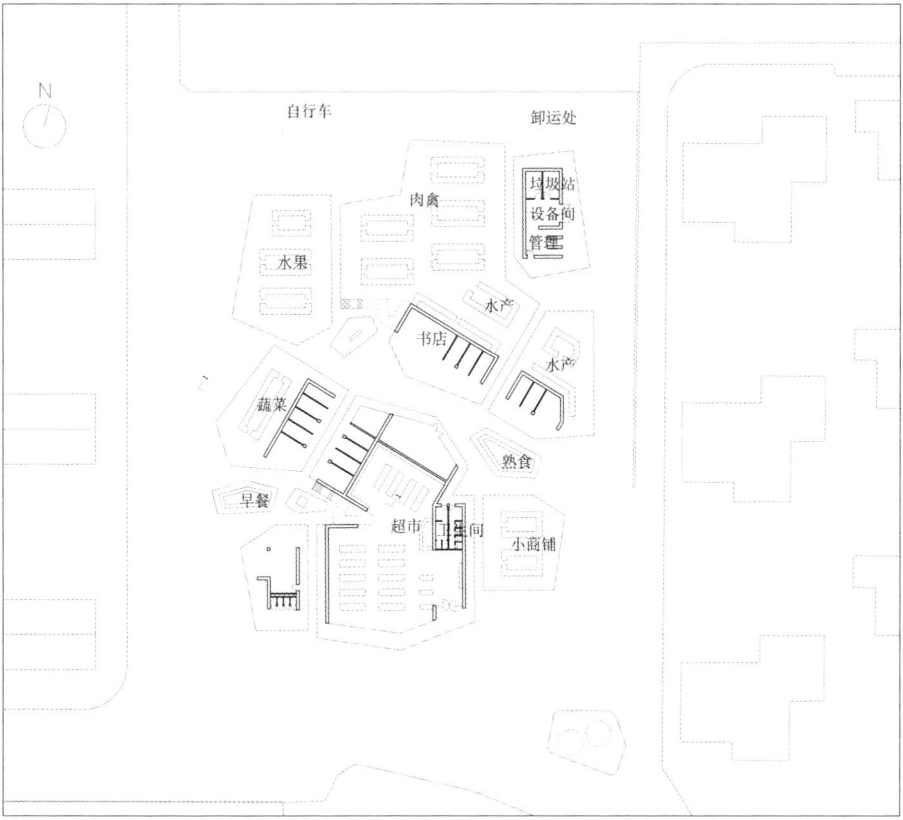

一层平面图 1:1000

关键词“缝隙”来源于赴法旅游时所见，光线透过相邻建筑缝隙改造而成的小商业街，创造出温暖亲和的氛围。我试图将缝隙所带来的空间感受应用于田林菜场中。住宅通过凹形平面正反层叠围合出缝隙；菜场则利用人流聚集点划分出缝隙路径，在路径上设置店铺，在闭合空间中设置摊位与超市。将菜场与住宅的缝隙合二为一，产生购物、回家和买菜三条流线，三者存在交点但不重合，场地中各个区域呈现出离而不远的状态。

二层平面图 1:1500

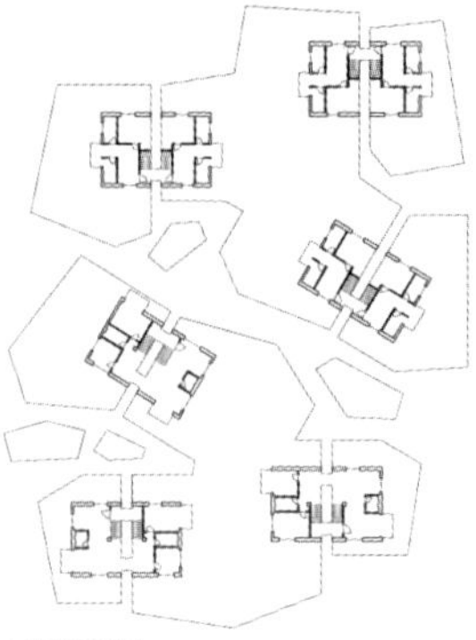
三层平面图 1:1500

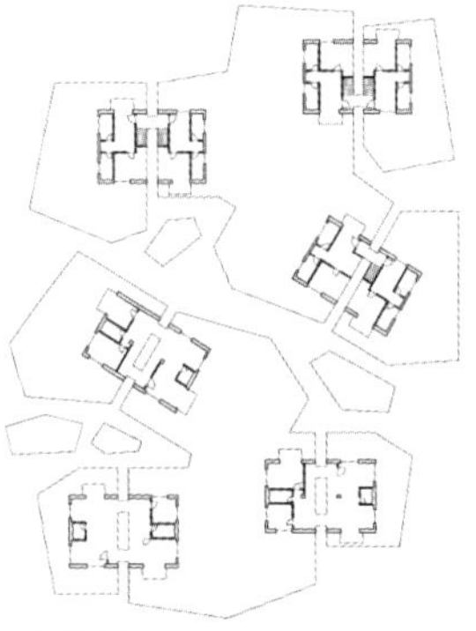
四层平面图 1:1500

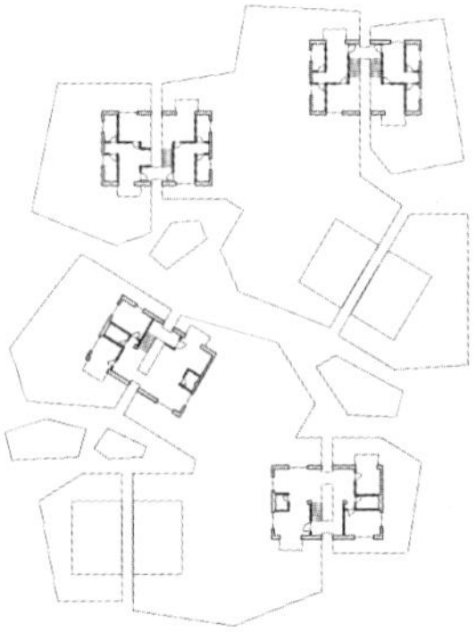
五层平面图 1:1500

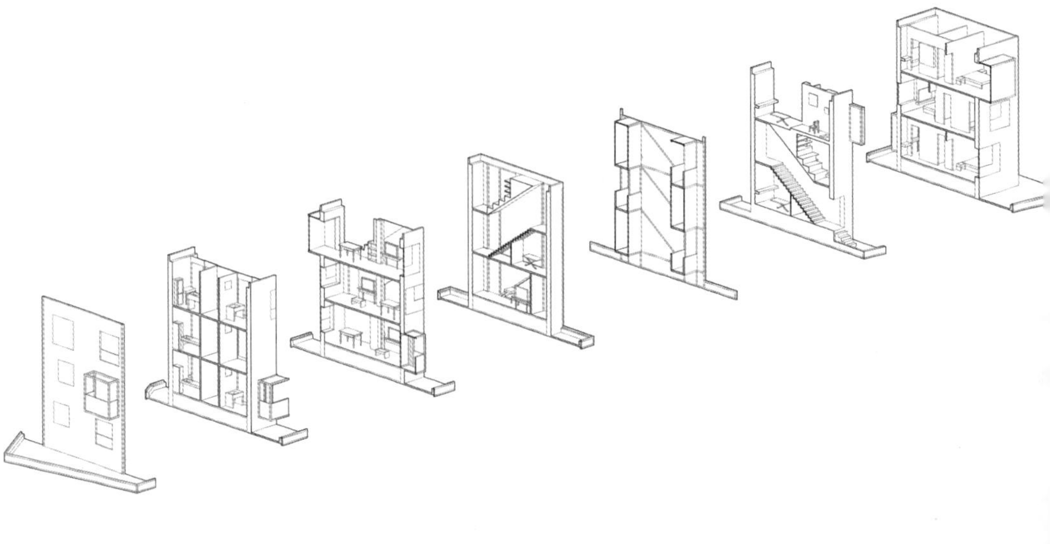

章明

我觉得这条缝开得挺好的，里面有一棵大树，把这个消极的区域变得积极起来。想象一下在街道里面走，感觉还是很丰富的。一路走过去，分成两个组团，一个组团是廉租户，一个是回迁户。大家都喜欢转来转去的小房子，他的这个转，第一解决了这条通道和街道的关联关系，第二是它正朝南，其中两个又和原来的肌理吻合。所以这个转了之后既兼顾了通道，又兼顾了朝向，还是比较理性、有依据的。

孔锐

当缝隙是室内的时候，它带来的透明和你希望的开放就很难被限定，可能需要拉窗帘。我觉得菜场和住宅的关系比较好，以及菜场作为菜场本身的气质是准确的，它会有尺度、限定、光线的变化，甚至有动线的关照，这点做得挺好的。

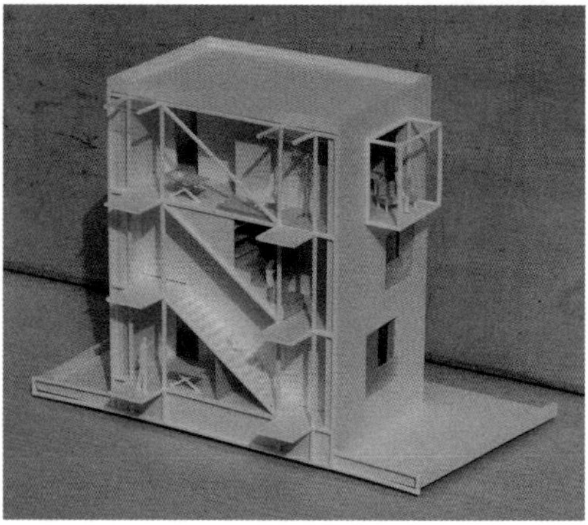

庄慎

他的户型相当于是一个正凹，一个反凹，就像是两个C形正反扣。他是把这两个面看成是一个整体，然后剖开来的材质、边缘的处理是不一样的。里面缝隙的边缘处理得比较柔嫩，透明的或者半透明的。他设定了一个外框，里面某些地方处理成光洁的玻璃，仿佛是被割裂开的。

范蓓蕾

我觉得他这个解决方案是挺好的。其实他的设计是从一个很感性的点出发的，即一个体验，一个缝隙。一般如果处理得不好的话，会把这个点落在很细碎的东西上面。这道缝完成了从公共性到私密性的尺度转换，整个体验的趣味性以及跟下面的菜场的结合方案，整体性地去回应了之前的那个感性的点，最后的分寸还是把握得挺好的。

浮　冰
FLOATING ICE

设计：罗辛宁
导师：庄　慎

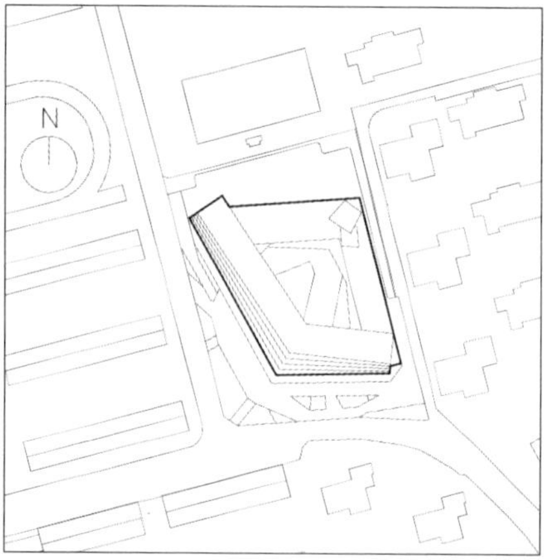

总平面图　1:3000

一层平面图 1:1000

为了使原本拥挤狭窄的基地变得通透清晰，让人们获得更舒适的交通、购物体验，需要让建筑漂浮起来。横向的大尺度楼板让建筑在立面上呈现漂浮的姿态，与类似回形镖的外形相结合，使建筑在场地中变得自由。外广场与道路融通一体，对流线交汇的空间做出了整理，使得两条道路视线更加开阔。设计上形成里外两个院子，在平面上布置出碎冰游离的效果，与整体建筑一起呈现出“融化的浮冰”效果。

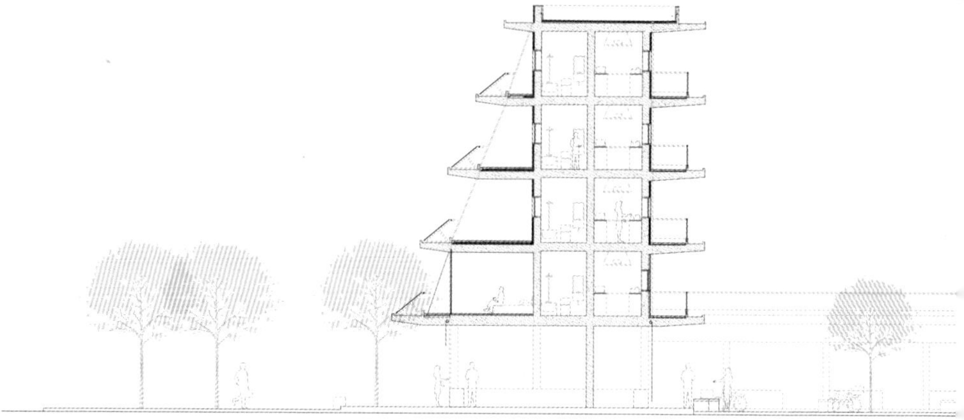

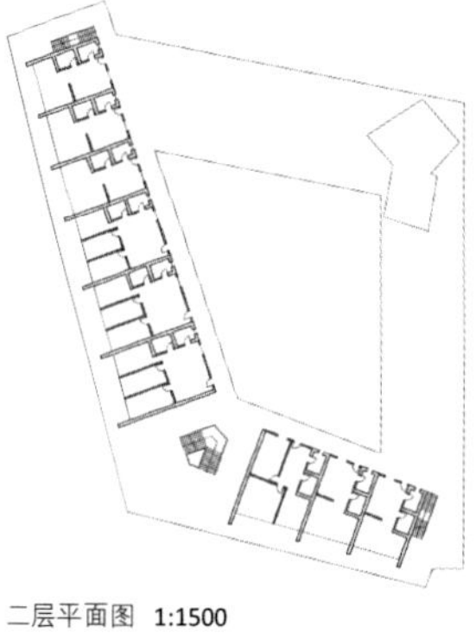

二层平面图 1:1500

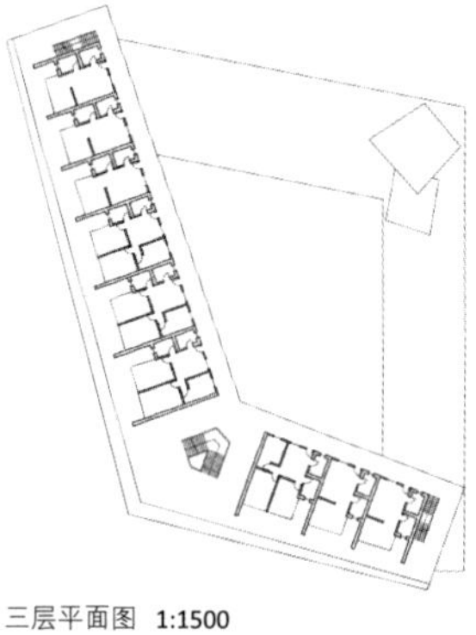

三层平面图 1:1500

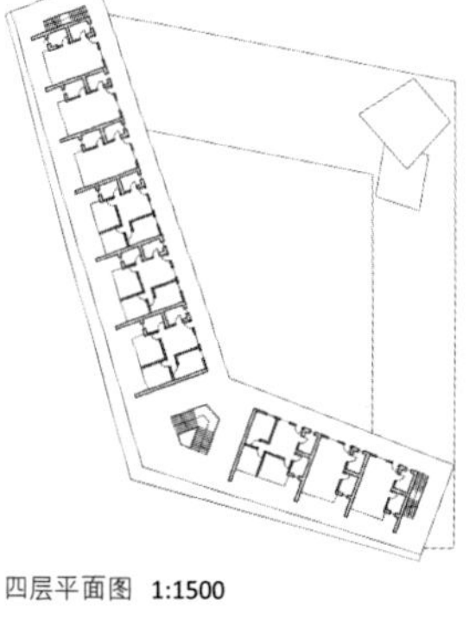

四层平面图 1:1500

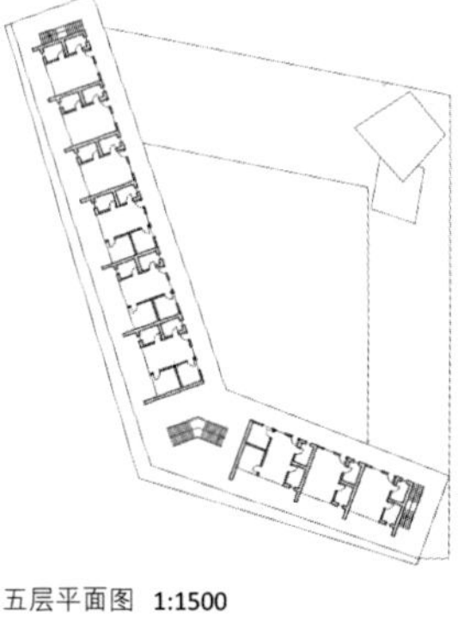

五层平面图 1:1500

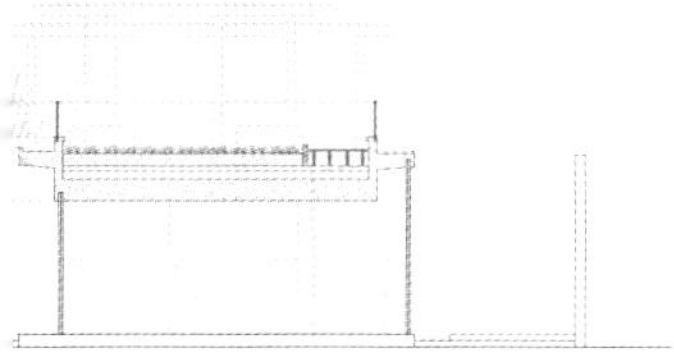

庄慎

大家认为这个院子比较消极，但是它有一部分空间是非常积极的，前后挑廊公共空间比较宽，前面的阳台也比较大，这一点是非常重要的。这个方案我觉得最敏感的是她寻找到这条线，这个路口很有意思。通常在处理这种普通基地的时候不会把它放置到更大的地域去考虑，这条线把这块地方变成一个公共的地方，一边积极一边消极。用一个很简单的方式使得原来的道路空间变得不再规则，这一点我还是挺喜欢的。在这样的方式之下，如何把一个具体的设计开展得没有破绽很重要。

陈屹峰

这个设计实际上是对“小菜场上的家”的课题的又一次质疑，这个不是传统意义上的批判而是一种分析。首先要表扬这种全新的模式和形象的出现，但你要有道理，为什么要取用这样的形态？第二个问题，这个题目本身暗含了一种比较温馨的状态，小小的住宅和菜场有一种融合关系，上上下下高高低低，菜场上的家而不是菜场上的住宅，有这样的潜在意味在里面。而你现在不想做这个氛围。任何的求异背后都要有理性的分析过程来支撑，在上海这种气候条件下，舒适的院子一定是要有阳光的。你必须意识到需要在维持这个界面的情况下去做改善。在田林这样一个很温暖的地方，有一个令人振奋的形象进驻是好的，但是一定不能伴随一些明显的问题，你要认识到对其他地方产生的不好影响，然后去解决这个问题。

社区菜场及住宅综合体设计

过 渡

TRANSITION

设计：申 程
导师：庄 慎

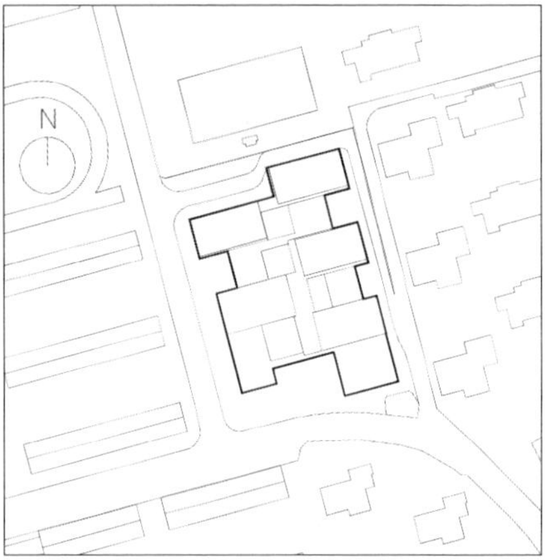

总平面图 1:3000

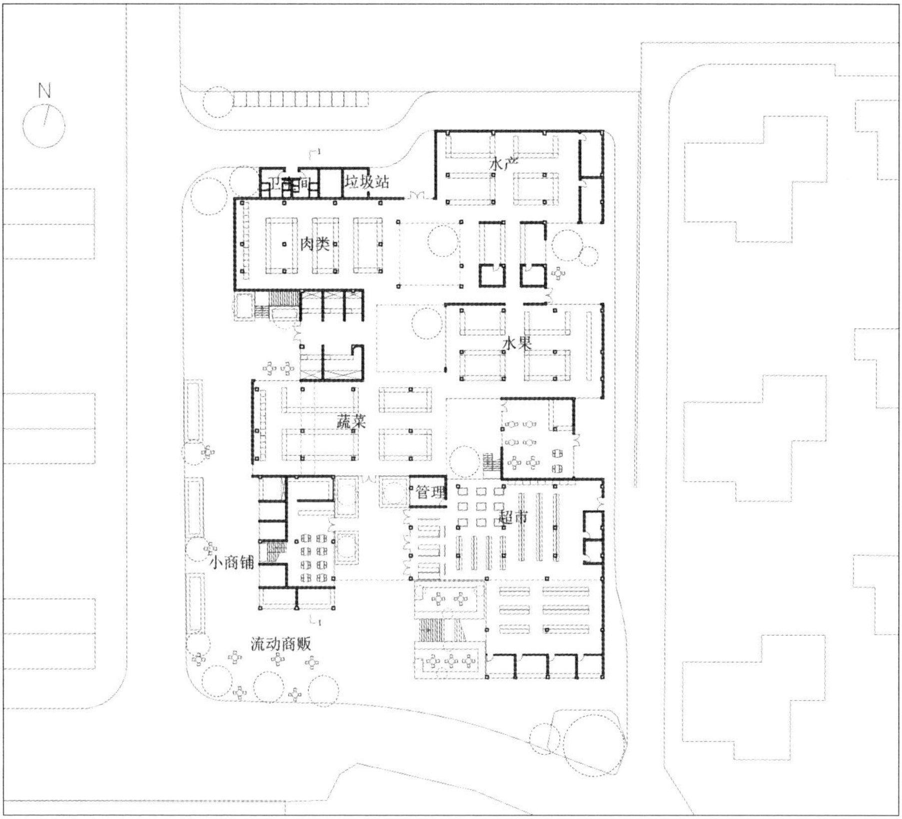

一层平面图 1:1000

设计以过渡空间为出发点，试图以此去回应调研中发现的菜场、住宅及外部环境之间组织僵硬、功能相互干扰的现状。设计希望营造原有空间的边界并将其作为过渡空间，从菜场分出一部分功能，并与其上层空间一起组织，成为位于菜场和住宅层中间并穿插于菜场内外的夹层，作为菜场、住宅、外部环境三者之间过渡的柔性边界。

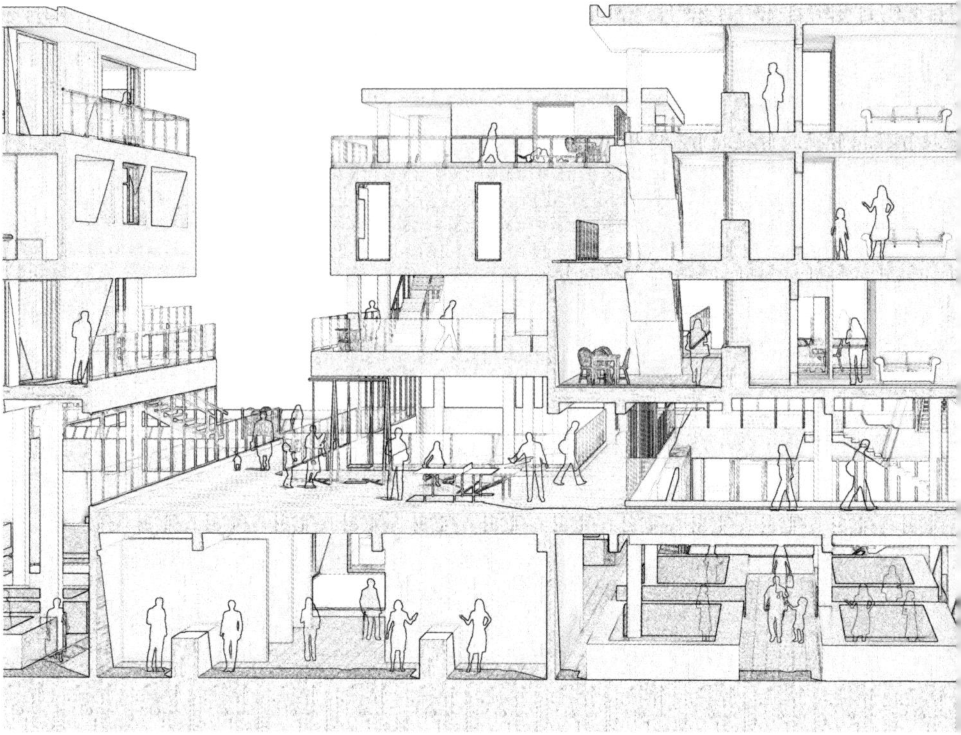

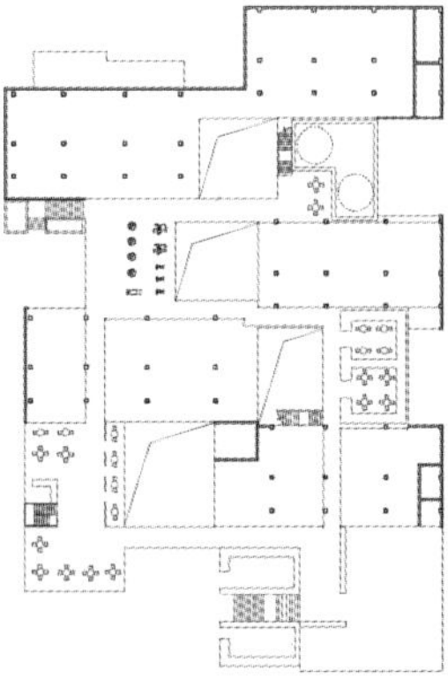

二层平面图 1:1500

三层平面图 1:1500

四层平面图 1:1500

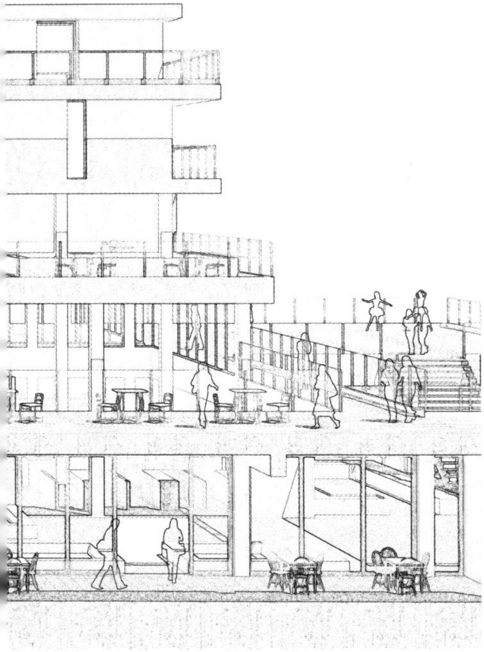

张斌

你用豪宅的方式做了社会住宅。各种连通的南阳台，这种形式语言在社会住宅中出现的几率很低。这个看着很干净的空间只能来自大豪宅，底下是客厅，上面是客房、老人房、小孩房、客房，最上面是主人大套，然后有个大平台，这是一种语言体系。作为从业者应该能够读得出它骨子里意味着什么。你可以主动探讨怎么样用一种貌似资本主义豪宅的样式来做一个穷人的住宅。

章明

这种互相的对位关系做得很好，侧面、正面也很清楚。你想做一层平板一层体块，它们背后的东西实际是一样的，形式跟你想做的功能实际有出入，老师们从形式中读出了不同的功能，而你是同等的功能。

范蓓蕾

住宅的尺度有点大，公共平台有点多，现在做得有点太公共了。如果做企业小总部的办公园区还挺舒服的。

李立

其实你这一层是三户人家，但是做得像一户人家，尺度和别人完全不一样。

王方戟

这种感觉可能来自于上部的公共感比较强。这种很小的住宅上部应该有很多小的私有空间。现在第一眼看到的都是非常公共的，不是很适合住宅的做法。南面用篱笆拦开就好了。你的设计过多地从设计语言本身的角度去想，而没有从生活的角度想。

连续的庭院
CONTINUOUS YARD

设计：田　园
导师：王方戟

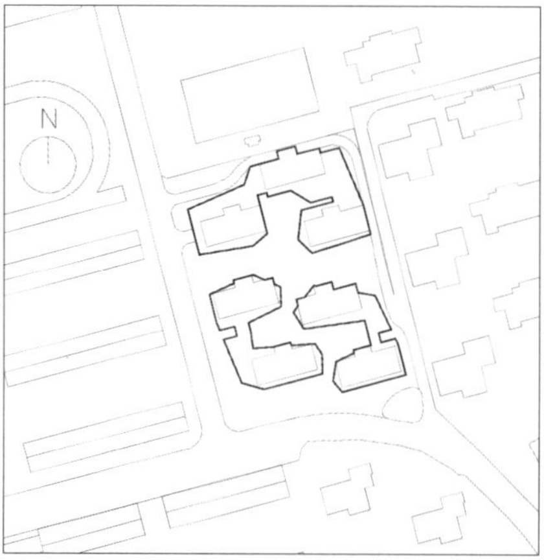

总平面图　1:3000

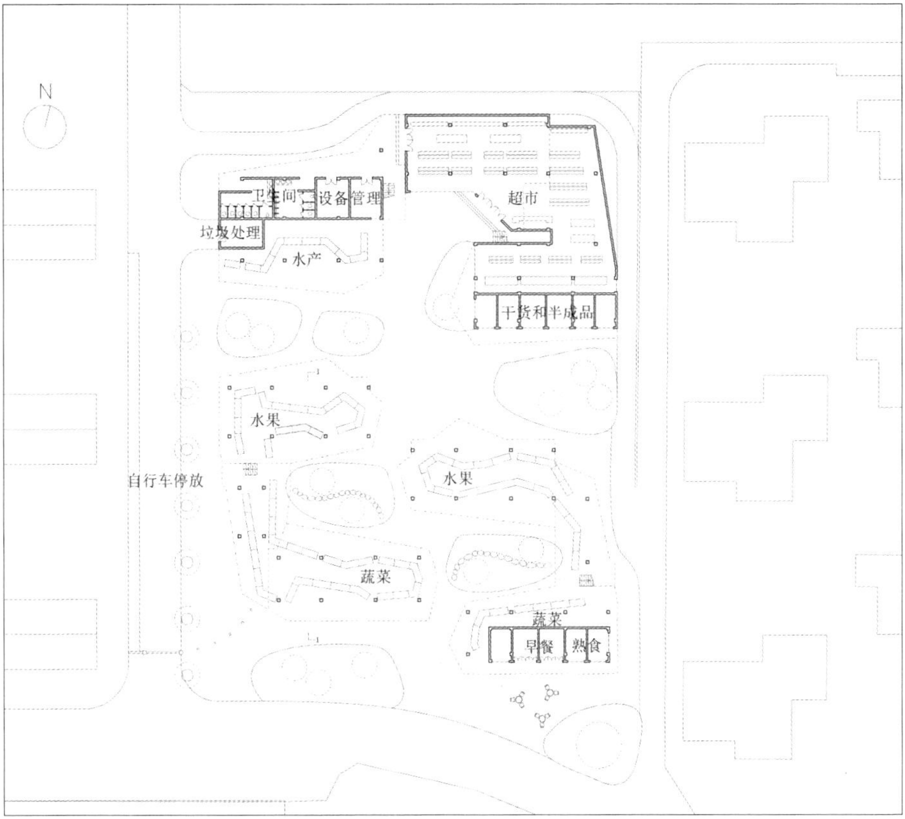

一层平面图 1:1000

一系列连续的庭院形成菜场、超市的购物主流线和住宅入户流线，曲折的平台覆盖引导流线，以此改善菜场购物感受，同时为住宅提供良好的景观和公共活动空间。通过引入简单干净的景观绿化引导流线，提供良好的菜场环境，并为住户提供优美的居住环境。平台在起到引导流线的同时为住宅提供了一个便捷清晰的入户方式和相对私密安静的住宅公共空间。

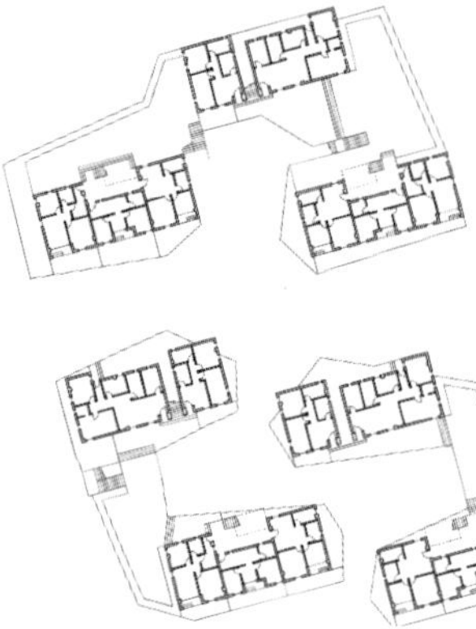

二层平面图　1:1500

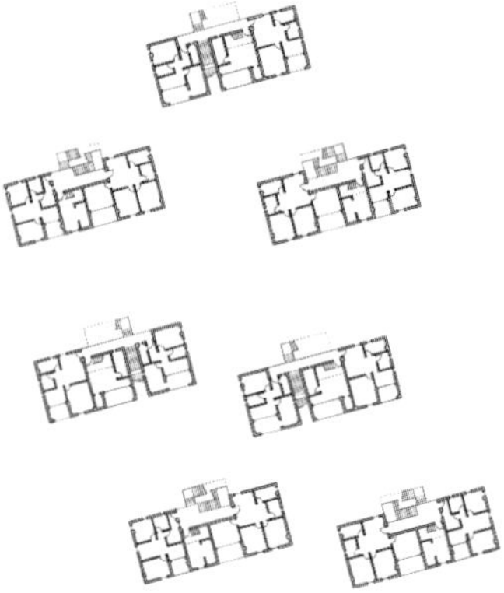

三层平面图　1:1500

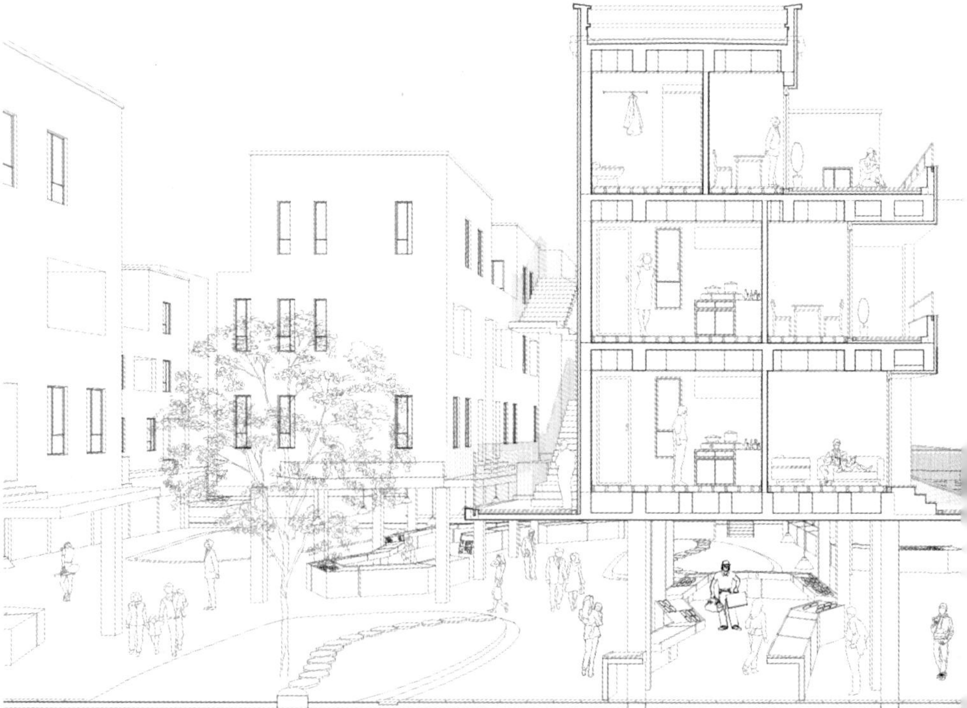

陈屹峰

人在均质空间里面可能会有无依无凭的茫然的感觉，你是想设定一个什么样的状态？在住宅摆放不变的情况下，你还是可以在场地上做做文章。例如下沉，让这里更清晰一点。这个住宅比较有特色，对入户有考虑，不是比较常规的楼。其实你可以把这两个住宅分开一点，把楼梯单独拎出来做点独特的设计，或者局部分开，局部扭转，让设计更加有意思一点。你有三个组团，每个组团做得都还不错，但是它们之间没有什么关系。

章明

均质有均质的做法，一种是飞来的，而你的是接地气的。但我们要做的，往大的来说要对类型学有贡献，往小的来说就是对建筑学有一点贡献。所以在均质背后，你们要做的是均质变异，如果没有变异也太缺乏设计感了。那么变异要变在哪里呢？因为我们是放在一个真实的环境里，要跟左邻右舍发生关系，跟地文地脉发生关系，跟人的活动发生关系。你是一个反应体，你是一个后来者，所以你就要对周边产生反应。反应有几种，一种是旁边很差要改善它；另一种是旁边这个树很好，所以我们要利用它、呼应它。你的设计应对周边环境的变异少了一些，变异对于你的均质来讲是最有价值的。

张斌

你的设计一看就是先放了住宅，后来派生的菜场。也就是你的房子落好后，底下变一变、连一连变成菜场。我们要做的应该是设计一个菜场，设计一个住宅，然后再做这两者的关系，而你现在是做了一个住宅派生出一个菜场。均质不好的地方就是只存在一种尺度，也就是一个中等尺度，没有更小和更大，中等大小的住宅单体把控了一切。其实现在有一些穿越是可以在住宅底下发生的，住宅和菜场不必一一对应，缺乏互相碰撞。我们要做的是1+1>2，但你现在是1+0.5=1.2。

社区菜场及住宅综合体设计

棚·场·憩

SHED, SITE, REST

设计：熊晏婷
导师：张　斌

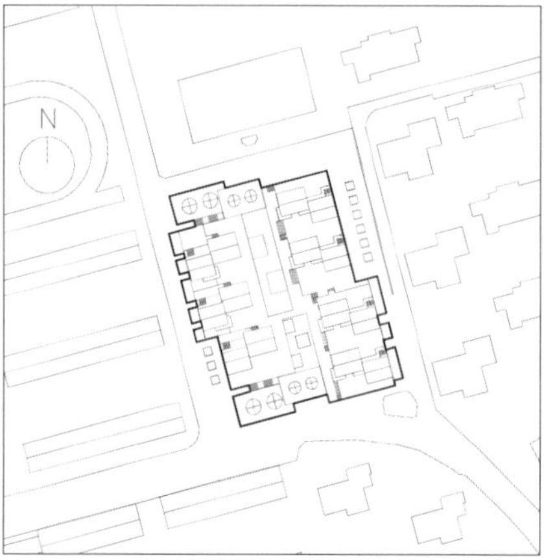

总平面图　1:3000

一层平面图 1:1000

针对宜山路菜场过于封闭、没有良性生机的现状，提出将休闲空间引入菜场的概念：希望在买菜的同时也能感受到场所更多的可能性。前后留出不确定的棚下空间为摊贩和社区活动提供场所，也通过一个插入的覆盖物将人流向中心广场引导。围绕着中心广场，人的活动从一层到二层过渡，从买卖行为到公益社区活动，最后到菜场上的每家每户。

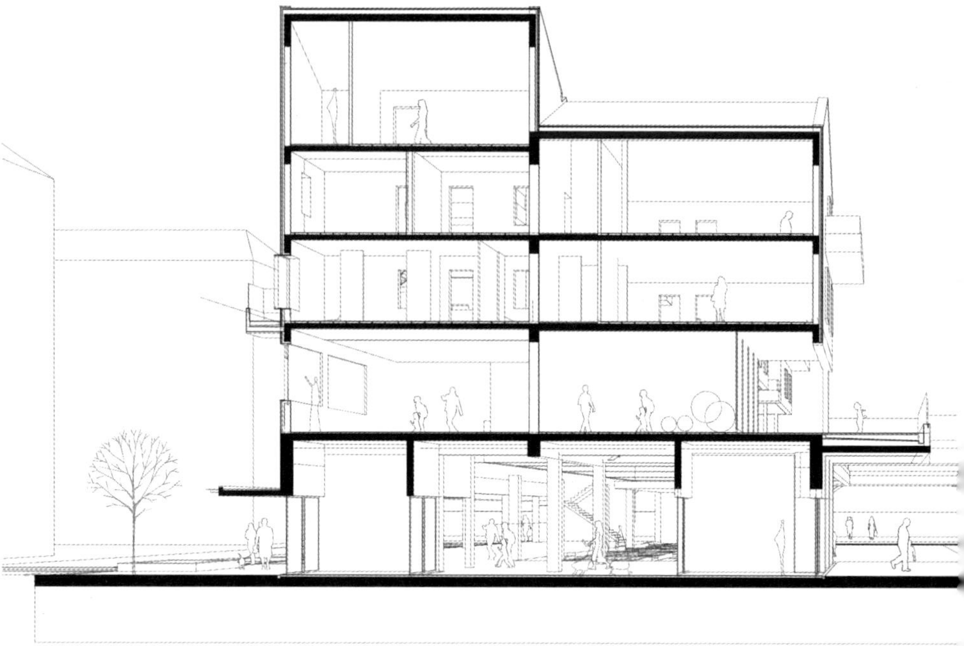

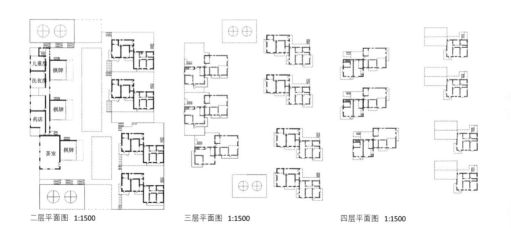

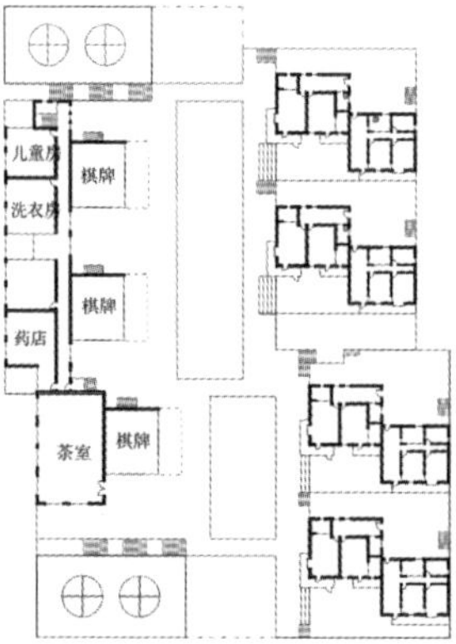

二层平面图 1:1500

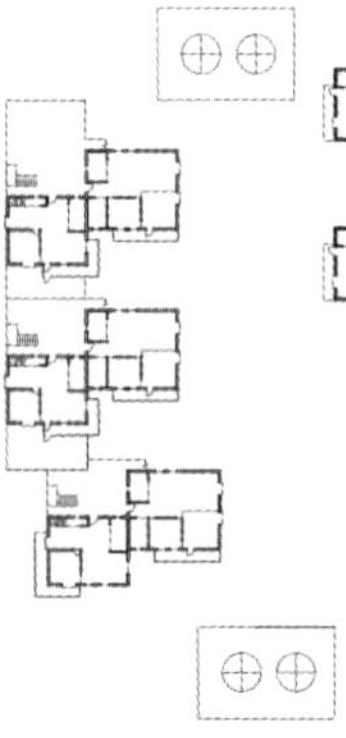

三层平面图 1:1500

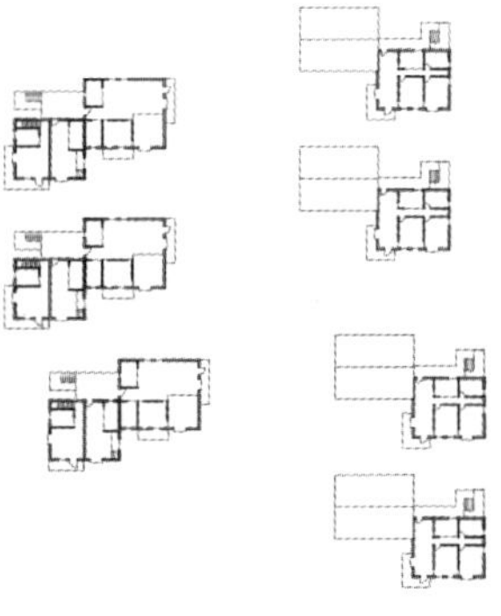

四层平面图 1:1500

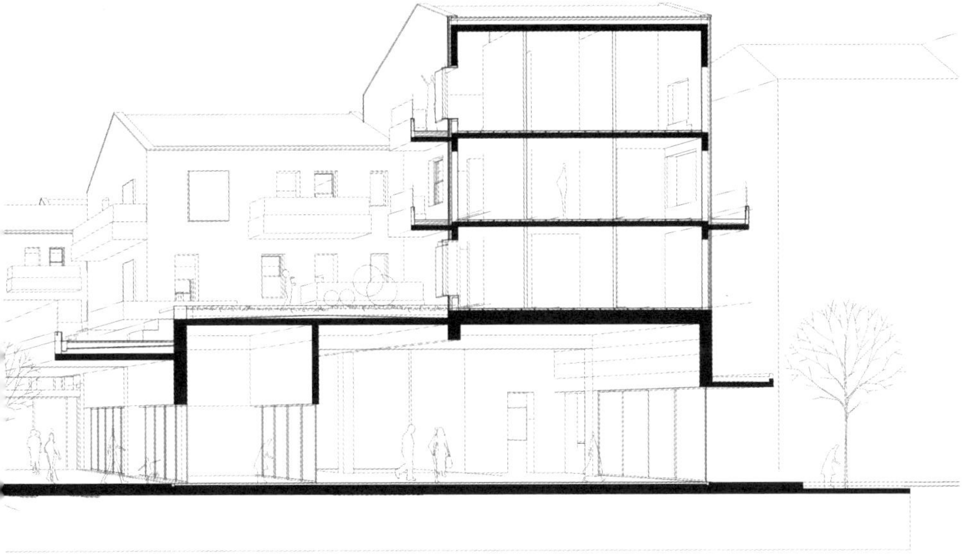

范蓓蕾

你太强调中心的轴线，这个穿行没有必要，没那么符合人的需要。对称的处理让人觉得基地没有朝向，好像前期策略的决定不够有道理。

李立

总结来说就是空间的差异性不够。组团空间彼此比较接近。

章明

你的策略就是一条街穿过，下面菜场，上面住宅，无非就是进入和空间体验不同。如果强化中间这个U字形的空间，把它的材料换掉，使力量集中于此，其他住宅做得相对平和一些，这样反而比较有意思。

孔锐

这几个高差的关系没有利用好，尺度上面有点失真，标高间的咬合关系不够好。

共享
SHARE

设计：张晓雅
导师：张　斌

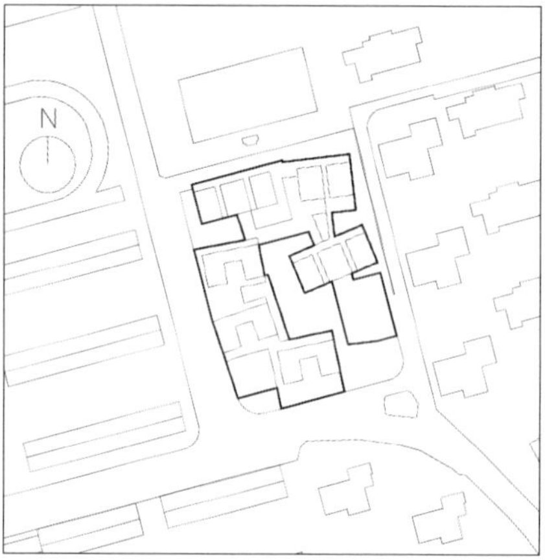

总平面图 1:3000

一层平面图 1:1000

基地菜场属于田林新村中最有活力的区域，但由于交通线路叠加，这里交通状况十分拥挤。设计意图将交通流线重新组织，将人流、非机动车线路与机动车线路分开，形成三个庭院构成的斜向穿越。菜场向中心庭院开敞，呈点式分布。住宅与下部菜场对应布置，共享中心庭院。设计意图充分利用菜场部分的活力，在二层设置多个社区活动空间，引入第二条斜向穿越的流线。

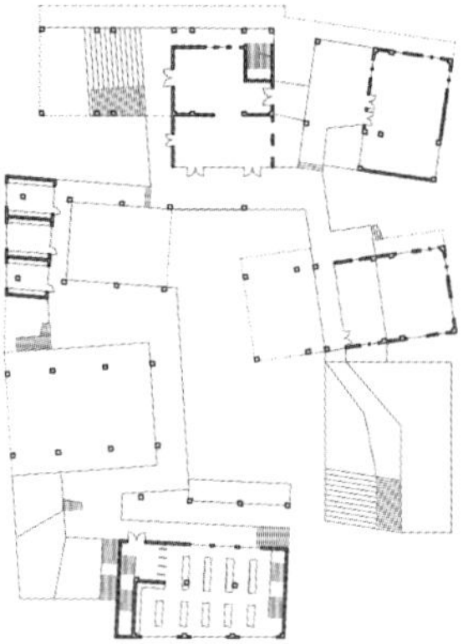

二层平面图 1:1500

三层平面图 1:1500

四层平面图 1:1500

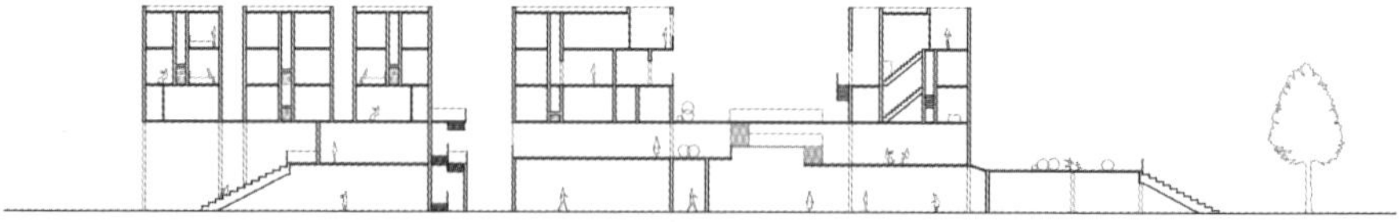

剖面图 1:1000

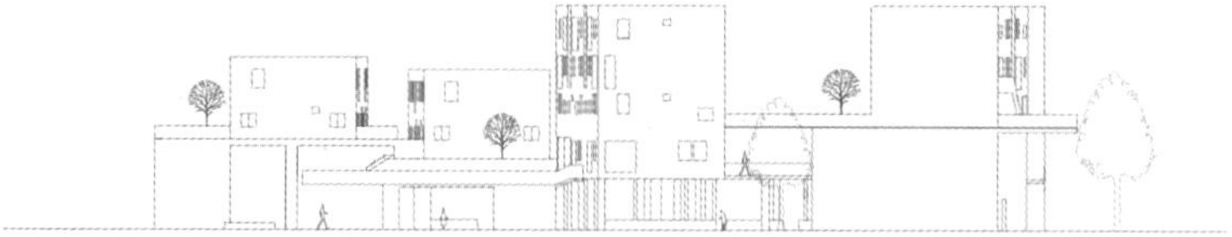

立面图 1:1000

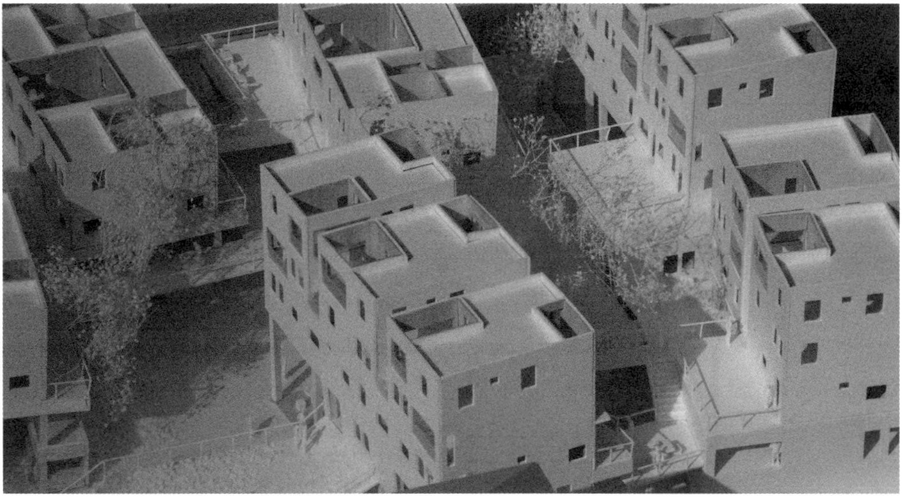

章明

看下来大家模式都差不多，下面是菜场，上面是家。你的特点就是在菜场和家之间插入了一个共享空间。而这个平台如果做高了可达性差，做低了菜场又会显得压抑，可以用一些剖面设计的方法来解决这个问题。这个三米五的半高不高的空间是你的设计特点，但是在图纸上表达的意图不明显；另外一个就是大台阶，台阶往往大到一定程度以后就不只有交通功能了，而是大地的延续和活动参与。三米五空间的参与性和大台阶的参与性这两点你做得特别极致，彰显得很好。住宅的这种错位是很忌讳的，两栋之间距离很小，两边的窗很近，所以这种开窗要尽量错位，以避免视线干扰。

李立

从二层下去有清晰的道路指向性和唯一性。垂直向的标高从正负零到三米五再到上面，这个动作非常连贯，意图清楚。你的院子比较小，如果都是毫无表情的形体，这种高宽比的院子应该是很不舒服的，但是在人的尺度上，这种高度的划分把一个高度挤压的空间化解成了几个比较亲切的层次；另外就是在水平方向上从外界到内部温暖的木盒子的连贯动作。垂直动作和水平动作的结合让概念变得很清楚，结构和流线很明确，一气呵成。有些空间对望的细节还可以再修正。

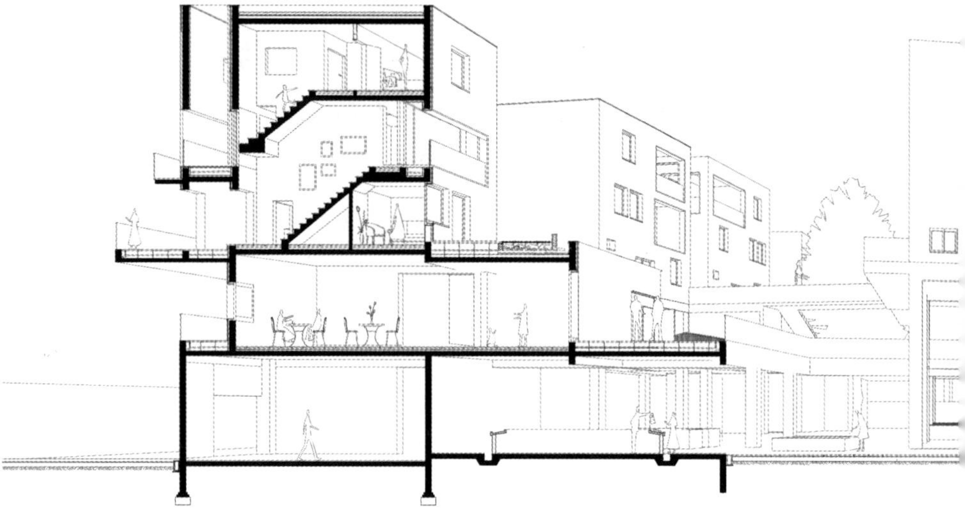

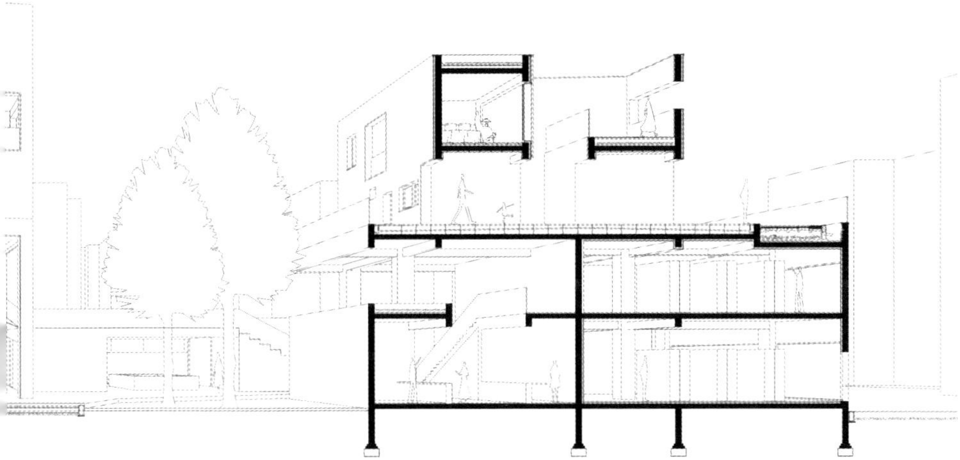

陈屹峰

方案借助两个穿越建立起建筑与周边地区的关联，这一点值得肯定。但是穿越也将带来问题，居民的生活会不会受到过多的干扰？因为建筑一层已经是菜场了，再加上整个基地的可穿越，这个问题必须要重视。现在能看出来设计对此有所思考，像下面几层的住宅开窗方式和上面几层就不一样。另外，两个住宅组团间的场地处于众目睽睽之下，估计除了小孩子，其他人都不会在这里停留，也就是说，场地上除了步行交通功能外，不再会有其他活动发生。方案应该注意外部空间领域感的塑造。

孔锐

所谓“共享”的概念，应该追问，谁和谁，在哪里，共享什么样的资源，这些都需要更为具体的回应。你多次提到的两个标高之间的穿越是否也与共享有关？但穿越是通过性的，共享则需要停留。从目前这个庭院的尺度和流线组织来看，它似乎更像是被建筑实体切割剩下来的剩余空间，这些空间需要进一步的调整和装载，才能实现设计的初衷。

广 场 · 界 面
SQUARE & INTERFACE

设计：周雨茜
导师：张　斌

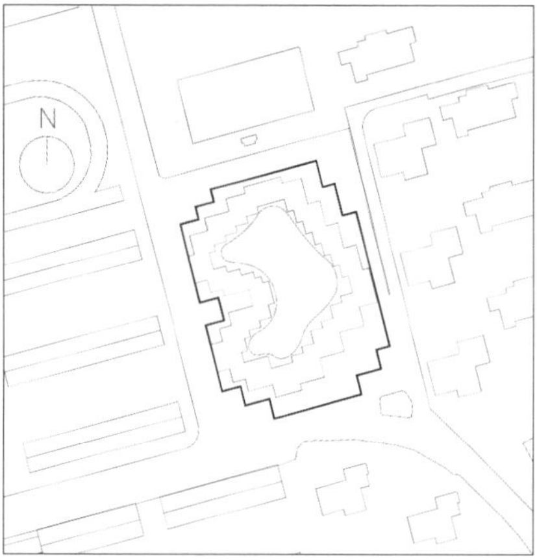

总平面图 1:3000

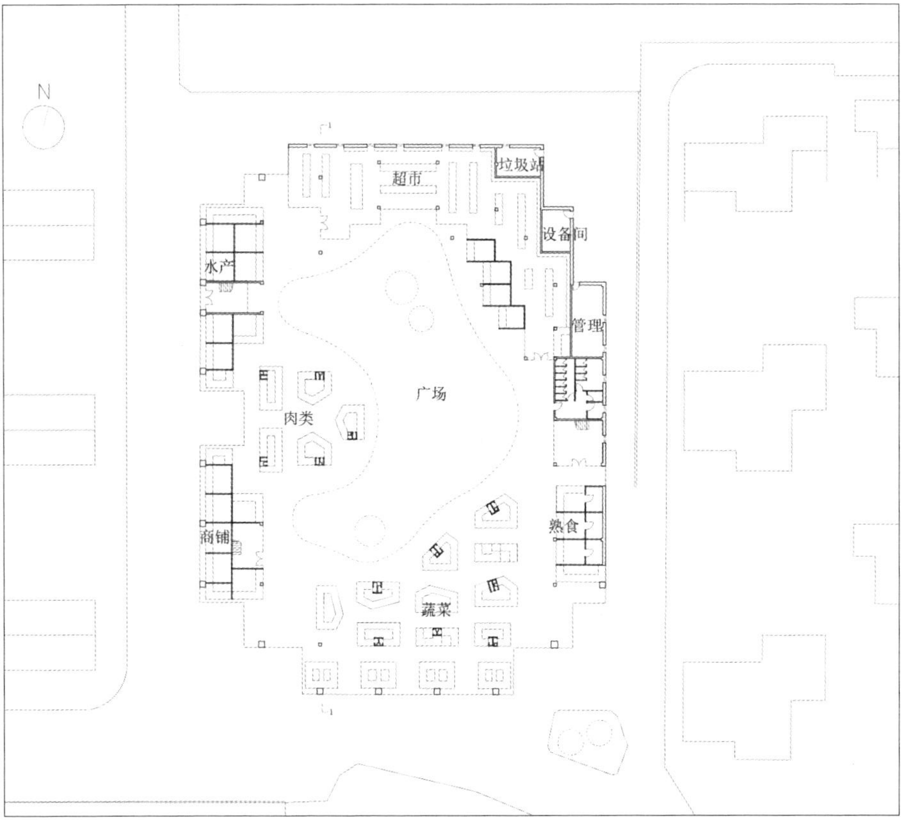

一层平面图 1:1000

田林缺乏大的活动空间，提供一个广场并赋予个性，通过围合来实现，外部低调，内部夸张；另一个关键词是界面，希望形成一种对比。每个住宅都是跃层的，错位排布于正交的网格上。广场内部空间比较大，希望通过弯曲和扭动来化解大的尺度，给整个空间营造趣味性，为使用提供更多样的机会。

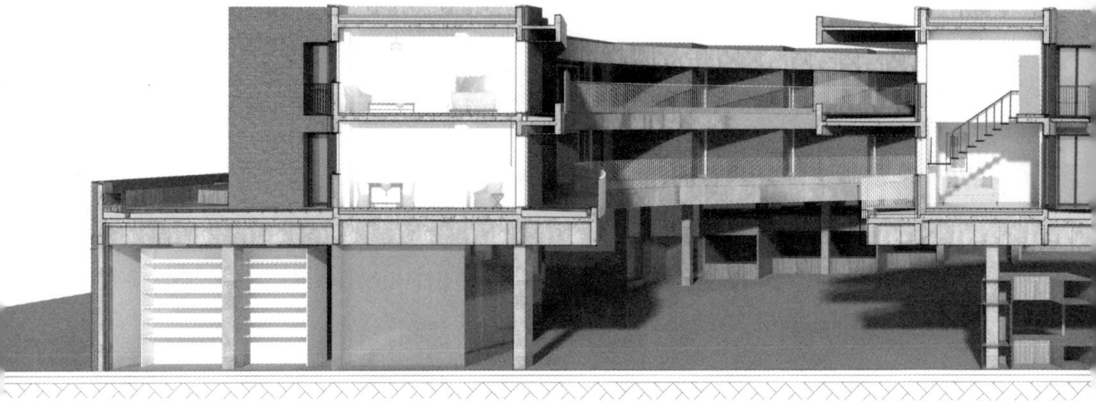

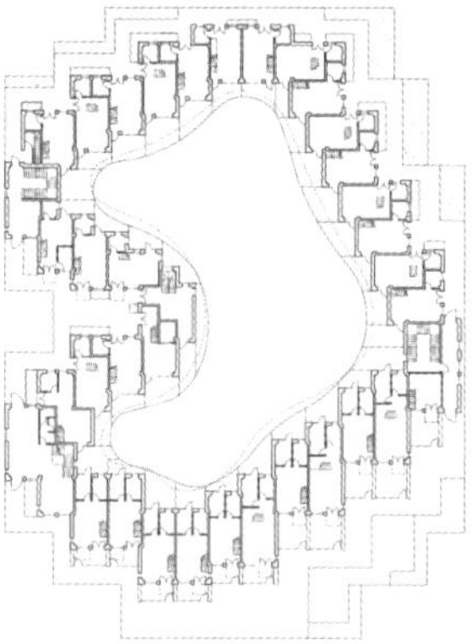

二层平面图 1:1500

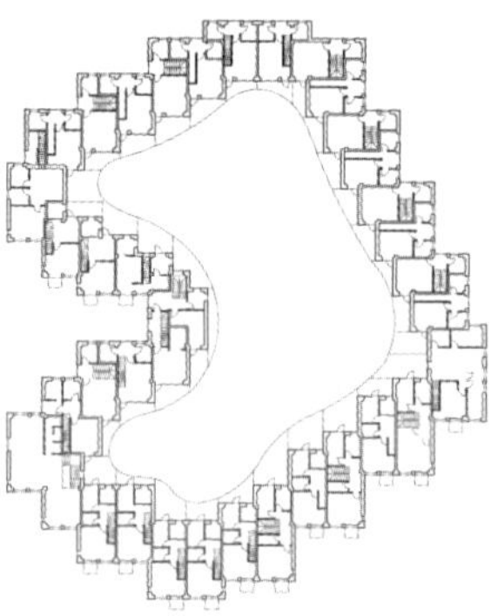

三层平面图 1:1500

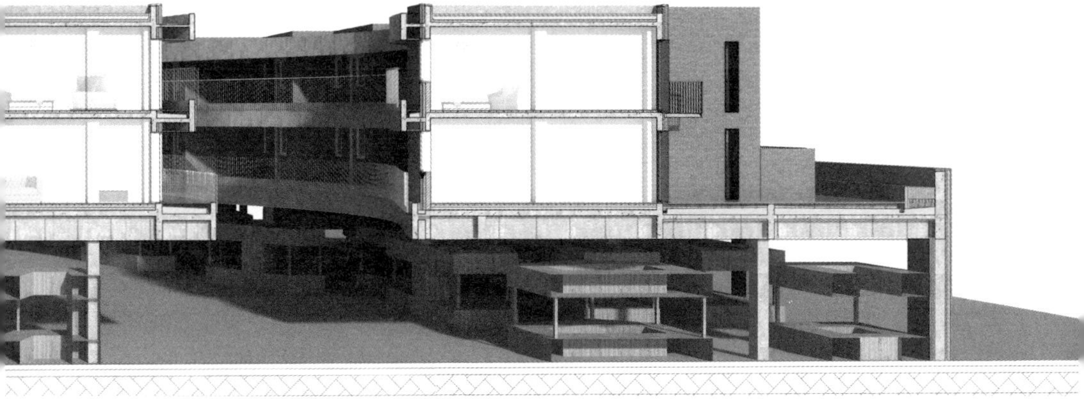

章明

进深很大，对采光有影响。显色性最好的光是自然光，局部封闭导致菜场需要好的人工光；另一个问题是住宅朝北部分的处理，围合式也会带来视觉干扰和局部采光差的问题，做住宅还是要考虑私密性的问题；最后是交通问题，整个交通路径比较长。但还是很有特点的。

张斌

南面朝向院子和街道都不错，就是局部稍微差一点。这种做法的问题是南北均好和采光同时解决是不可能的。

李立

不同户朝南的体验是不同的，也会带来一些视觉的干扰。这些问题也许能通过居住的户型来调整，需要让人感受到平衡的状态。

香

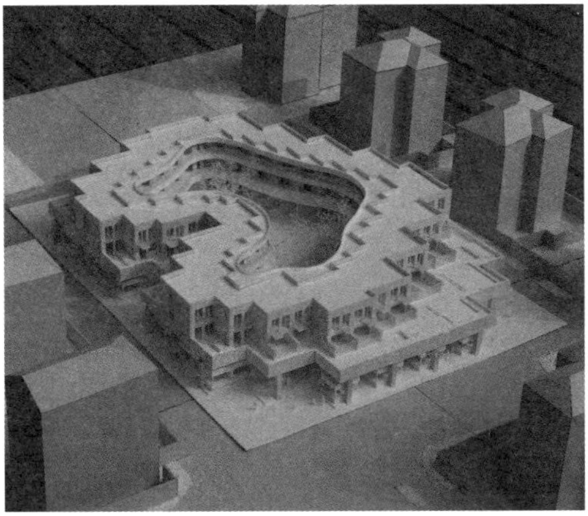

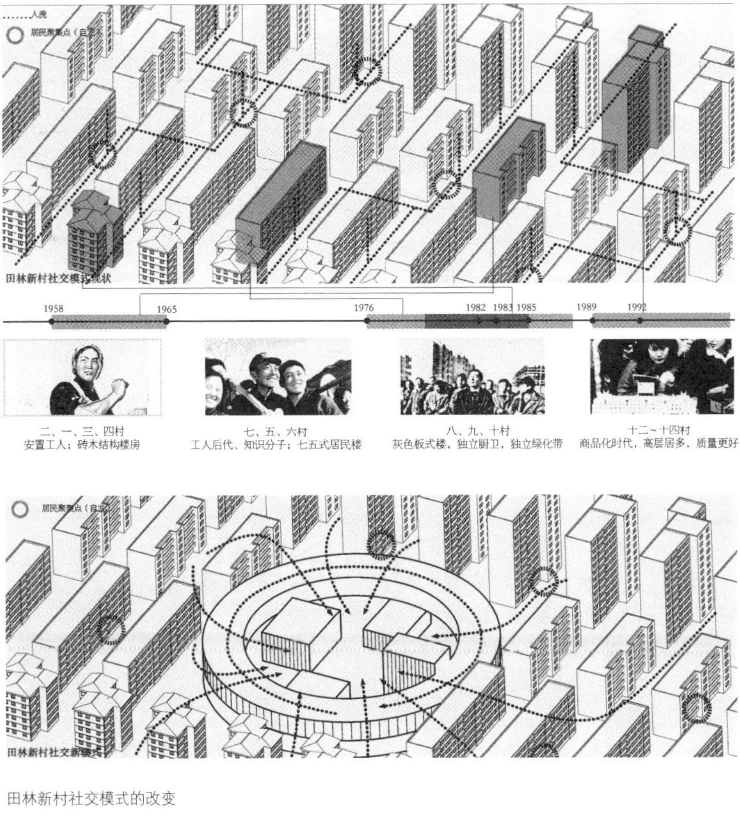

田林新村社交模式的改变

交 往 空 间
SOCIAL SPACE

设计：陈 俐
导师：张 斌

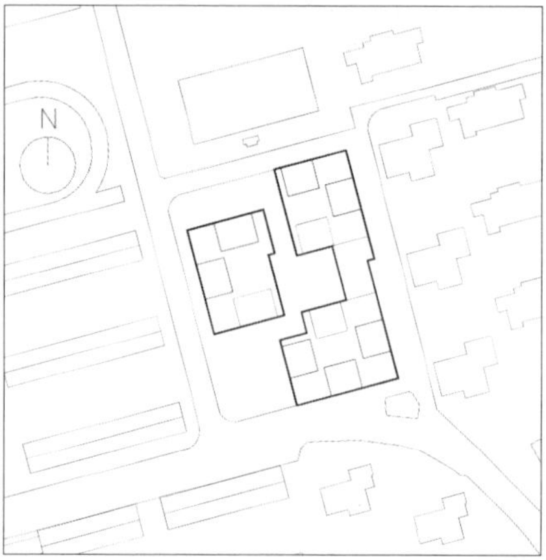

总平面图 1:3000

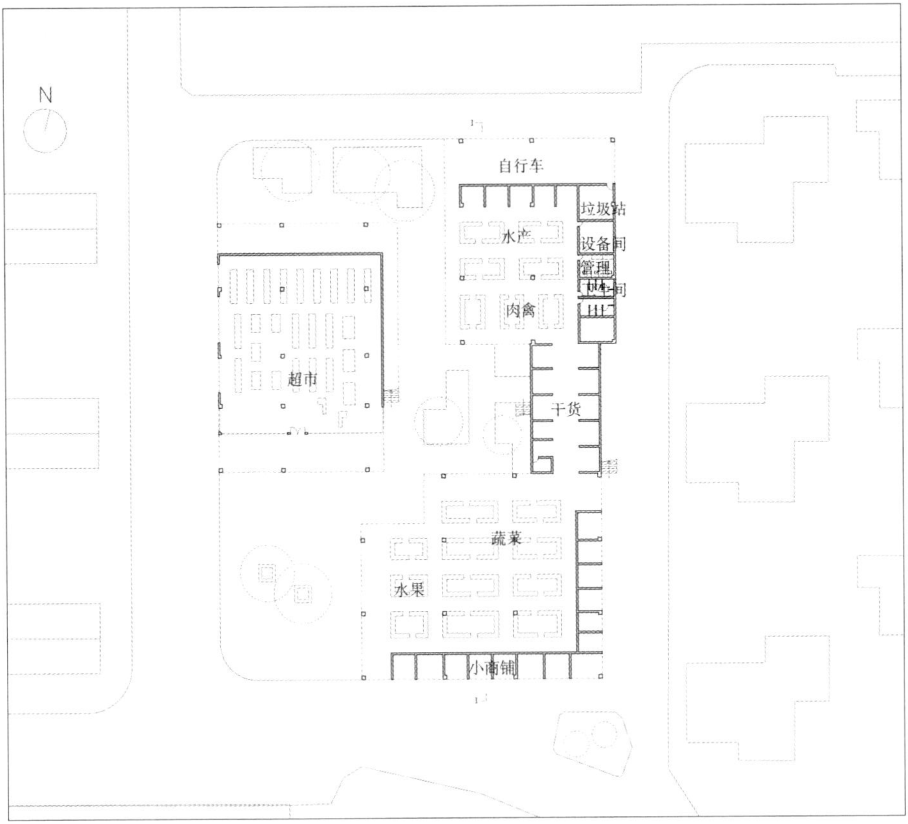

一层平面图 1:1000

由基地北侧的学校以及围绕基地的社区道路，形成了三个活力较高的点。通过三个连续的广场以及一条内街，连接三个活力点，并将体量分割成了三组。底层广场是基地与社区的公共空间，东侧两组廉租住宅利用高差形成公共平台。住宅组团围合形成中心庭院，侧面形成次一级的小庭院。通过一系列公共性不同的空间，促进住户与社区、住户与住户之间的交往。

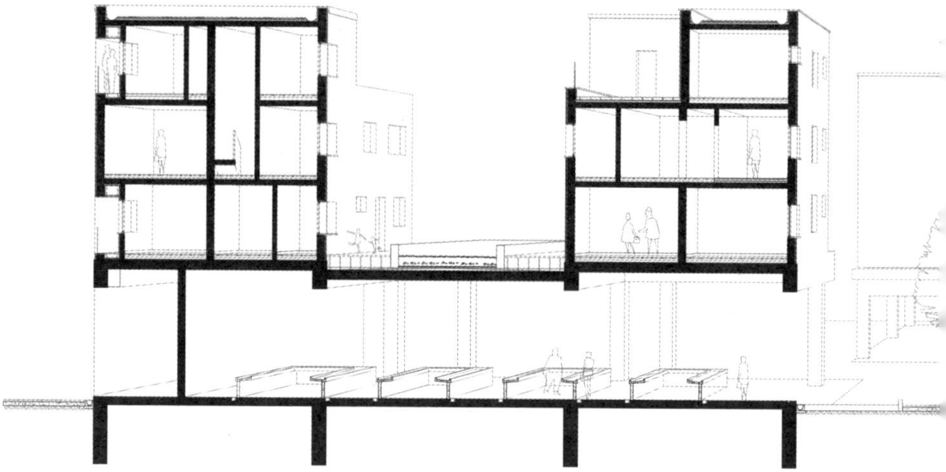

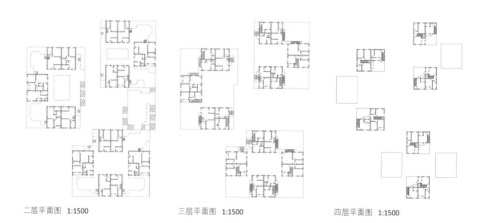

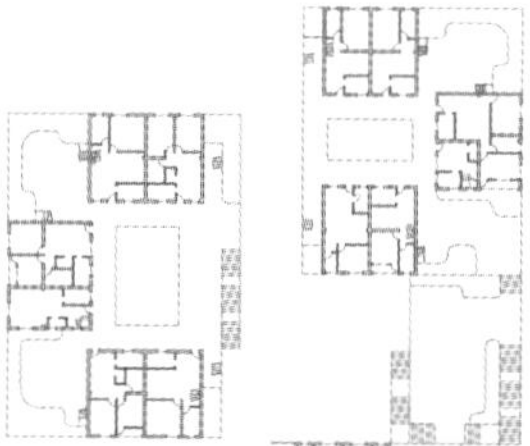

二层平面图 1:1500

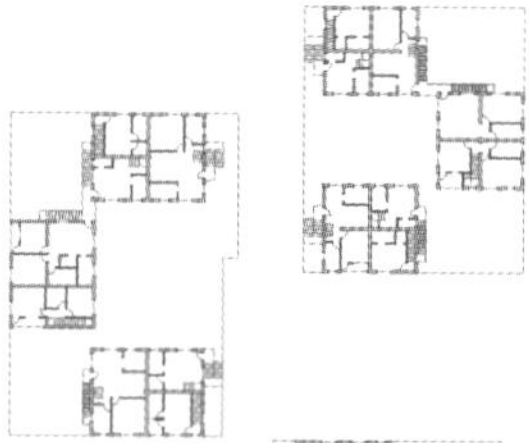

三层平面图 1:1500

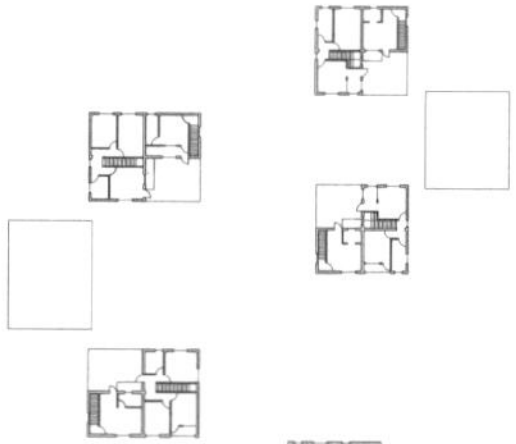

四层平面图 1:1500

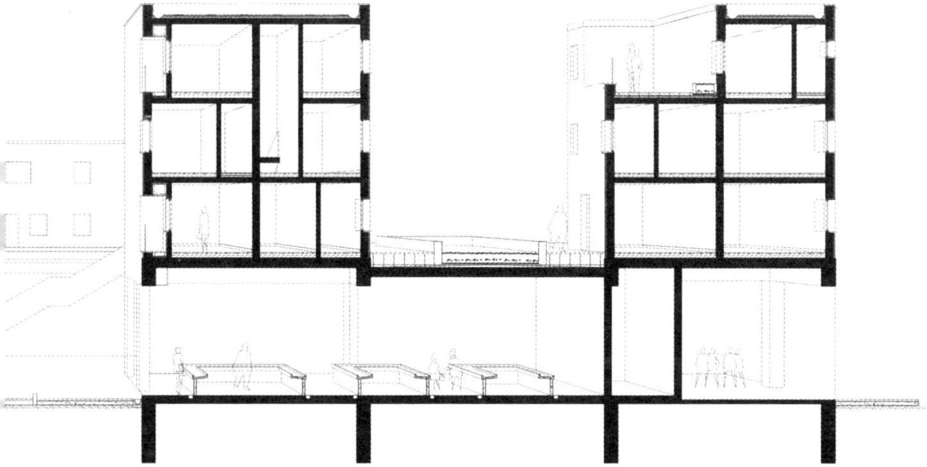

庄慎

其实我看这个方案还是有点感觉的，因为菜家这个主题已经做了四年，大家都希望在形式和模式上有点创新，但是难度比较大，而每次的基地都不一样却是很有意思的突破点。这个方案的核心与其说是街道和后面的广场形成的关系，不如说是为了把一部分建筑放到那一边，而在这个大空间里面放了一个超市。于是不再单纯是街道和广场的关系，而是一个大的社区空间加上一个公共设施流转起来的系统，这也是因为有这样大的基地才能形成的。这个方案最有感觉的就是它的简单性。这么大的基地很难遇到，但是大基地也许用一个较为简单的方法就能给社区找到各种可能性，需要同学们主动意识到每个作业的特殊点。

章明

楼梯占掉了很大的界面，所以你的沿街界面是很弱的，你却在这里布置了大量的店面。这里有一个内化或外化的选择问题，假如说你特别强调那个U字形，人群来到这里以后会使得这个界面特别活跃，因此不适合放直跑楼梯，不然会造成人流的冲突。照理说店面都放内部，外面贴广告牌做广告窗就够了，把人流真正引到里面去。

孔锐

你是不是被总图的图底关系限制住了，想去呈现实体和外部空间的关系，却缺少往下调整的过程，太过图形化。

第 三 空 间
THE THIRD SPACE

设计：高雨辰
导师：张 斌

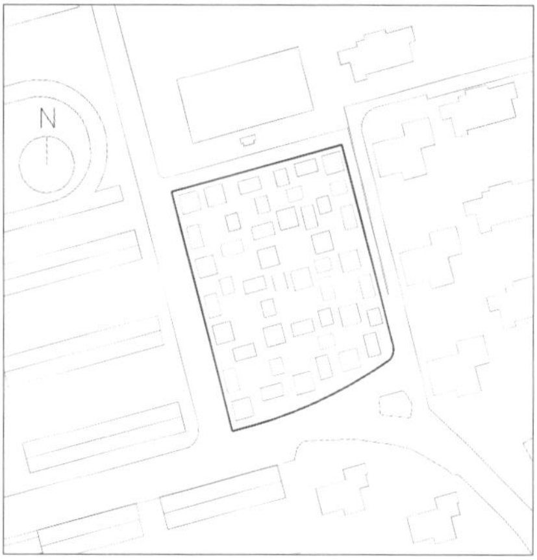

总平面图 1:3000

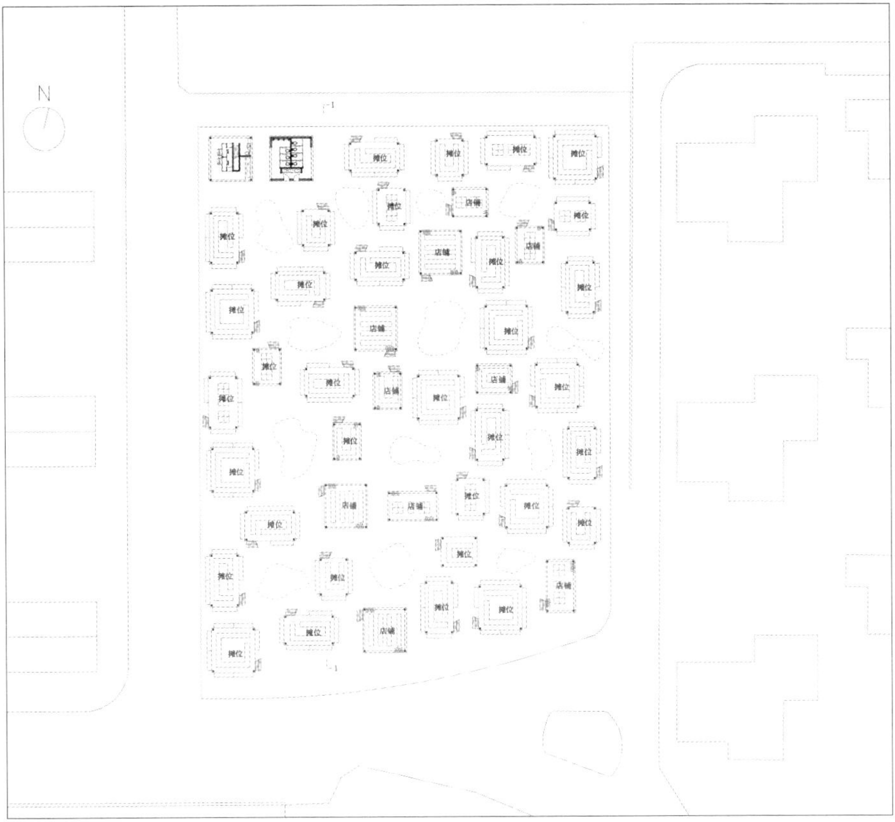

一层平面图 1:1000

设计以第三空间为核心，试图确立一种模式正视田林地区的自主搭建。将第三空间作为居住的扩展，为居民提供娱乐/工作/生产的空间。设计以底层高密度为入手点，将多米诺体系作为结构体系，为住宅的永久性、可变性、工业性带来更多可能，以适应田林地区不断变化更新的人口及需求。

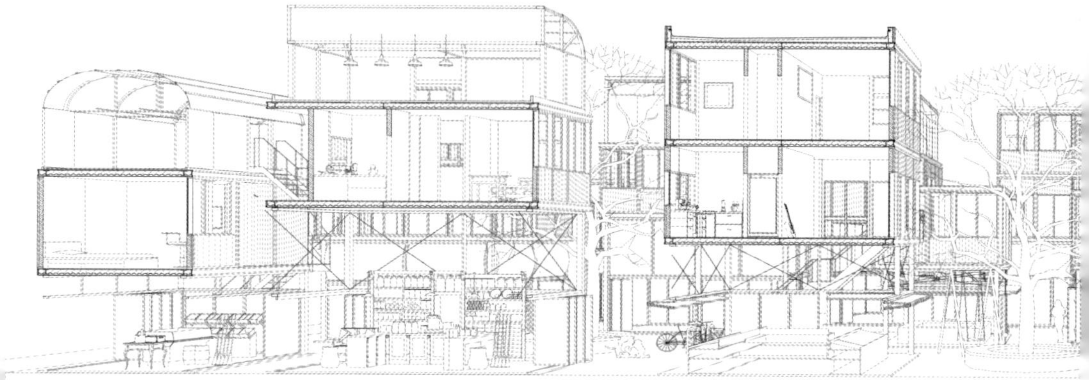

二层平面图 1:1500

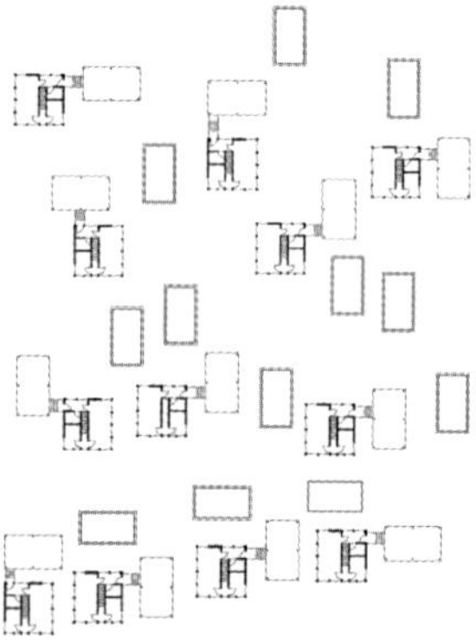

三层平面图 1:1500

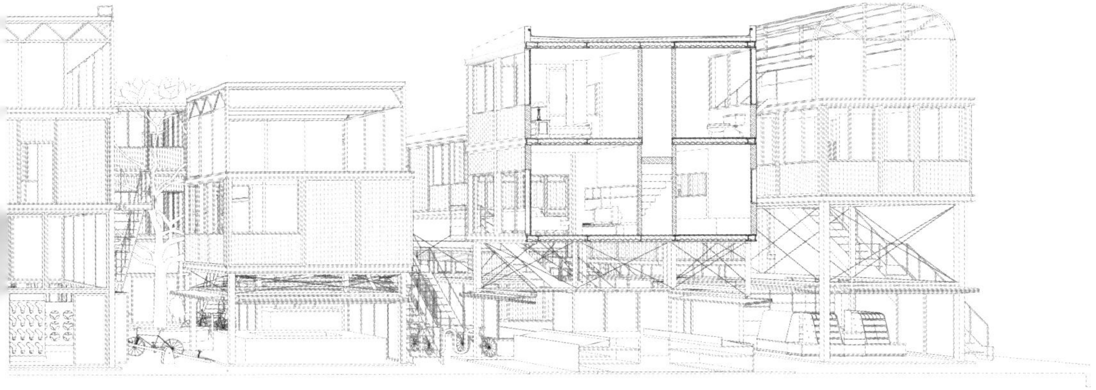

张斌

如果在屋顶把各种各样的活动表达出来可能更好。我觉得某些空间可以合并，从而解放出一个更大的院子，可能会有不一样的效果。设计的好处是这里面没有层级分配，实现了各自作业。

范蓓蕾

我每个房子都很喜欢，由形式带来感染力，由场景感带来幸福感，它的丰富性是夸张的。这种自然生长的丰富性，设计师很难一次性达到。不要做那种指引性很高的空间，比如做一个长长的走廊来引导，但也不能做成一个迷宫。在这之间要找个平衡。

孔锐

效果图有点像传统聚落，有趣的是组织空间和生产关系，景观上升到了空间的层面，这种定义有效地支撑了空间的操作。反过来，一层和顶层虽然标高差得最远，反而最紧密。客观存在的问题是消防或视距的问题。

庄慎

我想到蒸汽时代朋克混合体系，工业体系下的自主搭建，但需要明白其实它背后是精良的工业化体系。这种搭建在现实中不会发生，但在课题里做，距离和反差很好玩。这些弯曲的小路中或许有一条特别笔直的道路，会形成一种标示，从而会有社会化、政治化的角度切入进来。现在设计比较温暖，扩张欲望不强烈。

EMS 顺丰快递
奶茶

分　离
SEPARATION

设计：贾姗姗
导师：庄　慎

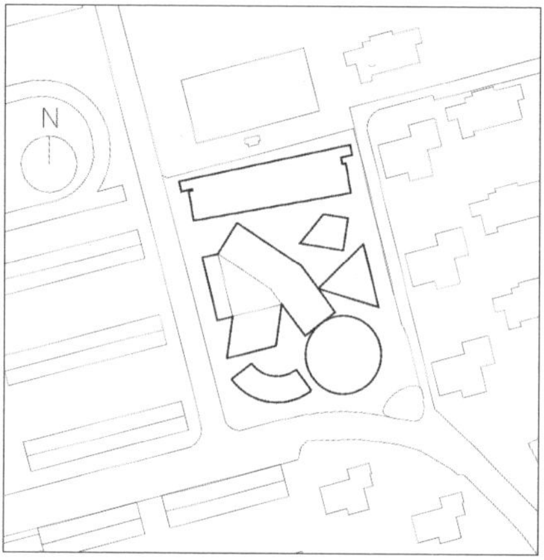

总平面图　1:3000

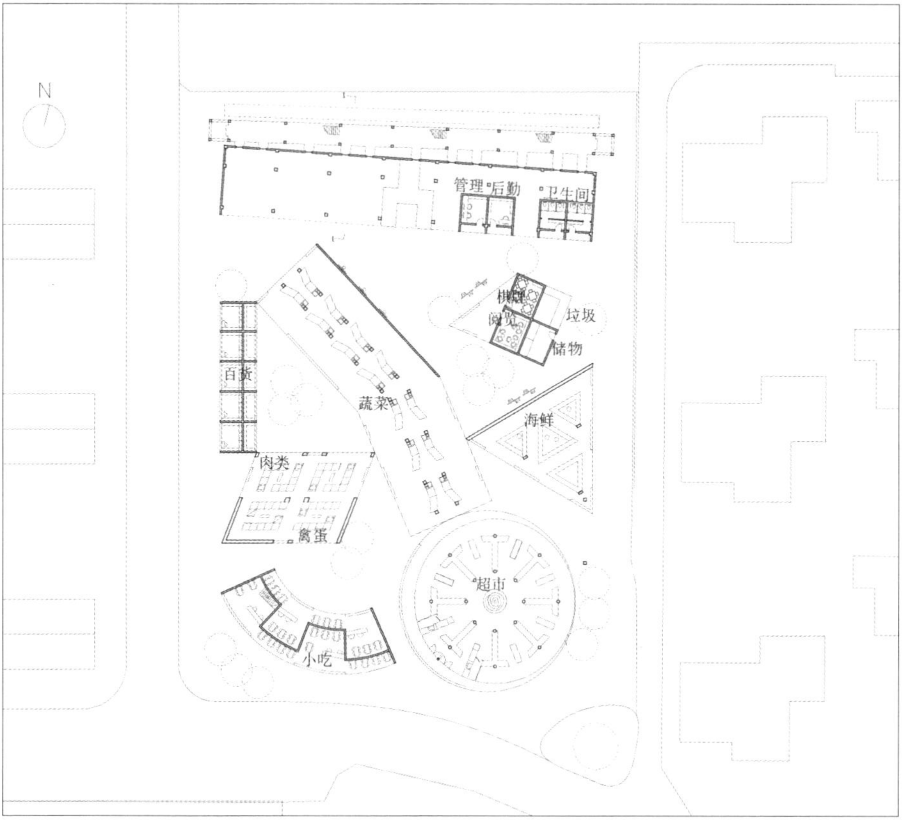

一层平面图 1:1000

为实现功能的高效使用，设计从分离的概念出发，将居住与商业分置在两大区域。其中，住宅部分将居住空间与交通空间进行分离，从而增强公共性与安全性；商业部分按其销售内容的不同将各次级功能再次分离，结合各部分特点个性表达。所有体量重新组合意在提供明快的建筑氛围与有趣的空间体验，设计者与使用者一起探索空间的个性与灵活性。

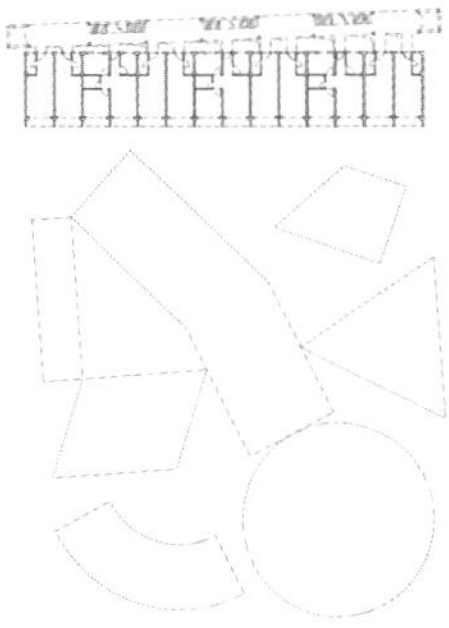

二层平面图 1:1500

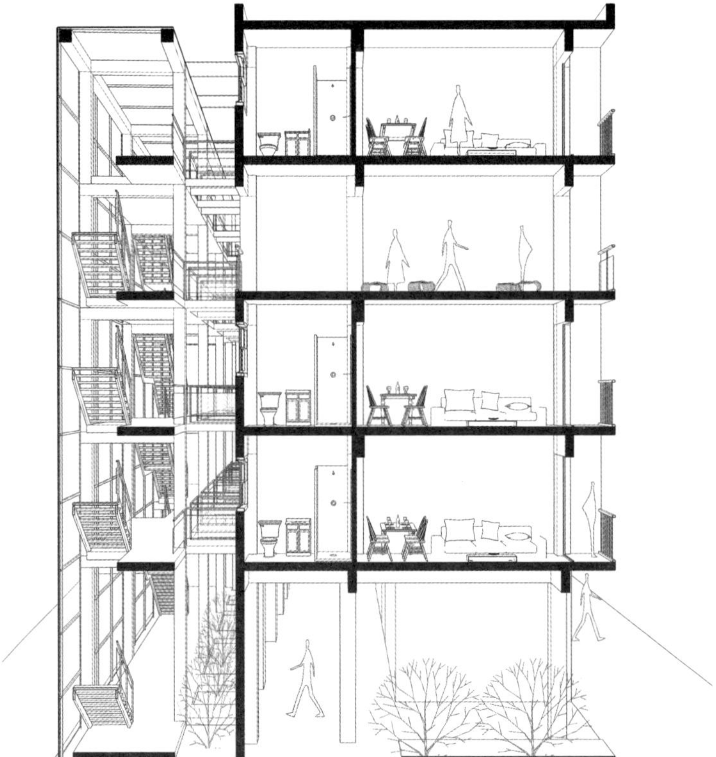

范蓓蕾

我比较喜欢的一点是她开始考虑颜色。空间颜色是很重要的，现在的菜场肉食的灯是暖色的，二楼卖菜的灯是绿色的，晚上灰茫茫一片的时候，你站在转角可以看到绿色从玻璃透出来，能产生一种很温暖的感觉。住宅的立面在形式上是有感染力的，其实就是一个架子，架子上有阳台、栏杆，有色彩。你在形式上和空间感性的品质上的确是往前走了很大一步。不过有几个可以细化的地方：一是里面的结构，结构在这些房子里对空间的感染力和影响还应该再深化一下，比如这个圆形，它的屋顶到底是一个什么结构撑起来的，是不是每个房子屋顶都是要平的？其实你可以有更加深入的空间想象；另一点就是这些东西的联系，现在是各自独立的，你可以做一些灰空间，让人不进去也可以兜一圈，有些地方打开有一些穿透的通道，让整个空间联系起来，人可以在里面兜兜转转。在城市里，尤其在这么热闹的小区，城市转角的界面应该再细化一点。

章明

这个方案很有特色，在实验班的课程中，模式突破是一个非常重要的方向，各种条件控制不是很严格，就是希望能够有一些模式的突破。做设计就是感性和理性的平衡，感性的东西，理性的解答。把住宅尽量压缩，这个地方也就变成了社区的活动洼地。其实这个洼地是有价值的，因为周边都比较高，对于整个社区空间是有价值的。

陈屹峰

这个模式可以叫做“小菜场边上的家”，这里的“上”可以理解为是比较靠近的关系，不是说一定要做在上面。这样的模式每年都会有一两个，它的难点在于很难做到两个东西很平衡。我感觉住宅受到了一定程度上的挤压，缺点是它的外部空间挺难定义的；另外，把这个廊分离以后，里面又产生了第二次的压缩，北面的户型受到了制约。当我们得到一样东西的时候，我们要看是否损失了其他东西，看看能不能平衡。

张斌

你的菜场每块都有一个颜色，比如说这个蓝色的海鲜区域，在天气好的时候，里面的蓝光全部反射到鱼虾上，就不会有新鲜感。如果要做菜场，感官是需要考虑的，而你所说的形式的原始性是值得探讨的。为什么一个几何体能够称为原始，基本和原始还是不一样的。简化成一句话，就是形式到底有没有逻辑。

社区菜场及住宅综合体设计

日常的公共性
EVERYDAY PUBLICITY

设计：鲁昊霏
导师：庄　慎

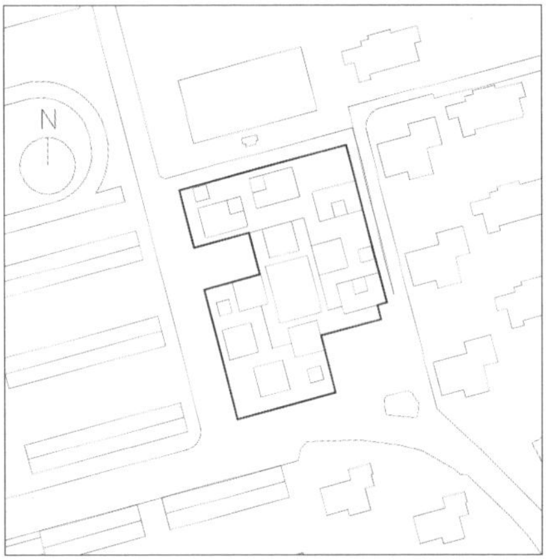

总平面图 1:3000

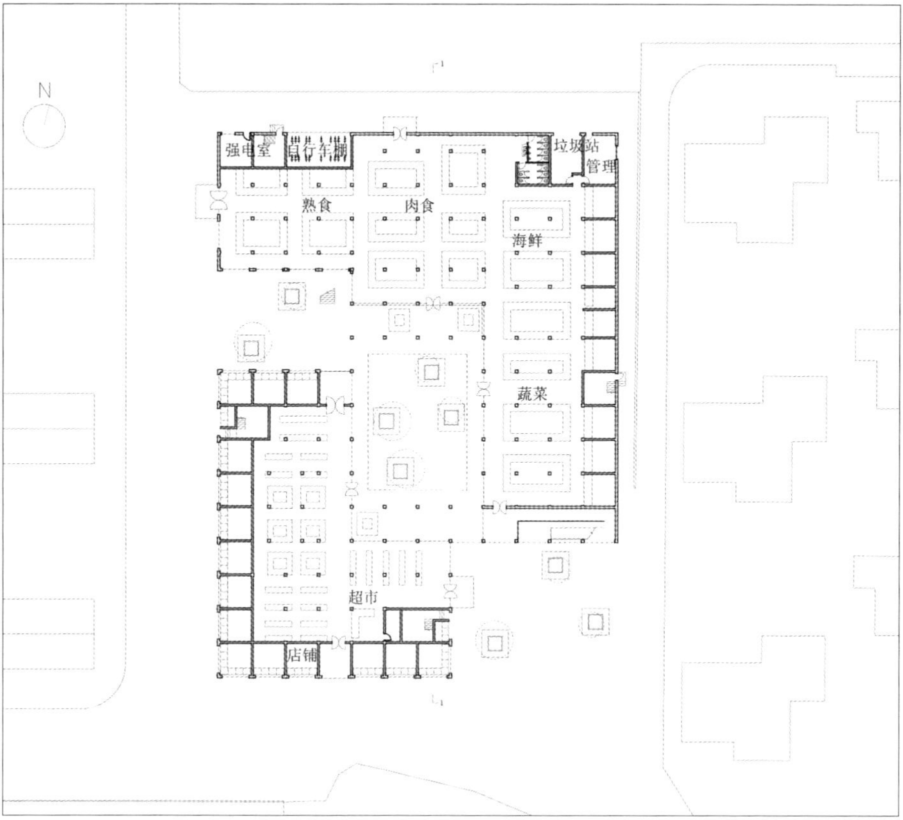

一层平面图 1:1000

在工人新村中置入满足日常需求的公共空间，回应既有住房中不断“外溢”的居住现象。沿基地对角线方向置入三个串联的广场，满足人们日常生活与穿越的路径；广场界面二层平台局部降板，塑造出尺度宜人的内部环境，并增强社区服务的功能；住宅在形态上分为廉租房与安置房，并在二层平台围合成若干公共空间，入户平台、阳台与小花园相互环绕。

二层平面图 1:1500

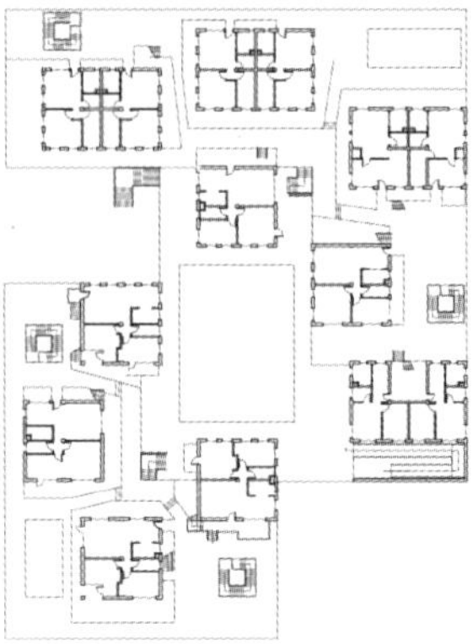

三层平面图 1:1500

四层平面图 1:1500

章明

整个策略还是比较清晰的，院落一共形成了三级，第一级对着一棵大树，第二级是中心院落，第三级与周边环境发生关联。第三级院落，可以稍微打开一点点，因为院落最重要的是围合界面，包括围合后形成的高宽比；第二，降板的处理很好。你把五米五标高降低之后，可达性就大大提高了，院子的比例就改变了。住宅的间距还是要处理好，有些住宅的间距可能会偏小，互相之间的干扰就很大。此外要注意尺度的控制，沿街边的建筑有五米五的层高，这个界面感觉对于社区来讲显得太简单强势了，像是还没有改造的厂房。

陈屹峰

现在来看，菜场特别强势，它跟上下之间的关系可以再考虑一下。街道界面从模型看还好，人视看上去就太高了。实际上对于街道来讲，界面应该更具公共性一些。

张斌

四个下面有社区空间的房子做得和纯住宅的房子不一样。沿街界面不要做这么硬，有个挑檐，或者有个灰空间就会好很多，现在有点消极。你想做成里面是软的，外面是硬的，但是外面的界面太硬了。

范蓓蕾

菜场是一个跟人很亲近的场所，你要找一个方式把建筑跟人的关系变得亲近起来，其实就是尺度，当然还有别的东西，比如材料。

花园式共生
GARDEN SYMBIOSIS

设计：陆奕宁
导师：王方戟

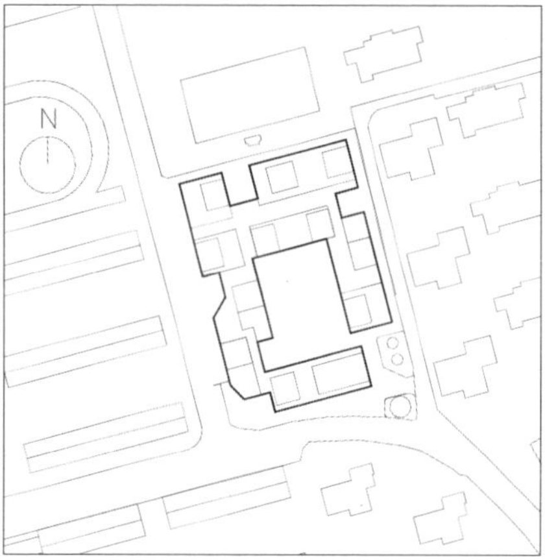

总平面图 1:3000

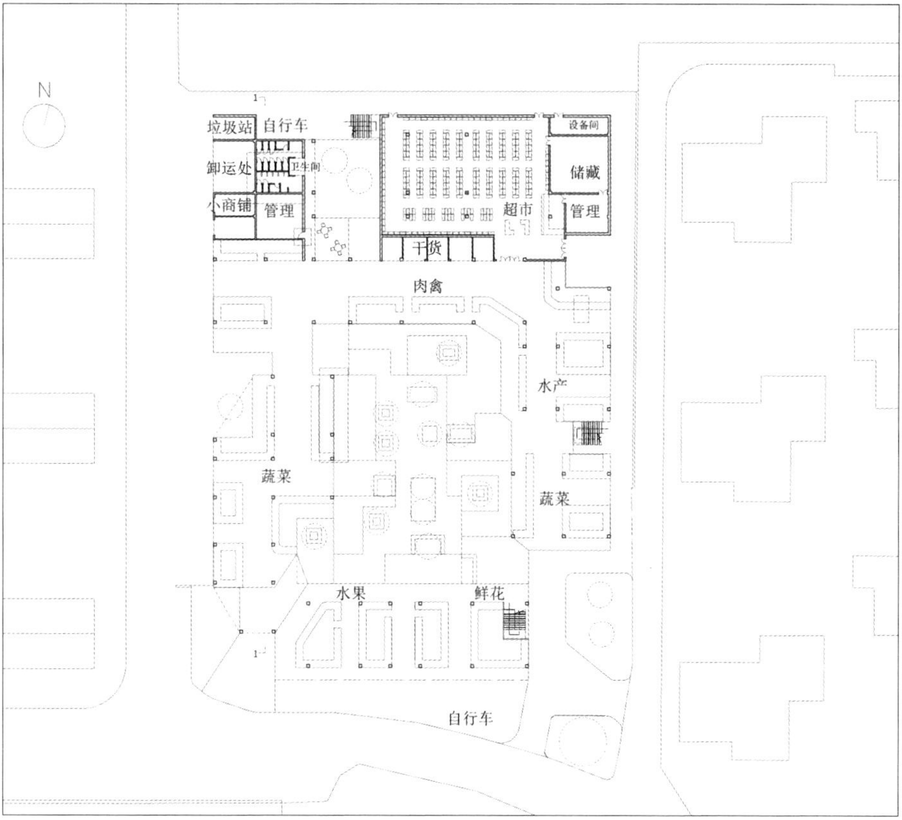

一层平面图 1:1000

针对社区缺少较大面积的公共交流空间，以及很多花园由于较为偏远而使用效率低下的现状，希望通过田林新村最大的特色——狭小空间里各种功能共生，来创造一个服务于社区的花园菜场。通过菜场的日常性给花园带来使用者与生命力，同时花园作为一种公共到私密、菜场到住宅的过渡，也有助于改善菜场和住宅的环境。

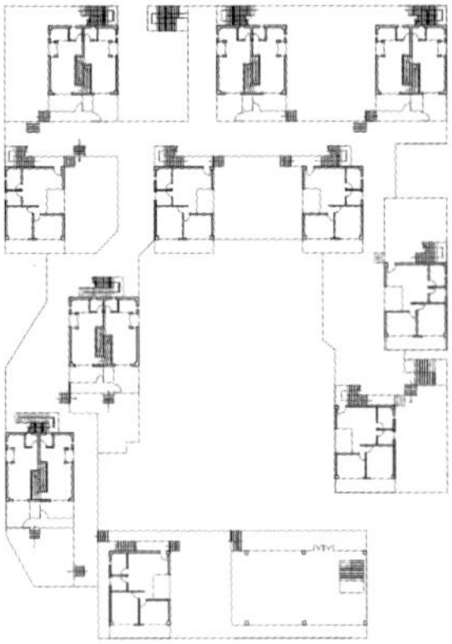

二层平面图 1:1500

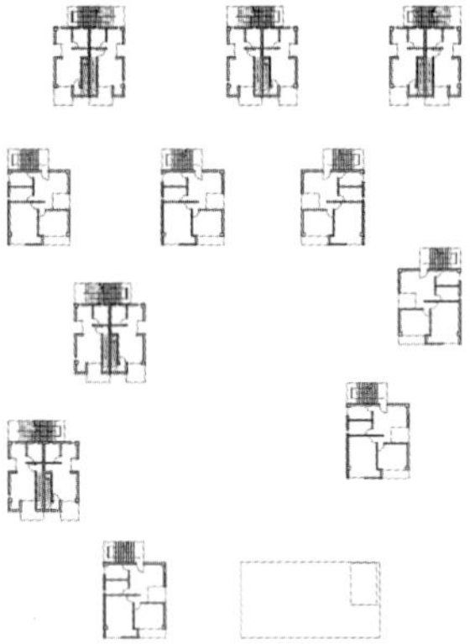

三层平面图 1:1500

章明

花园是你的主题，以前这里的绿地很少，你的方案考虑为整个田林新村增加绿化空间这一点是值得称赞的，而且也非常有效，在穿越当中能感受到菜场、花园和外部空间的渗透关系。有一个问题是水平向的渗透很好，但垂直向的渗透在哪里呢？若垂直向上景观、光线以及活动也发生渗透，那顶上这些绿化是为上面服务的还是真正为整个田林新村服务的？我认为上面的花园是应该打开的，打开之后住宅的私密性怎么考虑，上面的花园和中心花园以及周边的花园又是如何衔接，考虑到这一点就比较好了。二楼花园的空间设计的剖面、平面布置以及与下面的联系都过于弱了，其实我们可以有更阳光一点的想法，以后的菜场应该都是越来越好的，局部的一些生鲜会麻烦一些，但是瓜果蔬菜的区域应该是挺好的。所以我觉得二楼如果要开放，你就要去平衡，适当分区，比如卖花卉的地方可以放到二楼，猪肉就在下面，甚至挖一个大天井放到半地下室里面去，所以当你目标明确时就可以把其他问题解决到极致，如果目标不明确就不去解决，这样建筑师就没有起到太大的作用。城市商业和社区商业还是有区别的，有几条熟悉的道路让社区内部的人去穿越也是可以的，所以我觉得现在这个花园的打开度还是可以的，但你要把行为交往、使用时间差都考虑进来。

陈屹峰

听你刚才介绍说中心的花园是给社区的，但是你为什么把它围了起来而没有做成U形空间开放出来呢？我觉得菜场的布局现在有点尴尬，我并不能肯定买菜的人和外面的人是否能够很好地利用这个花园。第二点，人要穿过一个菜场进入花园好像也有一些问题。楼上居民的入户是在外部，其实楼上的花园对他们来说基本足够，中间这个地方最后是否只成了视觉上的感知，人们到底会不会使用这个空间尚且存疑。所以我觉得他在“住”这个方面挖掘得还不够充分。

范蓓蕾

你要做一个花园，而花园可以改善整个环境，所以我觉得怎么做就非常重要。但是在你的效果图里面，这些植物是被当做一个方块简单拉起来，并不容易让人感受到你所说的生命力，其实你可以把它做得更自然一点。菜场的木头吊顶，我能感受到你想要加一些感性的元素进来，但是我认为最后的效果还没有达到你说的那种感觉。如果这是一个商场，这样做是可以的，但是菜场是一个更加家常的空间，很多时候还会是脏兮兮的，可能你对整个空间的想象不是菜场而是商场。其实你做得高高低低让光线进来，让人可以随便行走，这种比较有趣味的感觉是对的。

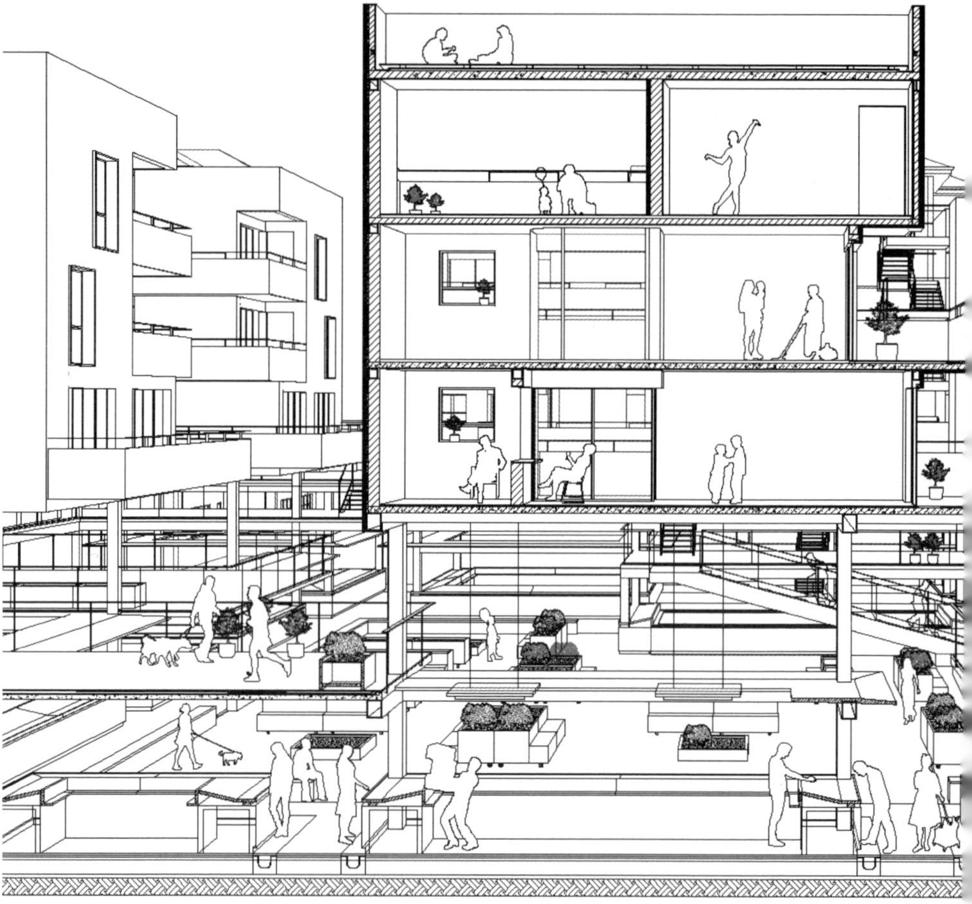

李立

这个设计你介绍的时候比较理性和富有逻辑，但是你缺乏一些空间体验上感性的描述，同时建筑和菜场分布的走向到底对内部空间体验有什么样的影响，这些需要有一个解释。另外，你的方案中绿化是深入设计了的，但是屋顶的绿化设计和中心菜场的绿化设计没有一个统一概念，像是分开设计的，这一点需要注意；最后是住户回家的路，识别性太低，需要多增加一些暗示。

张斌

还有一个问题你没有探讨，作为一个社区的花园，这些居民的行为模式在不同时间段的使用方式。

孔锐

从效果图来看，多少会觉得建筑上的绿化和菜场有一种视觉上的交织，同时这也引出一个问题，那就是花园是如何管理的。通常花园是会提高居住品质的，这也是做设计的一个目的，即提高价值。可是如果花园和菜场的关系不是很清晰，会产生负面的管理和维护的问题。第二个问题是住宅的出入口和下面菜场的关系现在看起来还不太清晰，二者如何进行协调。

分散的菜场
A SCATTERED MARKET

设计：王劲扬
导师：王方戟

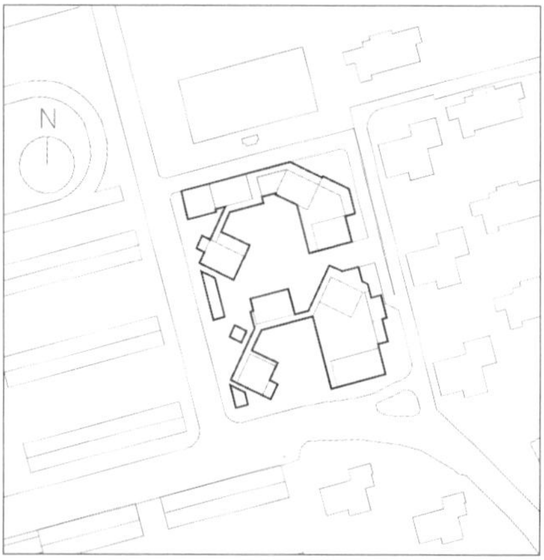

总平面图 1:3000

一层平面图 1:1000

方案通过对菜场进行分散处理，将场地转换为具有不同性格的公共空间。这些公共空间具有广场、花园、住宅入户等不同的功能。分散的操作重新建立了公共与私密之间的关系，为住户与顾客提供更好的体验，提升了菜场与社区的活力，进而塑造了上部的住宅体量。住宅根据自身的性质与需求进行户型的组合与调整，争取更好的朝向与景观条件的同时也兼顾私密性，保证居住品质。

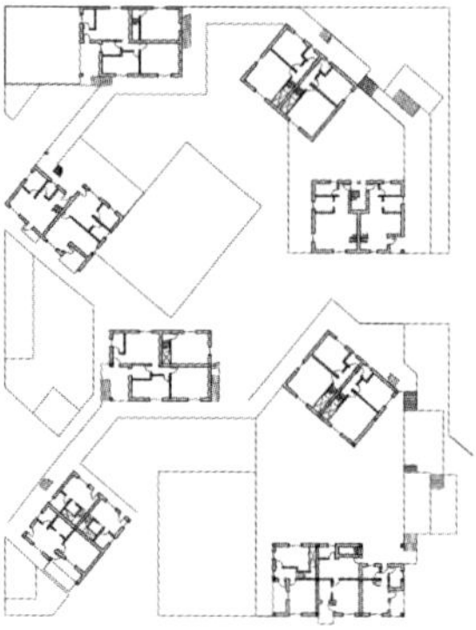
二层平面图 1:1500

三层平面图 1:1500

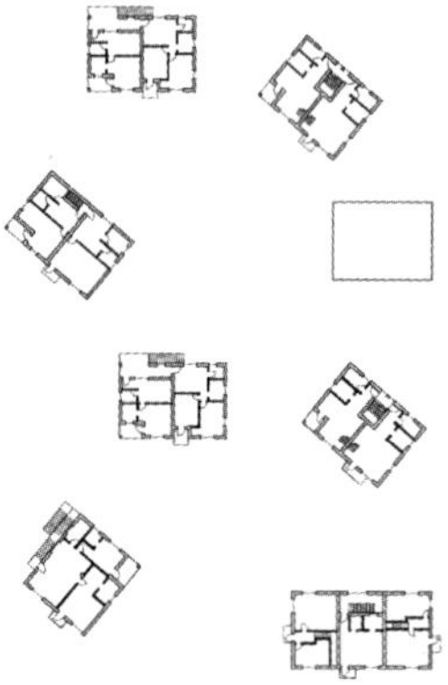
四层平面图 1:1500

章明

田林新村的肌理是比较规整的，住宅都是南北向的。你突然做了很多分散状的体量和角度的扭转，再通过二层回廊把几个组团在二层连接起来。这样做的好处是可以把底层和二层的公共空间和私密空间通过室外平台区分开来，从策略上讲是直接干净的。从你的图纸中可以发现，体量角度旋转量非常大，和田林新村肌理的反差比较大，改变了原先行列式的布局。我建议南北方向画一条轴线，控制轴线的旋转角度。因为做住宅，朝向要素还是很重要的，需要有这样的意识。分散的最大价值应该是多个方向、多个入口都可以进入。我觉得除了南面和西面有入口以外，东面也应该有。货运通道可以差时管理和使用，因为货运早上四五点就已经结束了，之后也可以作为人行入口。

陈屹峰

这个方案整体看起来挺有意思，氛围也很有趣。尽管设计一开始打算分散处理，但从现在的成果模型来看，建筑还是大致被分成了两个组团，感觉这两个组团的功能定位可以有点不一样。有两个改进的建议：一是二层的步行道可以重新梳理一下，让它们和屋顶平台构成一个完善的系统，这样住宅的入户点也能多一些；二是现在绝大多数的外部空间都被放到地面去了，可能是希望顾客和住户共享这类空间。但从另一个角度来看，菜场对住宅不可避免会有干扰，住户也需要属于自己的半私密的外部空间。如果方案的二层平台在某些区域局部再放大一点，给住户提供更多的专属开放空间，会让菜场和家更加平衡。

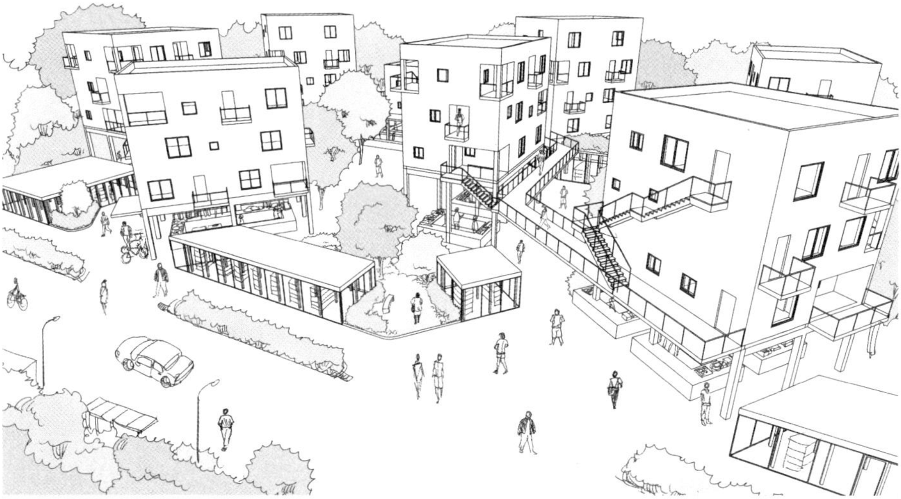

李立

你的意图很明确，一边是菜场的入口，一边是住宅的入口。但住宅的入口可能不能用简单的灰色路面处理，它和居住区需要有更多的对话关系。而东侧这条路上有很多变化，有港湾式的停留场所，如果这条路和住宅入口能够有更多的结合关系会更好。第二点是你的布局上出现了两个非常相似的院落，但庭院空间却没有明显的差别，所以底层空间应该加强设计。部分菜场摊位出挑了一点点，一些是半跨，不知道你的界面设计是否考虑了两个院落的不同？

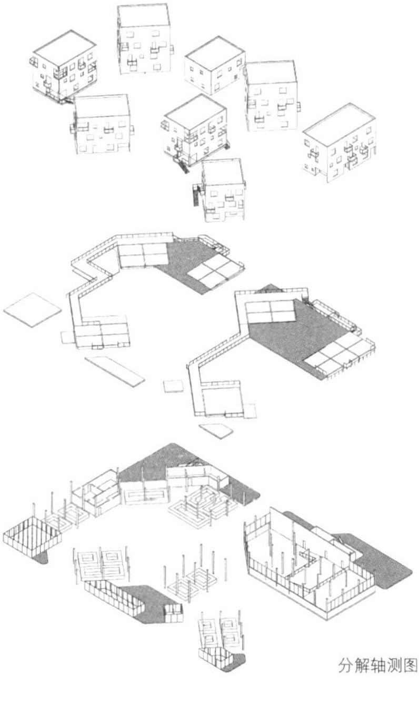

分解轴测图

孔锐

剖面的关系很有趣，连廊和菜场及住宅之间半层的关系在局部出现，建立了两种不同功能之间连接的方式，很积极。此外，我有三个问题：一是红线的问题，你的场地需求跟红线所划定的边界，显然不应该是完全一致的，体量、场地、红线这三者之间的关系不应这么单一；第二个是分散的形态如何兼顾菜场的使用效率，因为通常菜场都是一个完整的、连续覆盖的场所；第三是有两幢住宅的楼梯是直接落到地面上的，这两个楼梯跟底层的菜场是什么关系。

范蓓蕾

通过分散体量的错动布局，为不同的生活场景提供不同的场所，这种环境的丰富性非常打动人。如果这些丰富性可以和场地的现状有更多联系就更好了。比如基地的北面是学校，面对学校的商铺界面过于封闭。另一方面，相对于菜场，住宅的用力似乎少了一些，比如住宅室内外的界面比较单一，过于循规蹈矩。设计应该为居住生活探索更多的可能性。

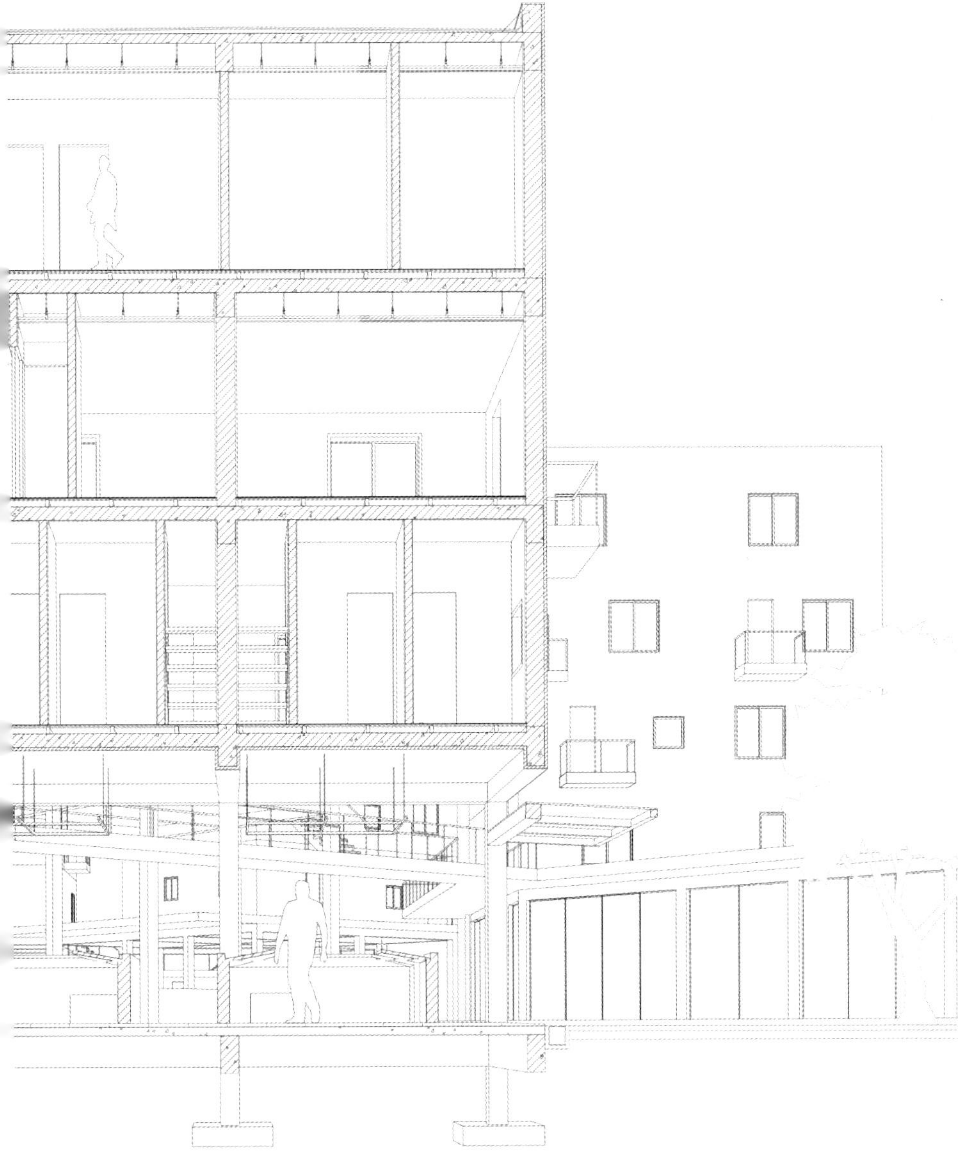

共享
SHARE

设计：王旭东
导师：张　斌

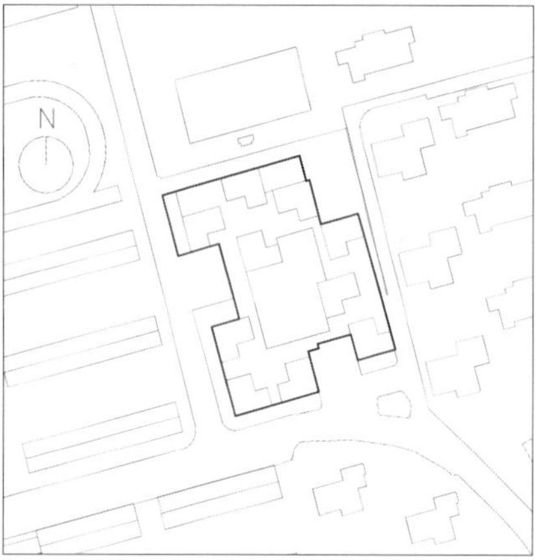

总平面图　1:3000

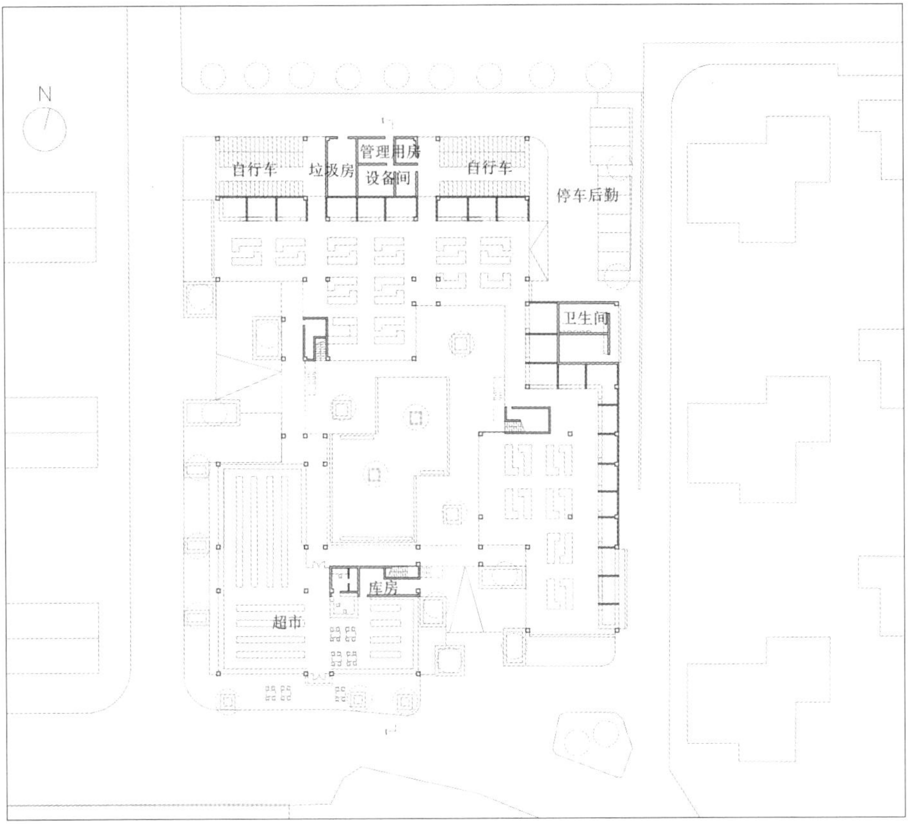

一层平面图 1:1000

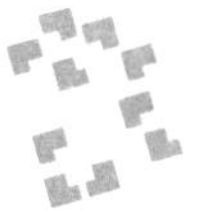

设计是一个被住宅包围的菜场，从场地和项目之间的关系出发，试图建立一种层级，使得每个组团内部有更加紧密的联系。设计从最小层级的阳台开始创造共用的关系；第二个层级是组团，组团内部的中心布置划分了有归属的菜地，阳台承担公共活动的空间，菜地也产生一定的归属感；最大的层级是这三个组团和菜场所组成的大庭院，是承担周围居民公共活动的最公共的部分。

二层平面图 1:1500

三层平面图 1:1500

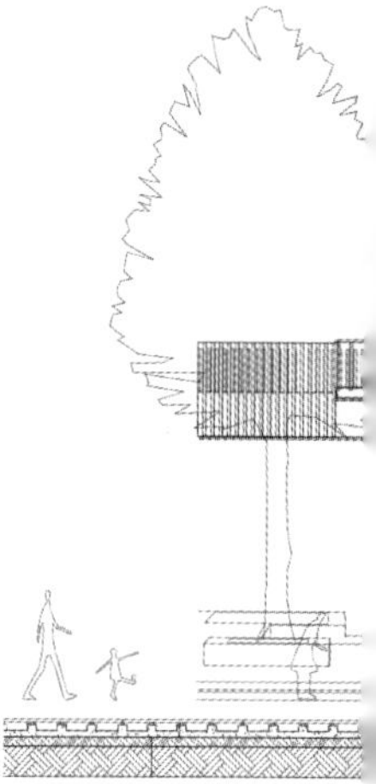

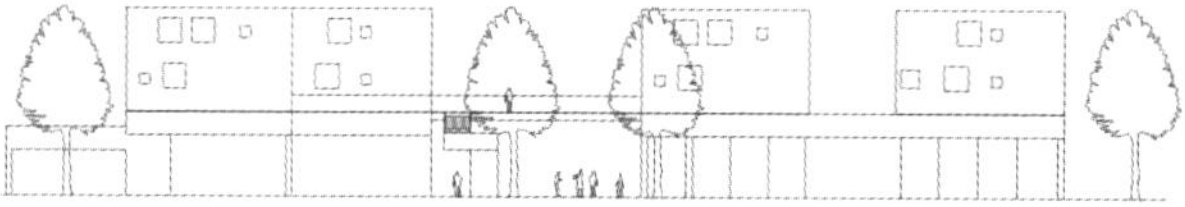

立面图 1:1500

范蓓蕾

我比较反感泛泛提出的共享概念。谁和谁共享，在哪里共享，共享什么样的资源，以及你反复讲到的两个层面的穿越是不是和共享有关？穿越是通过性的，而共享是停留性的，不论从图还是从模型来看这个穿越的动作是很强烈的。对于你的庭院来说是通过性大于停留的状况，这样的尺度以及这种类似被建筑实体剩下来的场所是怎么实现共享的，这是个问题。

章明

你的住宅似乎是有基座的，基座要跟上面的柱网都对齐，但梁的钢筋都是不能拉通的。你的关系问题还是太直接了，但是大的布局还是很稳的。其实在不同的时候有不同的作物，怎么做出菜田里的家还是可以想想的。桌子已经够规矩了，上面仍然是严谨的东西，少了很多趣味性。有时候看的东西多了就会希望每个设计都有一个意外点。

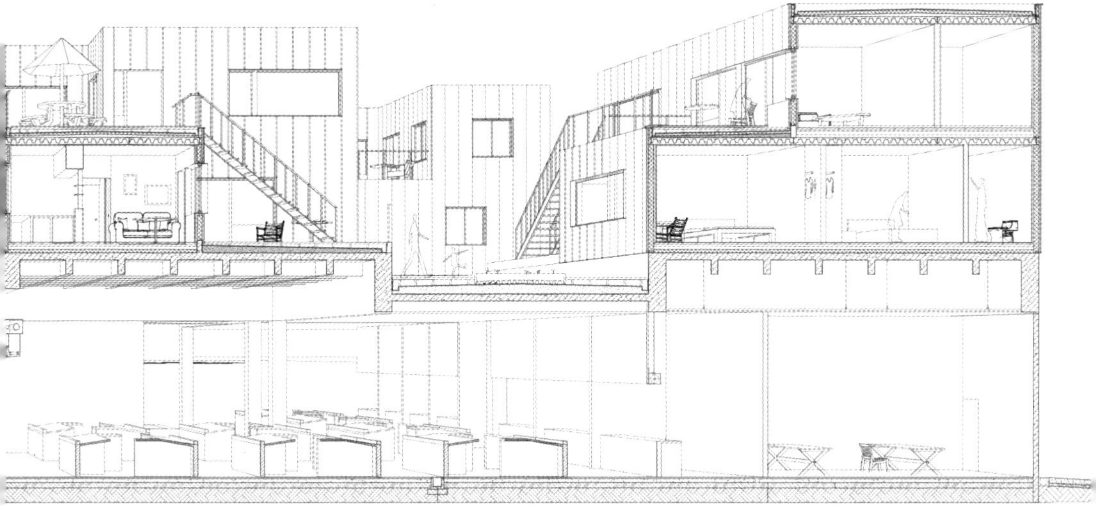

张斌

你的每个单元都有柱距11m×12m的四个柱子，上面是个折梁，这里需要加腋。细节操作都还是不错的，就是太胆小。对菜场的关心太少了，没有大的突破，太过拘谨。

李立

感觉上下两部分界定太明确了，底下就是基座，上面就是木头。上下最好有点错动。

孔锐

菜地本身是很好的元素，但是这个菜地做得太园林化。菜地其实并不希望人围着它转，因为会被破坏，菜地应该是尽端性质的、可以被管理的，所以菜地应该大胆占据某些尽端的角落，甚至到屋顶上。这样可以变成一种有利的理由，来说明一个菜场上的家是以被菜围绕的方式而存在的，也会带来产生新功能和新体验的机会，而菜地作为一个景观的点缀也会更加轻松一点。

重 组 和 共 享
RESTRUCTURING & SHARING

设计：王兆一
导师：张　斌

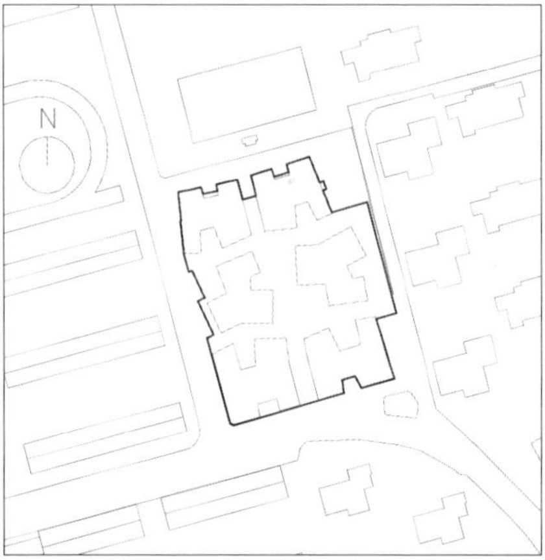

总平面图 1:3000

一层平面图 1:1000

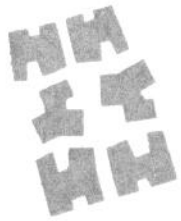

方案包含新的底层菜场和36套住宅单元，每套承载基本的起居生活功能，每户在最顶层配备屋顶花园。6户为一组，组内通过二层公共活动平台串联；为节约社区资源、降低居住成本，廉租住宅单元的洗衣、餐厨功能被整合到菜场与住宅之间的一个夹层空间中。菜场的功能空间位于6个住宅体量的下方，这些体量形状不规则，相互之间形成了丰富的公共空间，可作绿化、社区活动之用。

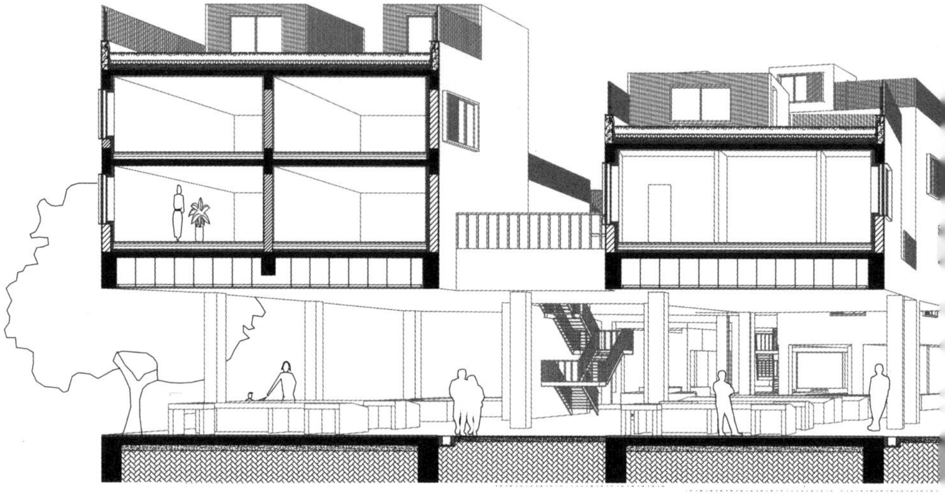

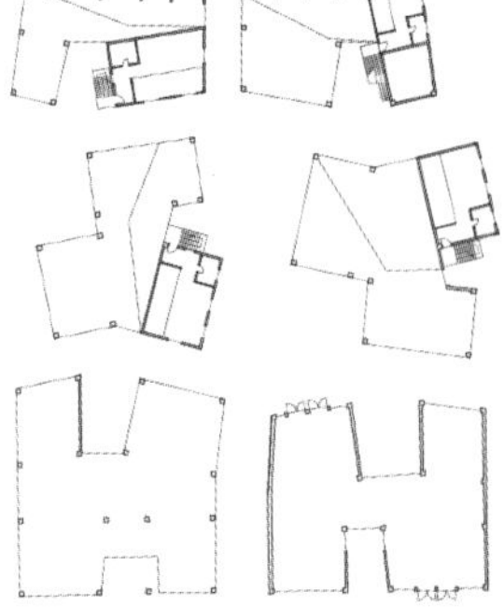

二层平面图　1:1500

三层平面图　1:1500

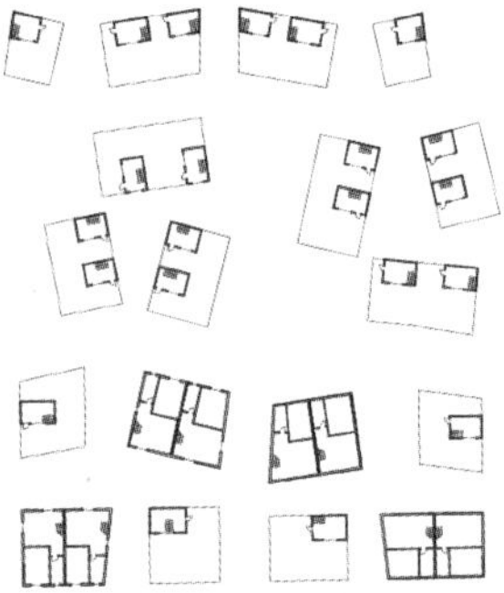

四层平面图　1:1500

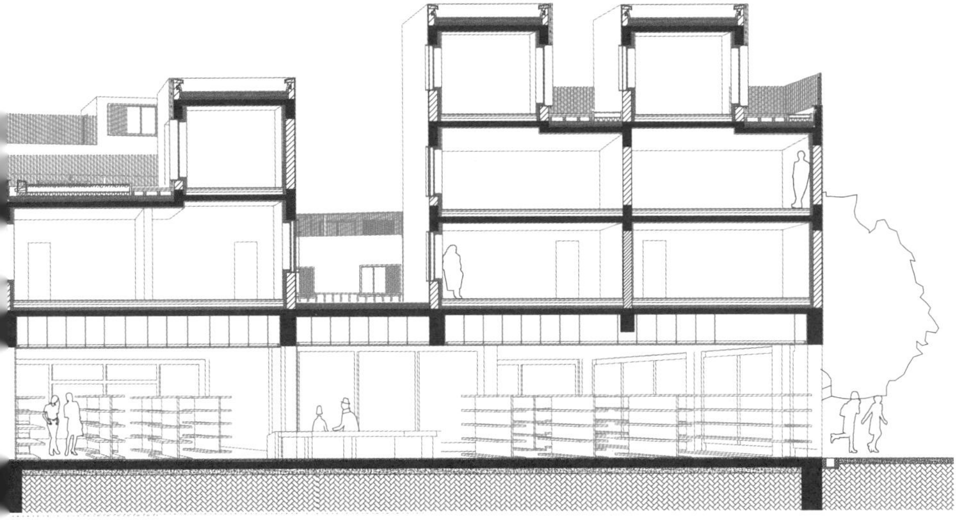

章明

住宅群落和住宅群落之间没有去发挥，所以感觉菜场空间比较单调，跟上面连接比较直接。如果悬挑出去做菜场，隔断、声音都会有好处，但现在干扰太大。人的体验也包括立面形式和每家每户的开窗状态，但这些根据人的诉求去考量的细节都比较缺乏，用同一个手法把事情做完过于直接。

范蓓蕾

你可能是因为时间不够，为了形式做了形式，但真的跟里面的使用空间没有关系。比如楼顶突出来的楼梯间，你为什么要做，其实没有强烈的理由。另外，像室内外的联系空间，在不同的角落应该有相应的设计，否则就会像现在显得苍白。

开 放 与 蔓 延

OPEN AND SPREAD

设计：张万霖
导师：王方戟

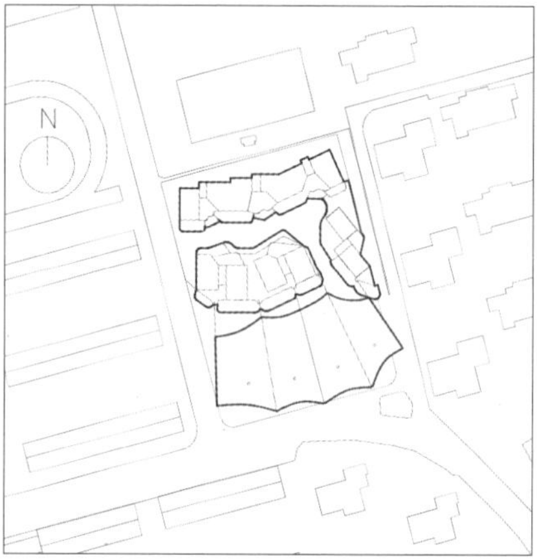

总平面图 1:3000

一层平面图 1:1000

设计将菜场与住宅分开布局：菜场是一个开敞、通透、自由且具有形式感的公共空间，通过商业活动的蔓延与街道和内院发生直接交互；住宅以中小体量组团布局，构成与外部环境相互围合的关系，邻里之间的楼梯交通空间同时作为花园阳台对外开放，使得人群穿行活动向外蔓延，创造社区氛围。菜场与住宅间的关系通过底层商铺得以过渡，营造出空间公共性的差异。

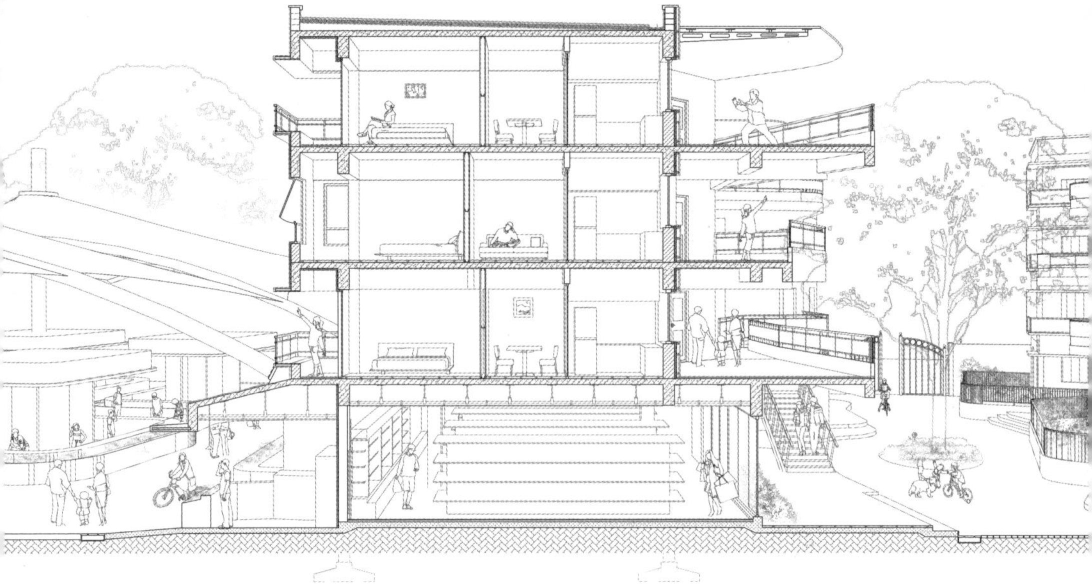

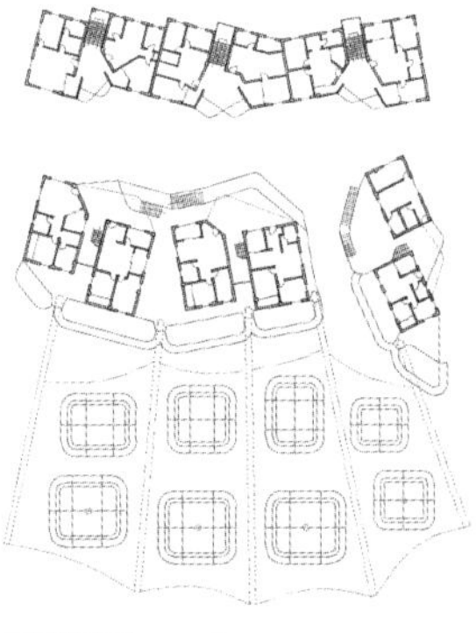

二层平面图 1:1500

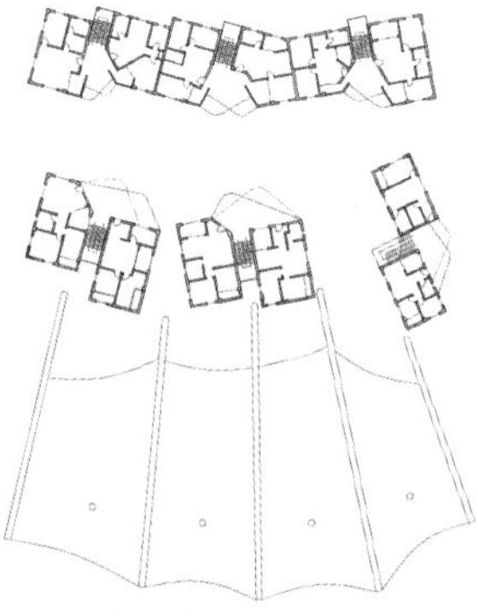

三层平面图 1:1500

李立

你跟别的同学不太一样，一半是菜场一半是住宅，菜场又采用了开放空间的方式，对于社区来说应该是比较积极的。那么你有没有考虑过多种活动的可能性，社区似乎缺少一个中心在这里。顶棚的结构很强，但和住宅的结合好像弱了一点，显得略随意，过渡的地方也缺少了一点。

张斌

我一开始就比较反对膜结构，我觉得做大棚是可以的，因为钢结构是比较抽象的表示，但膜结构就代表了一个固定形态，没有太大的选择自由，你的设计就会被膜结构把持。

章明

过渡的地方显得略直接，菜场是菜场，住宅是住宅。当然你说分成两部分来做各有各的特色，也是一种说法，但你的关系是硬碰硬的。我个人觉得这个开放空间应该更优雅一些，尺度更小一些，可能更适宜这个社区的需求。如果你一定要做成这样，一定要有一个非常强烈的诉求，比如中间可以放电影、作为社区活动中心，不一定要做一个务实的菜场。这种没有菜摊的空的地方可以更大一点，有菜摊的位置集中一点，这样就可以在空地跳广场舞。设计要物有所值。

街　道
STREET

设计：朱　玉
导师：王方戟

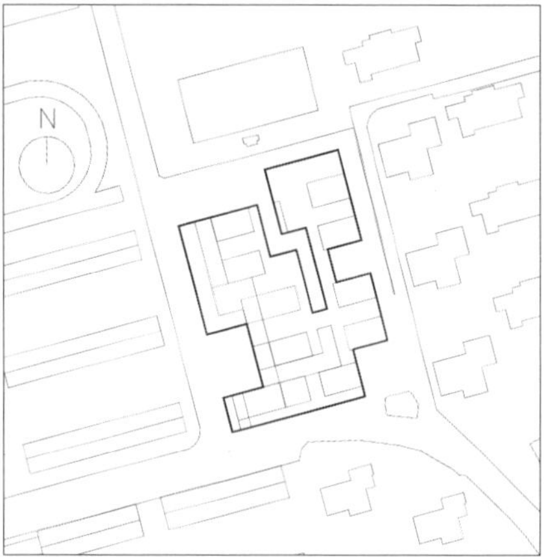

总平面图　1:3000

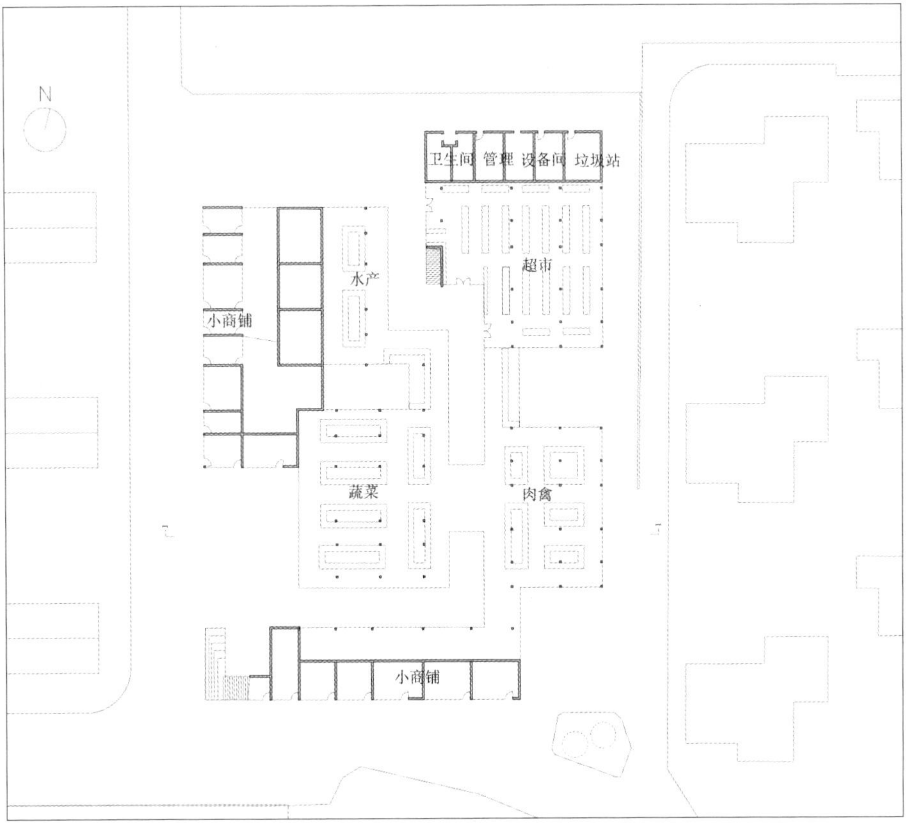

一层平面图 1:1000

通过对田林新村的调研，发现最有活力的空间是村与村之间的街道和村里的主弄空间。在这样的线性空间里，居民破墙开店，由商业带来人群聚集，发生日常生活的故事。我想延续田林新村这种线性的街道活力，在居住中注入商业，由此带来公共活动，让日常生活和商业联系起来，构筑一个充满活力的小菜场上的家。

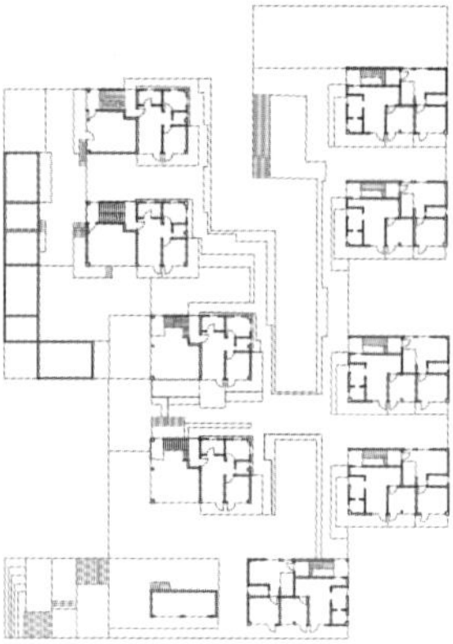
二层平面图 1:1500

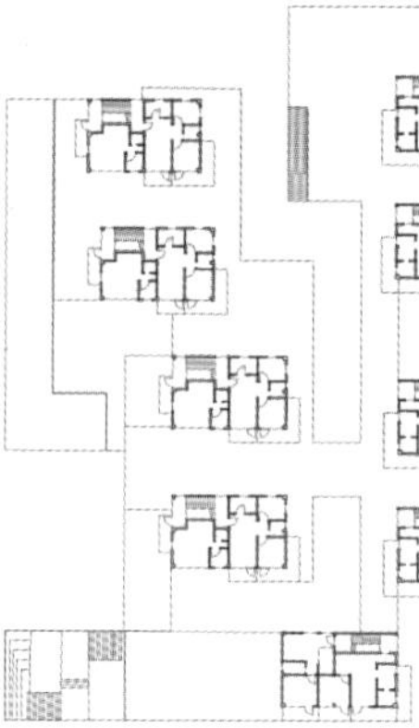
三层平面图 1:1500

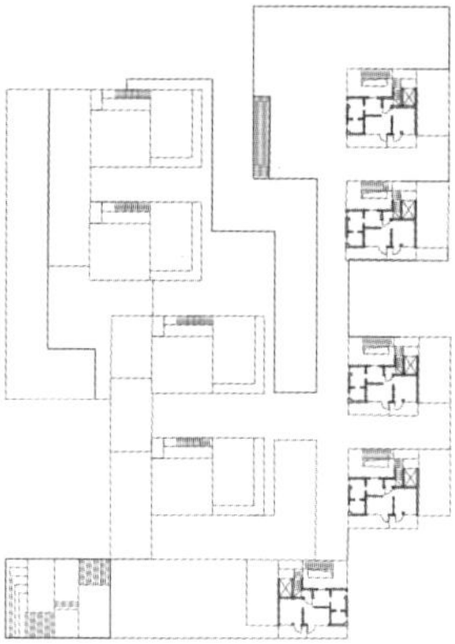
四层平面图 1:1500

范蓓蕾

我觉得你的结果是非常符合这块基地的。因为这块地很宽松，你有条件做成这样，之前几次的基地就没有这样的机会。你把丰富性做足了，而且你的丰富性是非常有道理的：首先是流线，底层有街道，二层有街道，两组流线上下是叠加的。你没有做大院子，而是做了一些小院子，小院子是层层穿透的，人在很多地方都能感受到它；其次你对沿街的考虑在有意拉近人的尺度；另外你对菜场和住宅是平均用力的，你对住宅是有想法的，做了出挑，对周围也有照顾，所有的流线都没有影响到南面。所以你对公共性和私密性是有自己的判断的，你造了一个整体性的环境，丰富、小尺度、有效率，能够对周围产生影响，这带来了一种新的可能。

孔锐

我觉得你提到的“生熟混合”，可以总结为一个词——配置。这个设计是有配比的，这是一个很好的品质。无论是大尺度上两条街道的配置，还是形式上菜场和住宅的配置，甚至到住宅本身的屋顶花园和入户庭院所产生的感受，让这个方案在丰富性上有保障。这是这个设计一个很好的价值所在，就像画画的颜色和做菜的调料，最重要的是配比的关系。设计中细腻的配比关系让这个方案呈现出一个非常日常的田林新村菜场上的家的状态。有一个疑问是西侧街口与本来街道的关系，如何让人可以突然90°左转和右转，这其实是极大影响到能不能形成你所要的体验的重点。

李立

其他同学基本上是横向切的，你是纵向切的，我觉得这非常好。把松散的基地挤压到一个合适的尺度，而且切了两刀，每一刀获得的空间是不一样的。我的建议是，虽然形成了三条街，但前两条是交通型的，第三条实质是末端道路，只是形态上看起来也像一条街了。所以我想第三条是不是某些部分可以断掉，变成阳台的做法。你的单体设计比较深入，结构关系、错层关系、楼梯位置都非常好，特别是树还加在西向了，考虑到了阳光。

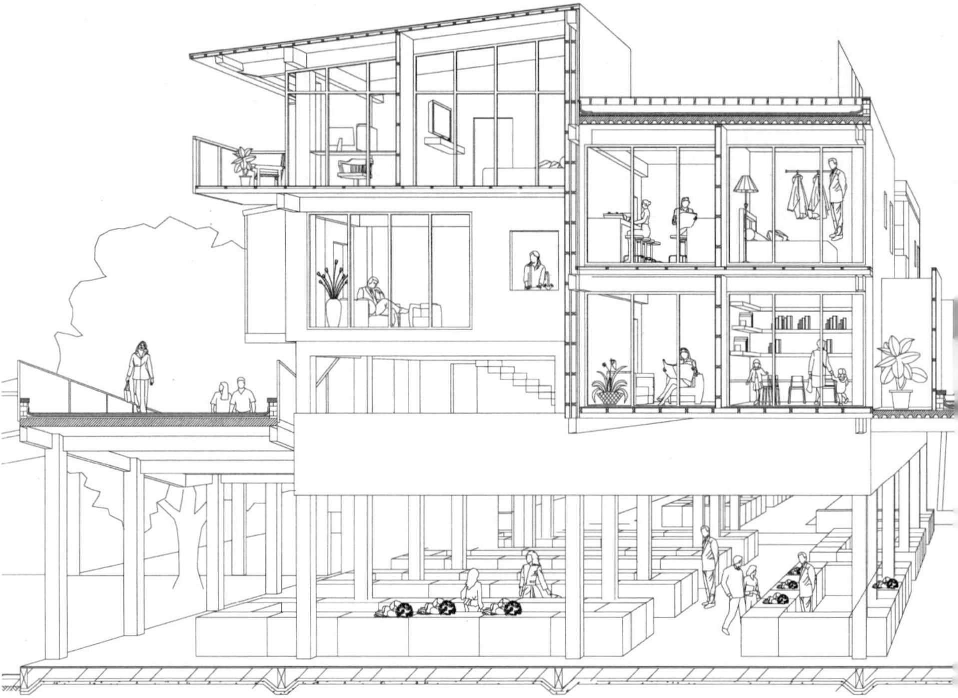

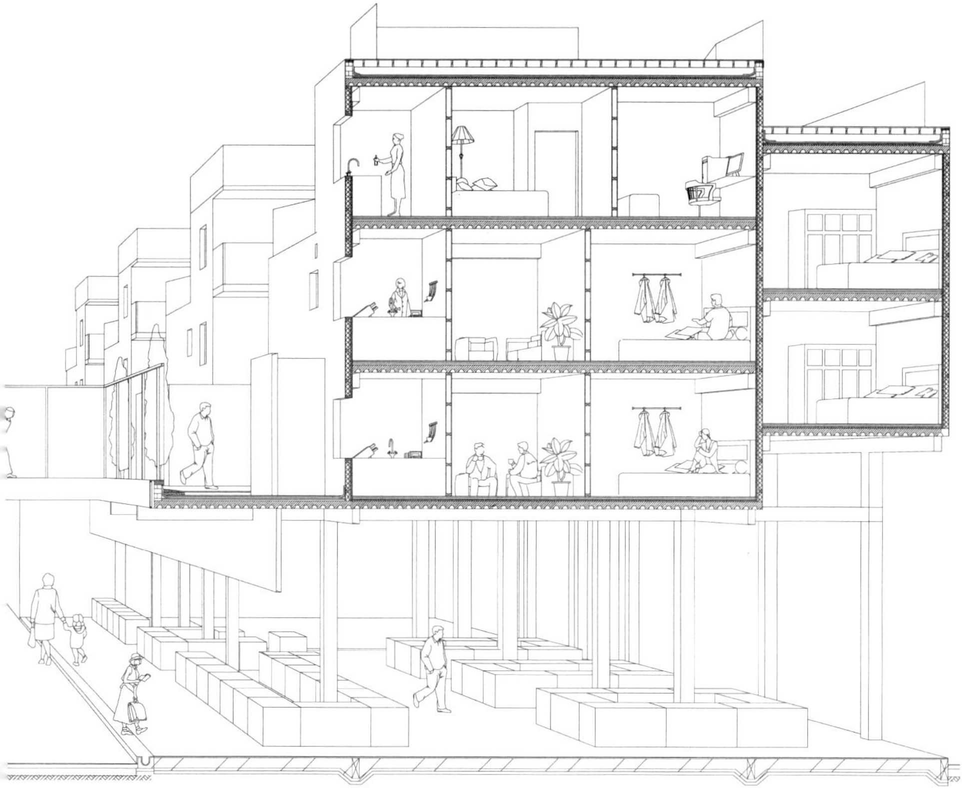

章明

你是高密度的做法，总体来说空间层次处理得很不错，包括以街道作为组织空间的脉络，从公共性到私密性的处理，等等。注意街道两边要有内容才能停留，你要做的是停留性的街道，而不是通过式的街道。

陈屹峰

一是日常性，这个设计的日常性挖掘得比较充分，凹进凸出处理得很好；二是很多细小的地方，成功地把尺度给收缩了；三是创造了两个界面的状态，一个界面给菜场用，一个界面给住宅用；四是注意到了领域的私密性和公共性，靠近走道的地方加了院墙。

跋
社会条件的物化

Postscript
Materialization of Social Conditions

|王方戟 WANG Fangji

2017年9月，张斌主导的致正建筑工作室在上海陆家嘴滨江完成了集市民休憩及公共卫生间两个功能于一身的建筑望江驿。该项目工期紧，从8月11日设计开始到9月25日建造完成，只有一个多月的时间。为了这个用常规设计及建造程序几乎无法完成的项目，张斌及其团队利用当代施工企业在施工、结构核算及细节处理上具有的自我协调能力，合理切分设计工作界面。他们将建筑师可控的部分抽取出来，通过设计与施工的高度整合调节节奏，及时完成了工程。设计让建筑更多地由建造体系自发生成，并在其上略施形态控制，在一个易施建的胶合木结构为主的钢木混合体系中，用放射性的木梁及相应的空间组织，获得了具有空间品质及综合效应的建筑。

也在同一时期，庄慎主导的阿科米星建筑设计事务所完成了上海宝山贝贝佳欧莱幼儿园设计。从性质上看，这是一个室内装修设计。建筑师通过系统性地在现状框架结构中贯穿次级结构的手法，以类似吊顶的策略在原有空间中设计出了一系列大房子中的“小房子”。吊顶虽然是常规的室内设计手法，但它超常的尺度（像常规建筑设计一样需要结构工种的配合）、在整座建筑中系统性的贯穿方式、对各种设备的容纳及整合、对建筑空间氛围非常大的调整，都让它看起来更像是完成了一个建筑的命题，并得到了全新的空间体验。当代社会中建筑设计与室内设计不可避免的隔阂，造成了当代中国建筑及建筑内部的特有形态。阿科米星这项设计是对这种状况以及由这种习以为常的状况造成的当代建筑面貌的设问，也是由这个设问得到的思考的物化。

2016年5月，王方戟及博风建筑完成了德清山区中的七园居。该设计是对一座木结构民宅进行改造，并在其周围加建钢筋混凝土次级结构，以形成一座包含7间客房及其附属

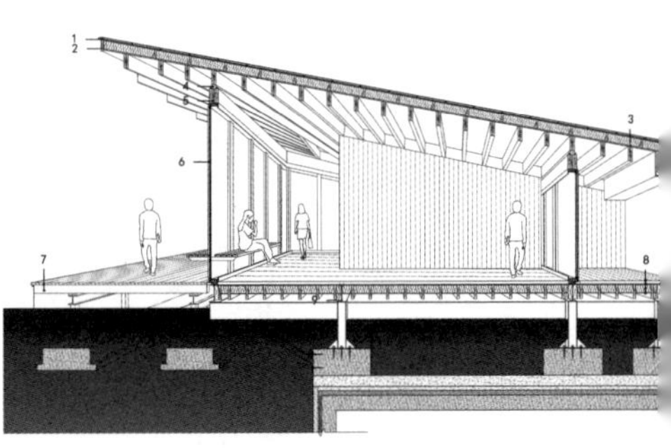

望江驿剖透视（由致正建筑工作室提供）

设施的小旅舍。利用当代小型乡村建筑建造及设计上灵活性高的特点，设计在结构交接处将木、钢筋混凝土、砖混及夯土四种结构交错咬合起来。在技术上解决新旧结构交接问题的同时，创造出了客房空间内材质的连续感，以及局部极小尺度的内部空间，以契合人们对乡村民宅的预期。灵活的结构咬合方式也得到了一个整合了各项技术要求的集约紧凑的空间组合。

以上三个项目是由本书所记录课程的三位设计教师及其团队设计的。建筑与其说是建筑师脑子中某个形态意向的物化，倒不如说是当代社会条件的直接反映，是特定建造体系的物质表现。建筑师需要对自我及社会条件之间的关系进行辨识，才能很好地利用当代的条件进行设计工作。前述三座建筑功能虽然不同，但三位建筑师不约而同地利用了当代中国建造体系中的特定条件，而非形态本身的奇思妙想作为设计的主要推动力，因势利导得到设计结果。

对建筑来说，社会条件除了建造体系外还包括很多内容，建造传统、社会文化对建筑的要求、人与建筑在使用上的特定关系、各种习俗及规范的制约、由城市迅速发展带来的特异城市景观、由新技术带来的可能性，等等，都可以说是建筑物形成时的社会条件。将建筑理解为社会条件的物化，在这个基础上再施以建筑学的力，这是当代建筑设计的方式之一。持有这种思路的建筑师会试图对社会条件进行理解。这也是为什么庄慎、华霞虹及其研究团队对上海诸多城市区

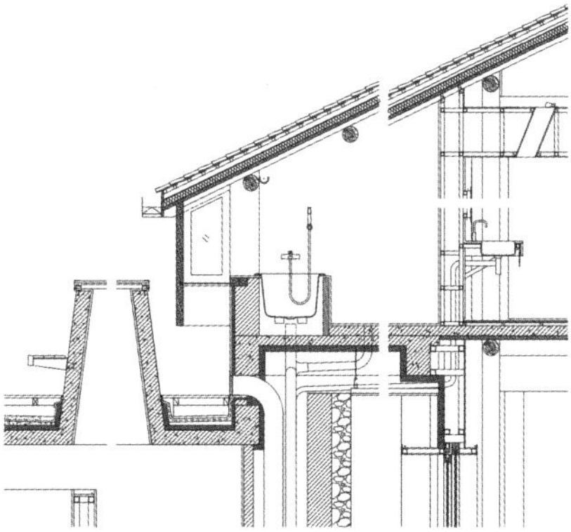

七园居局部墙身剖面

（由上海博风建筑设计咨询有限公司提供）

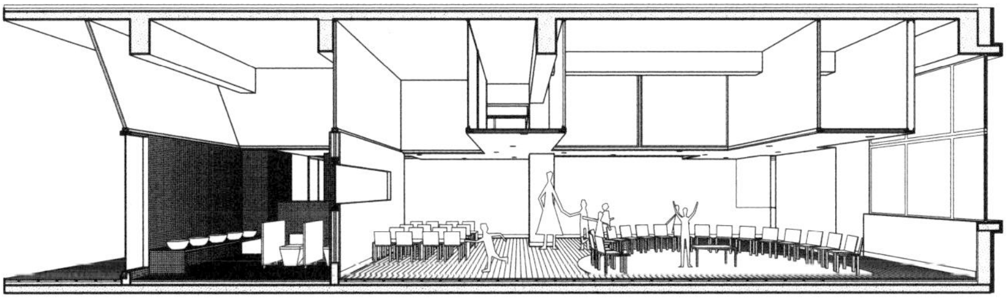

宝山贝贝佳欧莱幼儿园局部剖透视

（由阿科米星建筑设计事务所提供）

域或城市元素进行不断的考察，并以一种图像化再现的方式对被考察的对象进行认知，得到了颇多研究成果。王方戟及其团队以文案研究的方式，对中国传统木结构的构成方式进行探索，试图理解中国传统木结构在当代的存在境况，并探索非工业化条件下不同结构体系共存及组合的可能性。张斌及其团队对田林新村的空间与人群的契合模式进行了研究。这正是本书第二部分的主要内容。

田林新村并不像它的名字那么富有诗意，充斥在这个曾经的城乡接合部的只是无穷无尽匿名的房子。这里既没有气势足以称霸整个区域的大型公共建筑，也没有空间格局上具有悠久传承的居住建筑。这里缺少的是那种从市政地图上可以一眼辨识出来的特征，但这里并不缺少特征。这里的城市格局对于一个城市的发展来说存在的时间尚不长，但是对于在这里居住的不同人群来说，已经伴随他们度过了人生的主要时光。在这些时光中，居者与居住空间之间经过了外人难以察觉的巨量磨合，这种磨合既是空间对居者生活的塑造，也是人对空间细节的改造。今天的田林新村正是这种塑造及改造的平衡。

这个研究工作并不是从规划的视角进行审视，而是以田野调查的方式直接切入特定的人群与其生存空间之间的相互关系。通过这份报告，田林新村不再是外来者眼中的匿名建筑群，也不是居者眼中的柴米油盐，而是可以触及的、由空间塑造出的生活，及由生活浸染着的空间。也就是所谓的功能与所谓的建筑已经融合成了整体。虽然研究只针对可以取样的个别居者及其居住空间，但这个切口打开后，我们就可以对着整个居住区进行有效的想象。也有建筑师做过类似的研究，其中比较知名的是塚本由晴及贝岛桃代对东京小住宅的观察和研究。他们认为东京的小住宅依据一种类似生物学的秩序逐渐演化出了一种历代共存的现象，他们希望通过研究找到这种秩序背后的逻辑，而不是眼前景象中建筑与建筑之间的关系。最后他们梳理出东京四代住宅划分的“建筑世谱”，[1] 并将这个研究物化。研究的成果直接指导了他们对“第四代住宅”的设计，并总结出“第四代住宅”在设计中可以使用的一些方法：第一是在单一住宅功能的住宅区域中混合进其他的功能，通过单体设计的方法调整因功能分区的做法而带来的城市乏味感；第二，以连续的内部空间，让狭小场地中的建筑内部感觉更宽敞；第三，以物品的摆放改变楼板或墙面的性格；第四，以设计的手法有效利用建筑与建筑之间的夹隙；第五，以设计的手法利用好室外空间。[2] 他们的自宅及犬吠工作室（House and Atelier Bow-Wow）是“第四代住宅”中重要的实践作品，并且如实履行了研究得到的五个要点。

从世界范围看，建筑进行建设的社会条件是极其不均匀的。比如，某些施工精度对于日本建筑来说是常规做法，但对于中国建筑来说可能就需要超常的投入才能做到。日本建设的精度是由建造传统及工业化体系下更加精细的分工保证的，相比之下中国建造的分工尚没有那么细，大多数普通建造中施工比较粗放。但在这样的建设条件下，建筑师设计的触角往往能伸到项目更多的角落，他们甚至可以通过项目施工过程中的变更获

被周围民宅包围着的自宅及犬吠工作室
（摄影：柳亦春）

得对项目不断微调的自由度。无论情愿与否，建筑都是在建造条件的前提之下得到的结果，是这样的社会条件的物化。建筑很难获得远超社会所能提供的精度，也很难以损失精度为代价换取建筑设计更高的统合及灵活度。犬吠工作室对社会条件的研究及物化为中国的相应研究提供了参考，尽管研究对象有很大的差异，但无论是张斌研究的田林新村还是犬吠工作室研究的东京当代小住宅，在研究方式以及将研究成果物化成实体建筑的目的是相同的。

2015年8月，张斌与塚本由晴在犬吠工作室就相关的研究进行过讨论。在讨论到田林新村研究时，塚本由晴提到了研究指向的问题。他问过，在日本住区住户的想法是可以反馈到后续物化层面的，在中国这种转化比较难，那么田林研究这种针对个体的观察的主要目的是什么？张斌认为中国的情况是各种与居住区相关的营造活动越来越需要住户的认同：从设计的角度看，以后的建筑必然越来越多地需要从住户、居住模式、社会组织等角度来进行思考；而对于建筑师来说，如今有哪些类型的住户、不同住户的生存状态如何、居住的经济模式如何等内容却并不清楚。这个研究正是要应对这样的状况。[3]

从另一个方面看，这个研究不仅仅是为未来的实践做铺垫，也是为未来建筑师的培养做准备。随着社会条件的变化，围绕形态等纯本体内容展开的建筑设计教学，那种将一个瞬间呈现的形式，或纯空间体验作为设计目标的培养方式已经无法满足要求。与此同时，学科分化又使规划、技术、生产、消费、经济等要素充斥进建筑设计教学，使得对于本体的讨论极度萎缩。未来的实践更多需要建立在对社会条件的观察和认识之上，并用本体的方式找到顺应条件的设计物化方式。从这样的考虑出发，本课题的三位老师共同选择了这个课程的教学模式，并决定此次由张斌主导的课程以田林新村中的场地为基地，以田林新村的社会条件为基础。本书将教学内容与张斌及其团队的研究内容并列起来，可以更加全面地展示教师的思考、研究及这些研究在教学上的物化。

至本书成书为止，张斌与几位老师一同主导实验班3年级的建筑设计教学已经有六年了。在这六年中，老师们一同摸索出了一套成熟的以暑期住宅调研及基地调研的方式，让学生对“设计的空间是如何在一个社会性的环境中进行运作的这类问题”[4]进行认识，并让他们主动将这样的认识结合进后续设计的教学方法。而张斌在基地调研课程上对学生作业的评论常常让我有一种“确实是这样，但我怎么就没看出来啊！？”的感叹。在设计指导阶段，张斌则认为自己“并非一个传统意义上的改图老师，而是一个平等的对话者”。[5] 这种教学思想让学生可以调动自身免疫力克服设计过程中遇到的“病毒”。经过反复及犯错，最后得到的是更具有自发性的成果，具有强悍的原生力。在这一点上，张斌的教学思考对我有很大启发。作为一位活跃的实践建筑师，张斌不但持续推出新的设计作品，同时参加了本课题教学、组织相应的研究，并著书对研究及教学进行总结，表现出高超的专业及职业精神。在高校内的教学与社会中的实践之间背离感越来越强的今天，这次的出版显得尤为珍贵。

注释：

1. Atelier Bow-Wow 犬吠工作室. 空间的回响, 回响的空间：日常生活中的建筑思考[M]. 中国建筑工业出版社, 2015: 85.

2. Koh K, Yoshihara T, Ryue N. Tokyo Metabolizing[M]. TOTO株式会社, 2010: 56-65.

3. 此处内容出自作者2015年8月24号随同参加讨论时进行的记录。

4. 张斌. 教学总结与展望 // 王方戟, 张斌, 水雁飞. 小菜场上的家[M]. 同济大学出版社, 2014: 34.

5. 同上，37.

作者简介

About the Authors

张斌

1992 年，同济大学建筑与城市规划学院，建筑学学士

1995 年，同济大学建筑与城市规划学院，建筑学硕士

1995—2002 年，同济大学建筑与城市规划学院任教

1999—2000 年，入选中法文化交流项目“150 位中国建筑师在法国”，赴法国巴黎 Paris-Villemin 建筑学院进修，并在 Architecture Studio 事务所担任访问建筑师

2001 年至今，担任《时代建筑》杂志的专栏主持人

2002 年，创立致正建筑工作室，并担任主持建筑师

2004 年至今，任同济大学建筑与城市规划学院客座评委

2004 年，获 2004 年 WA 中国建筑奖

2006 年，获第四届中国建筑学会建筑创作奖

2006 年，获第六届中国建筑学会青年建筑师奖

2006 年，获第一届上海市建筑学会建筑创作奖

2007 年，参加上海“40 位小于 40 岁的华人建筑设计师”作品展

2008 年，参加布鲁塞尔“建筑乌托邦 2：中国新锐建筑师作品”展

2008 年，参加巴黎“状态：中国新生代建筑师”展

2008 年，获第五届中国建筑学会建筑创作奖

2008 年，获 2008 年美国《商业周刊》/《建筑实录》中国建筑奖“最佳公共建筑奖”

2009 年，获 2009 年教育部优秀勘查设计一等奖

2009 年，参加法兰克福“当代中国建筑图片展”

2011 年，获第六届中国建筑学会建筑创作奖

2012 年至今，同济大学建筑与城市规划学院客座教授

2014 年，参加上海双年展“城市客厅”

2017 年，参加上海城市空间艺术季

2017 年，参加深圳·香港城市\建筑双城双年展

王方戟

1990 年，重庆建筑工程学院建筑系，工学学士

1993 年，同济大学建筑与城市规划学院，工学硕士

1997 年，同济大学建筑与城市规划学院，工学博士

1997 年至今，同济大学建筑与城市规划学院任教

2000 年至今，《时代建筑》杂志兼职编辑

2002 年，意大利特伦托大学访问学者

2003 年，获中国建筑学会建筑师学会中国青年建筑师奖，设计竞赛佳作奖

2004 年至今，《世界建筑》杂志编委

2004—2006 年，南京大学建筑学院，研究生建筑设计课，客座教授

2007 年，与伍敬创立上海博风建筑设计咨询有限公司，主持建筑师

2010 年，同济大学，建筑系，教授

2011 年，参加 2011 成都双年展国际建筑展

2012 年，参加深圳·香港城市\建筑双城双年展

2012 年，参加 2012 米兰三年展

2013 年，参加上海徐汇滨江 / 西岸 2013 建筑与当代艺术双年展

2013 年至今，《建筑师》杂志特邀学术主持

2013 年至今，《西部人居环境学刊》通讯编委

2016 年至今，马德里理工大学马德里最高建筑技术学校“先进建筑项目”博士生导师

庄 慎

1994 年，同济大学建筑城规学院，建筑学学士

1997 年，同济大学建筑城规学院，建筑学硕士

1999 年，获上海市年度优秀勘察设计优胜奖

2000 年，获教育部年度优秀勘察设计二等奖

2001 年，同济大学建筑设计研究院，建筑师

2001 年，与柳亦春、陈屹峰合伙创立大舍建筑设计事务所

2003 年，获教育部年度优秀勘察设计一等奖

2003 年，参加“建与筑”德国杜塞多夫当代中国建筑展

2004 年，参加波尔多 arc en reve 画廊“东南西北”建筑展

2004 年，参加“状态”当代中国青年建筑师作品 8 人展

2004 年，获全国第 11 届优秀工程设计项目银质奖

2006 年，参加荷兰建筑学院“当代中国”建筑与艺术展

2006 年，获 WA 中国建筑奖佳作奖

2006 年，获美国《商业周刊》/《建筑实录》评选的最佳商用建筑奖

2008 年，参加伦敦“创意中国”当代中国设计展

2008 年，参加布鲁塞尔“建筑乌托邦”中国新锐建筑事务所设计展

2009 年至今，与任皓、唐煜、朱捷合伙主持阿科米星建筑设计事务所

2010 年，获英国皇家特许建造学会“施工管理杰出成就奖”

2011 年，参加香港·深圳\建筑双城双年展

2012 年，获 WA 中国建筑佳作奖

2012 年，参加“从研究到设计”米兰三年展

2012 年，参加“时代·创造”2012 中国设计大展

2014 年至今，同济大学建筑与城市规划学院客座教授

2015 年，获上海市建筑学会第六届建筑创作奖

致谢

Acknowledgments

本书是《小菜场上的家》同济大学建筑与城市规划学院实验班3年级建筑设计作业集的第四本。我们希望通过本书展示出学生更本质、更清晰的方案设计，以及评委老师对建筑教育更真实、更直接的交流和探讨。在出版过程中，数位教师、学生和出版人都付出了大量的工作。

《小菜场上的家4》的课题缘起于对田林新村共有空间的研究，我们首先要感谢参与田林新村调查和研究的2012级研究生张雅楠、孙嘉秋和徐杨，他们付出了诸多努力。同时，我们要感谢同济大学建筑与城市规划学院2013级实验班的21位同学，感谢他们在课程学习时的全心投入以及在出版过程中的协助整理。

本书中围绕学生作业进行的讨论，不仅是对具体作业的批评，更是对当代建筑教育和建筑设计方法的批评。各位老师的建筑思想交流极大地丰富了本书的理论内涵。为此我们由衷地感谢大舍建筑的陈屹峰老师，亘建筑的范蓓蕾老师、孔锐老师，同济大学的李立老师、章明老师参与课程评图。

在一个学期的教学过程中，助教团队也不可或缺，他们付出了辛勤的工作。感谢课程助教：游航、林哲涵、林婧、黄艺杰、薛楚金、王子潇、王卓浩和孙桢。他们在课上配合教学、录制音频、记录图纸、拍摄模型照片。在课后与学生交流问题，并把每节课的教学录音整理成文，发表于豆瓣小站“明成教室”。

在本次出版过程中，2016级硕士研究生杨竞和唐文琪在图文整理方面付出了大量的心血。他们收集了所有作业图纸，进行了统一的加工，校对了评委老师的评语，并且进行了版面初排。2017级硕士研究生田园、卢宇和致正建筑工作室的媒体助理武文对全书的图纸和文字又进行了后续处理，协助完成了最终排版。在此一并向他们表示感谢。

感谢致正建筑工作室的研究主管许晔，她负责了本书各环节的图文编辑工作。对学生作业及田林研究报告的文字进行了整理润色，并完成了全书的内页版面和封面设计。

感谢华中科技大学汪原老师为本书撰写了序言《让建筑学成为日常生活研究的学问》，对建筑设计的教学模式进行了深入的探讨。

最后，我们要感谢秦蕾和晁艳编辑在出版工作中的敬业和努力。

《小菜场上的家》第五本将由庄慎老师主导出版，我们期待更新鲜的思考，期待对建筑教育和实践的发展带来全新的启示。

作者

2018年07月16日于上海

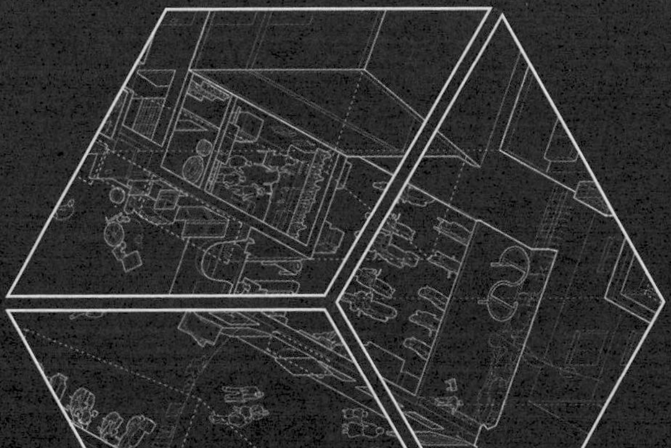

LXIX

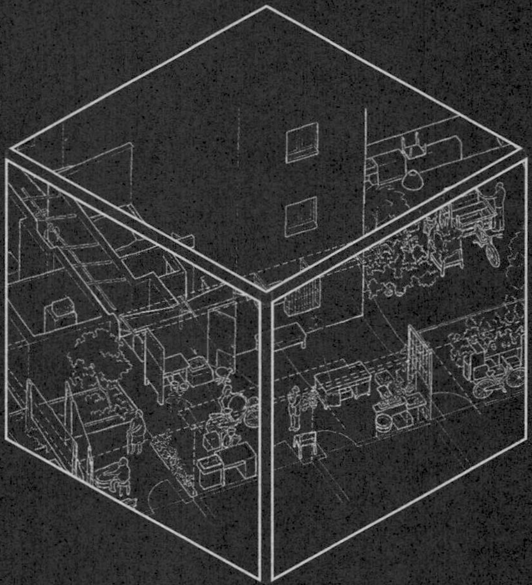

3.4 空间实践的自主性

新村非正规生活空间的形态演变灵活而高效，但并不是单纯的形态演变：它具有一种空间背后使用者映射出来的空间自主意识。正是这种空间的自主性特征，保证了空间的持续更新和发展活力。

同时，自主的形态演变与空间的“所属权”密切相关。当使用者认定空间的所属权时，使用者的意识才转变为空间的意识；当有外来者占有空间时，使用者就没有动机在空间之中展示这种意识。空间认同感是如此重要，以至于这种自主性的形态演变，从诞生起就十分脆弱。

丰富多元的结构演化，使非正规生活空间背后隐藏了丰富多元的社会结构。经济成本上的相同诉求和文化生活上的相互认同，促使不同的社会结构附着在非正规生活空间中。

空间自主演变也引导着背后的社会结构进行再次演化。对自己住宿空间的加建使得家庭关系得以强化；雇主改造空间为雇员提供宿舍，进一步强化了他们之间的雇佣关系……以邻里单位、宗族单位、家庭单位、雇佣单位为主的多元社会结构填充了本次研究的非正规生活空间，呈现出一种依附在空间形态演化上的社会成员关系的演化。

4 结语

物质实体的落成只是建筑生命的开始，在田林新村的案例中，虽然原有的集体空间机制失效了，但私人生活的溢出、微型服务业的引入等共有空间的各种非正规的使用却使得住区变得愈加有活力、有弹性，这种变化得益于共有空间的庇护，又反过来促成了原本封闭的新村共有空间一定程度的公共化。

我们对田林新村的研究以考察现状、研究此时此地的日常生活空间运作机制为主，希望能为研究中国当代城市快速发展中产生的诸多矛盾，为难以落地的舶来建筑学知识，提供一些思考的佐证。

参考文献：
[1] 彭一刚，屈浩然. 在住宅标准设计中对于采用外廊式小面积居室方案的一个建议 [J]. 建筑学报，1956 (06).
[2] N.J.Habraken, Jonathan Teicher. The Structure of Ordinary[M]. Cambridge: The MIT Press, 2000.

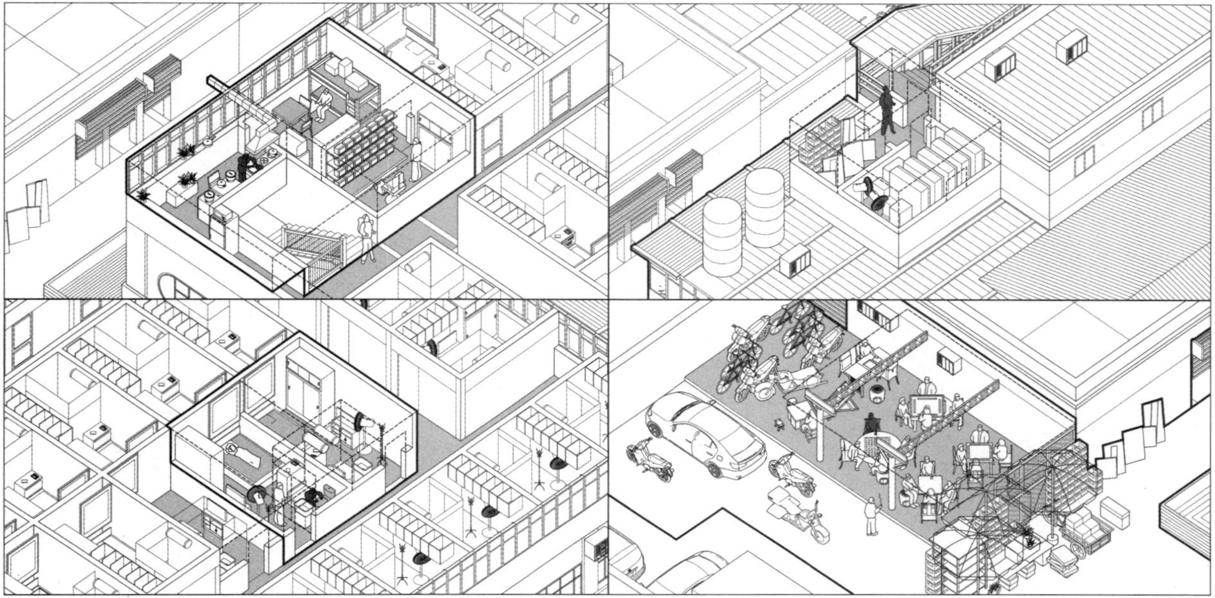

图75 场景：张哥的生活

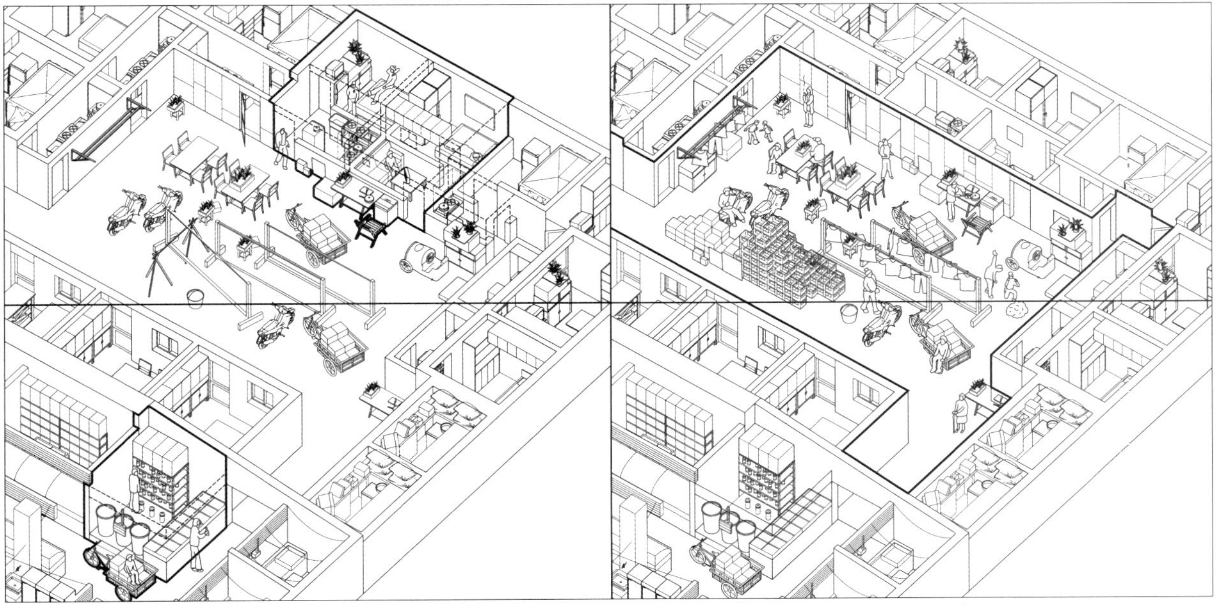

图74 场景：张婶婶的后院

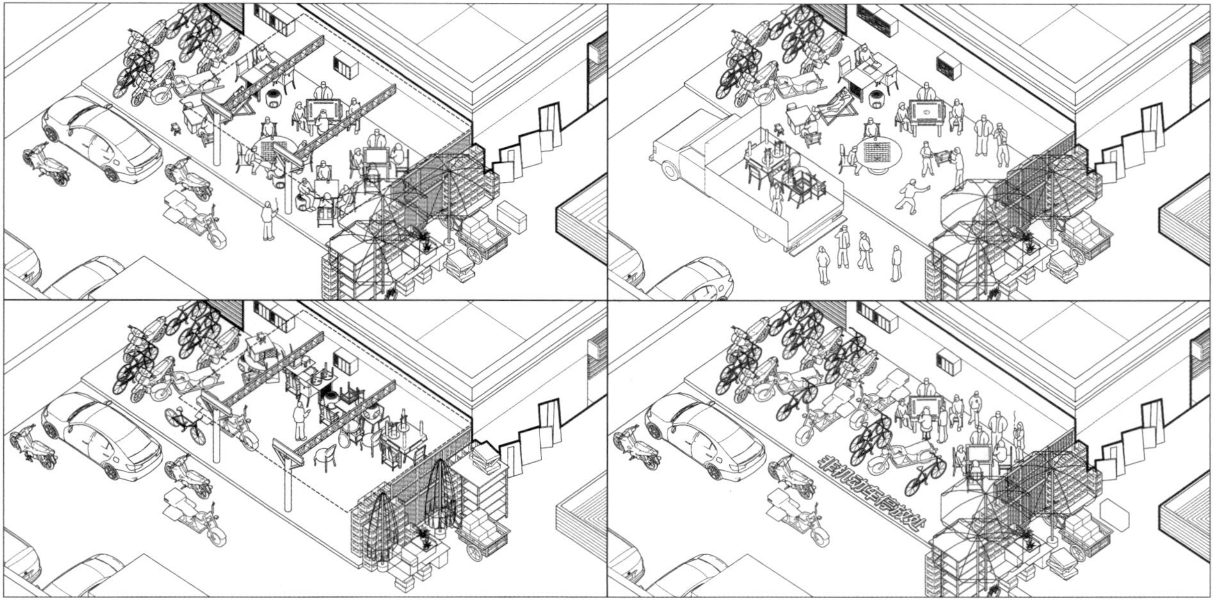

图73 场景：吴伯伯的棋牌室

3.3.3 非正规生活空间的介入

（1）居民吴伯伯

吴伯伯是田林新村的居民，他已退休。新村中有不少退休老人，凑在一起打麻将、聊家常，消磨时光，于是在田东集合体东侧的停车空地出现了一个自发形成的免费“棋牌室”。这现象引发了正规棋牌室和街道办事处的不满。正规棋牌室认为这是抢了他们的生意；办事处认为这是对公共停车场所的侵占，且有损市容，故没收了吴伯伯的桌椅，并将顶棚拆除，取缔了“棋牌室”。但由于管理松懈，吴伯伯他们还继续在这里打牌，虽然规模不如从前。

街道办事处对“棋牌室”的否定态度，居民和商贩在这里打牌的活动需求，以及正规棋牌室的暗中举报，空间在三个利益主体的拉扯下达到了动态平衡。拉扯利益总是伴随着多方利益之间的博弈而出现的（图74）。

（2）商贩张婶婶

田东综合体在加建外扩后，一层菜场空间向南伸展，商贩张婶婶的工作空间在这加建出来的空间中。同时，综合体后院经加建形成了一圈平房住宅。张婶婶和她的家人就居住在后院住宅中。张婶婶占据了两间房间，分别作自己的卧室和儿子儿媳的卧室。由于后院空间的宽松以及管理部门的规避，在居住房间的使用过程中，张婶婶与其他住户一样，向内院方向加建出了两间房间，分别做厨房和客厅（图73）。同时，日常生活用具在内院中堆放，扩充了张婶婶的生活休息空间（图75）。

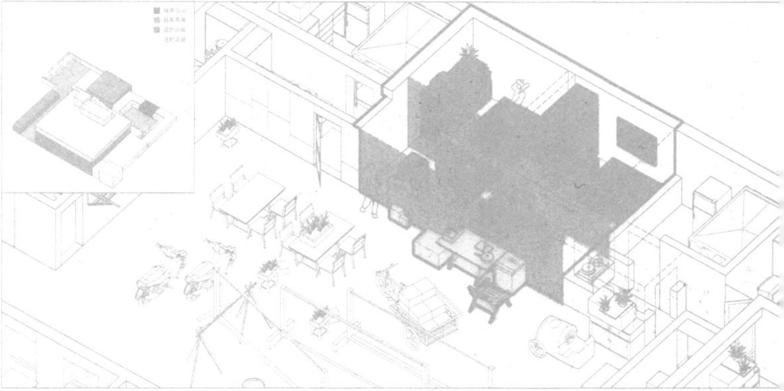

图73 适时占据案例：张婶婶的后院

（3）宾馆保安张哥

张哥是田东集合体聚园宾馆的保安兼修理工。宾馆位于田东集合体的顶层，其客房部分由建制性加建而来。张哥的居住地点为宾馆层楼梯的背后，要到达住处需经过一条长长的L形走廊，这条走廊被张哥一人独享，上面堆满了生活用具。张哥空闲时会到楼下的免费“棋牌室”打牌。但是经过街道的管制，免费“棋牌室”规模大不如前，有时他只能转战集合体二楼的收费棋牌室（图76）。

LXIII

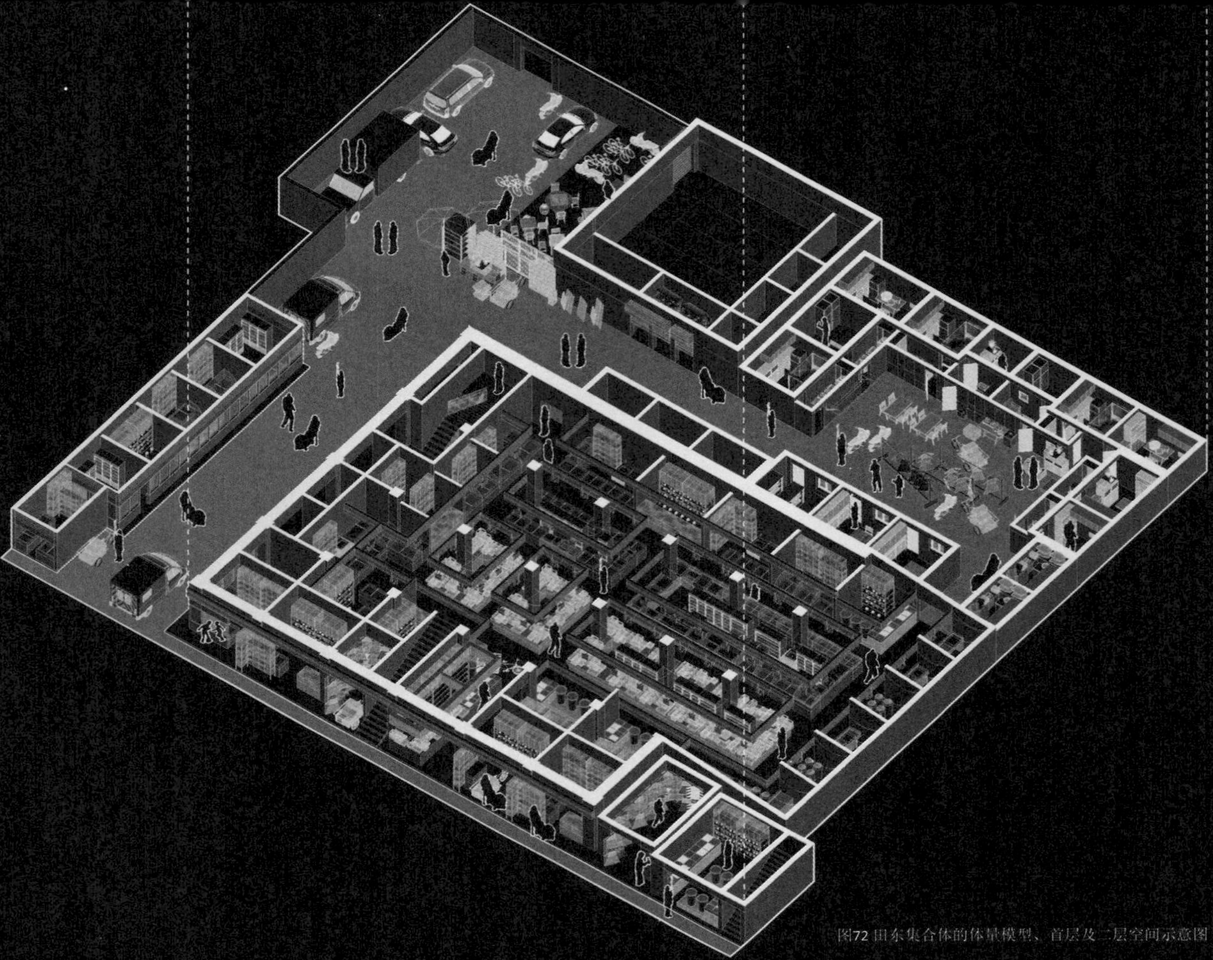

图72 田东集合体的体量模型、首层及二层空间示意图

从 "溢出" 到 "共生"：日本新型共有空间解读

FROM OVERFLOWING TO MUTUALISM.

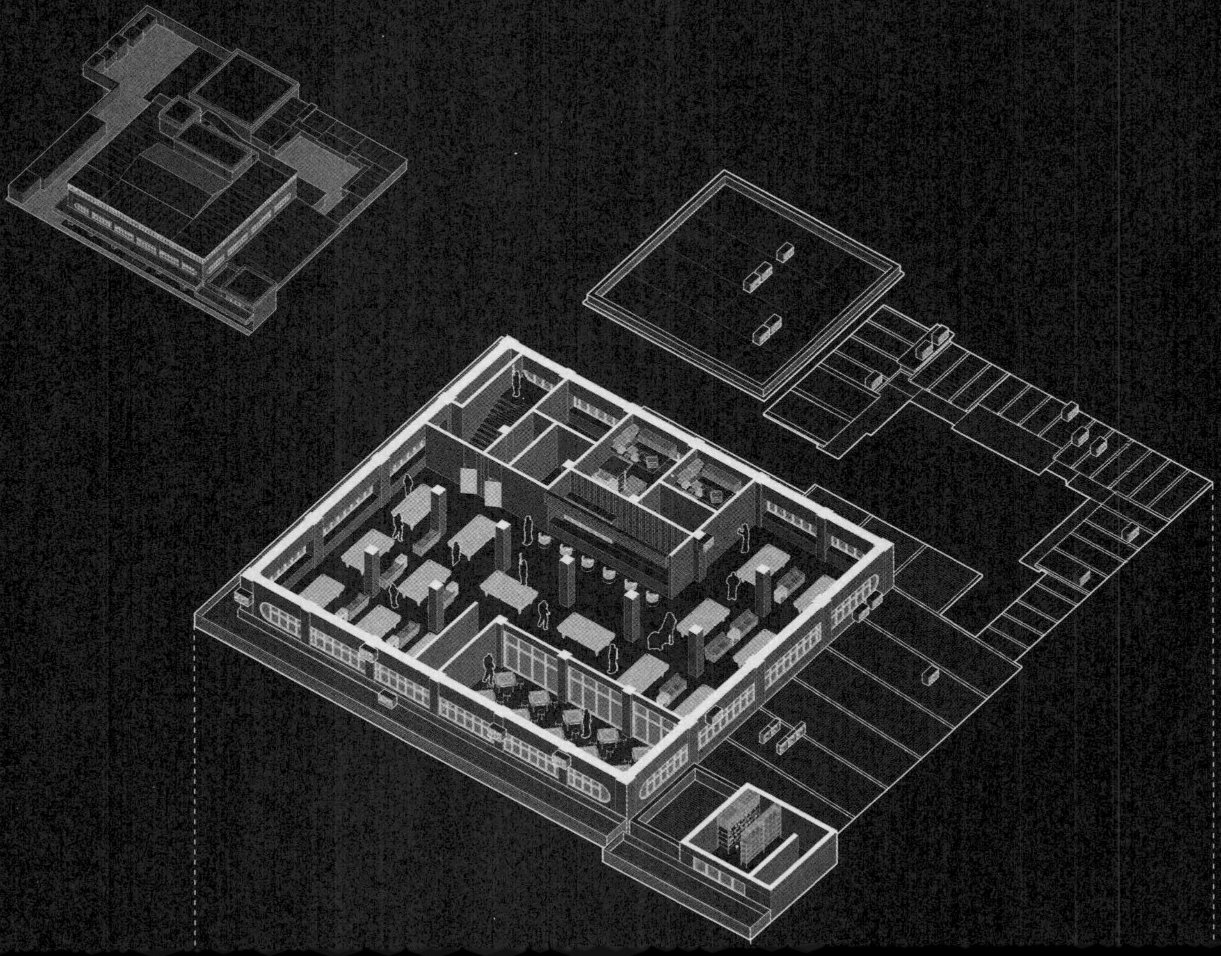

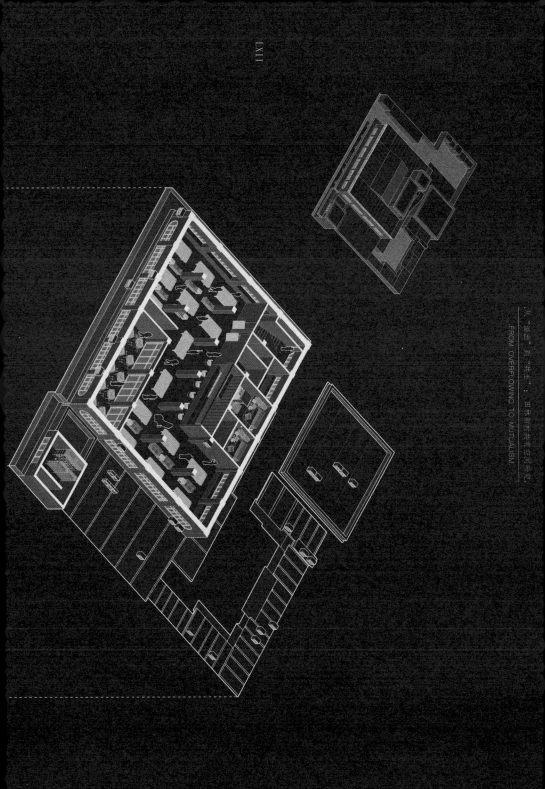

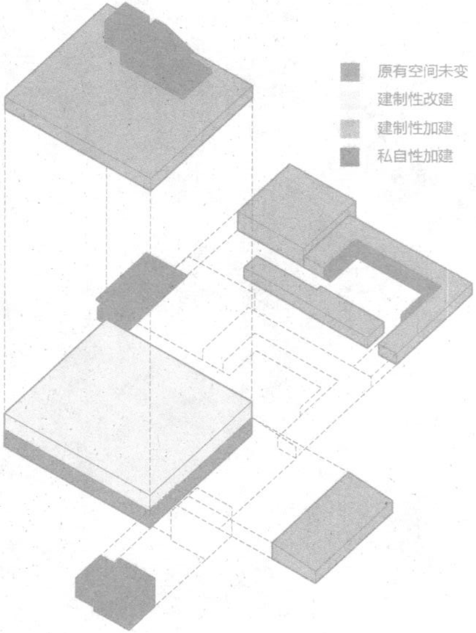

图70 田东集合体空间改建

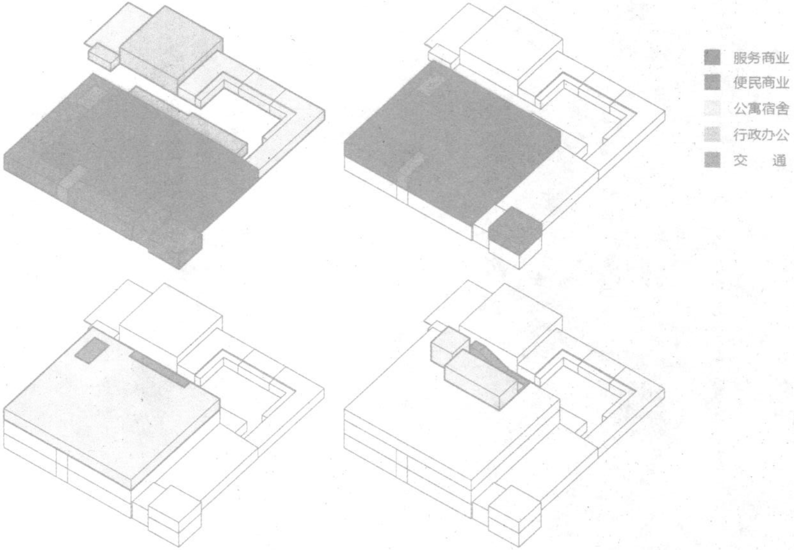

图71 田东集合体空间使用性质

3.3 田东集合体

3.3.1 田东集合体的现状呈现

田东集合体位于柳州路以东、田林路以南，修建于1985年前后。它隶属于田林十二村，拥有田东菜市场、田东台球室、聚园宾馆等组成部分，面积约2600m²（图69、图72）。

3.3.2 田东集合体的空间分析

田东集合体的原体量仅为一个二层的菜场空间。后期的主要空间变化集中在集合体南侧的菜场加建，集合体顶部的加建以及东侧的后院加建三处（图70）。田东集合体内部空间使用较清晰。主体一层沿街部分为向外营业的便民商店，其余均为菜场的使用空间，菜场后院主要是加建的住宅空间以及办公空间，主体体量的二层为服务空间，三层为住宿空间（图71）。

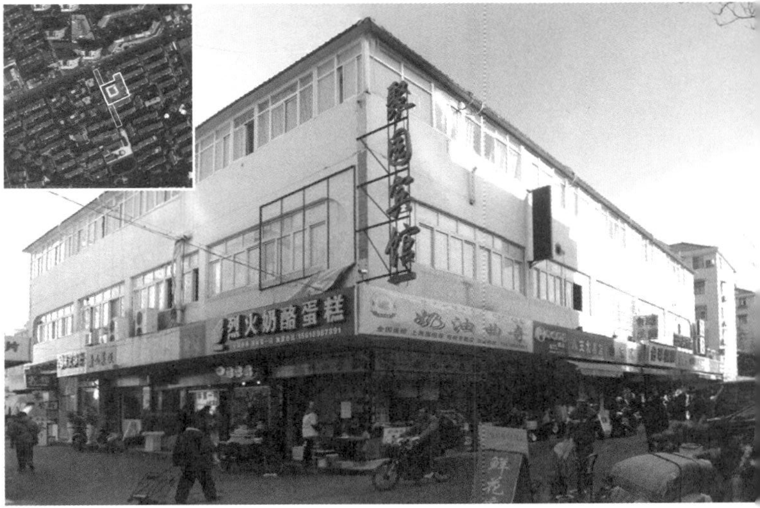

图69 田东集合体

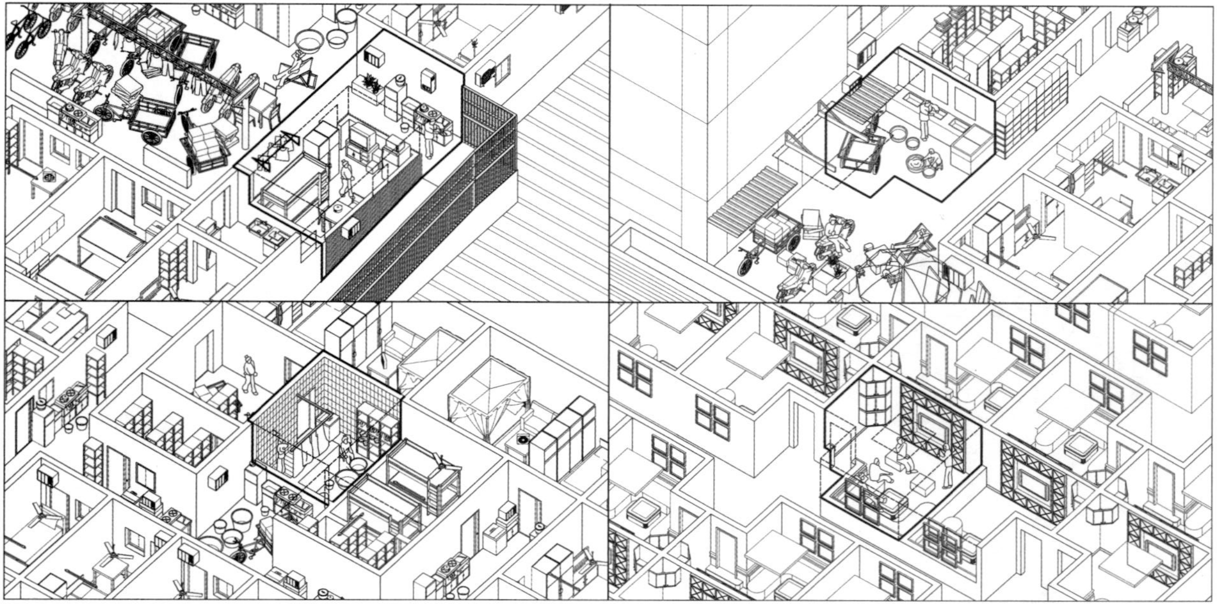

图68 场景：服务员阿雯

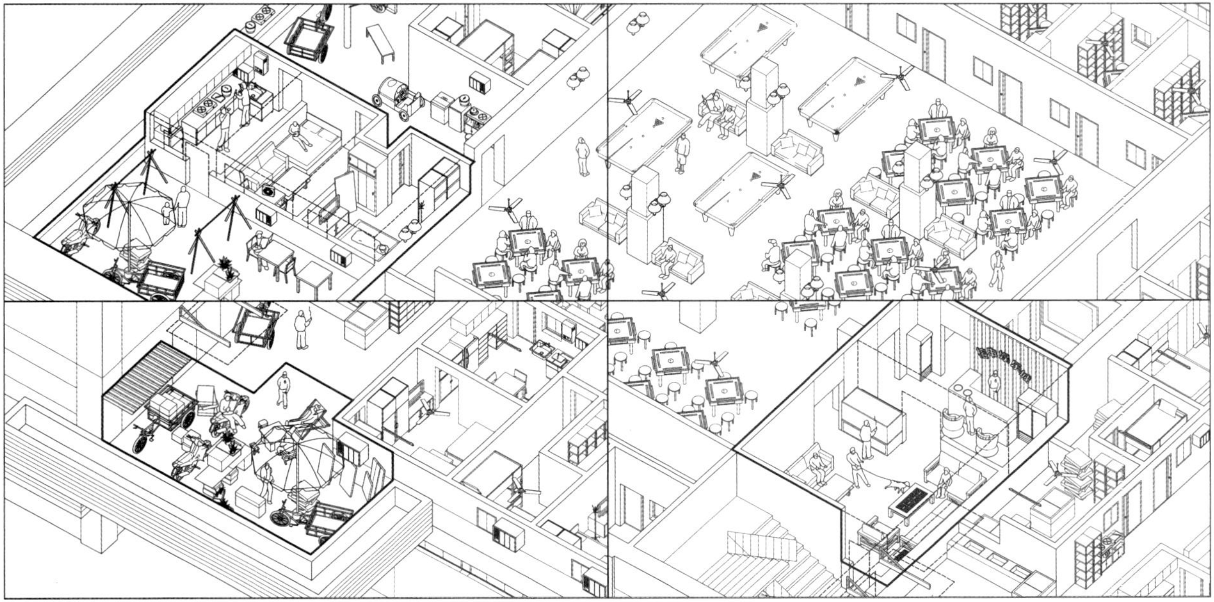

图67 场景：李伯伯的麻将屋

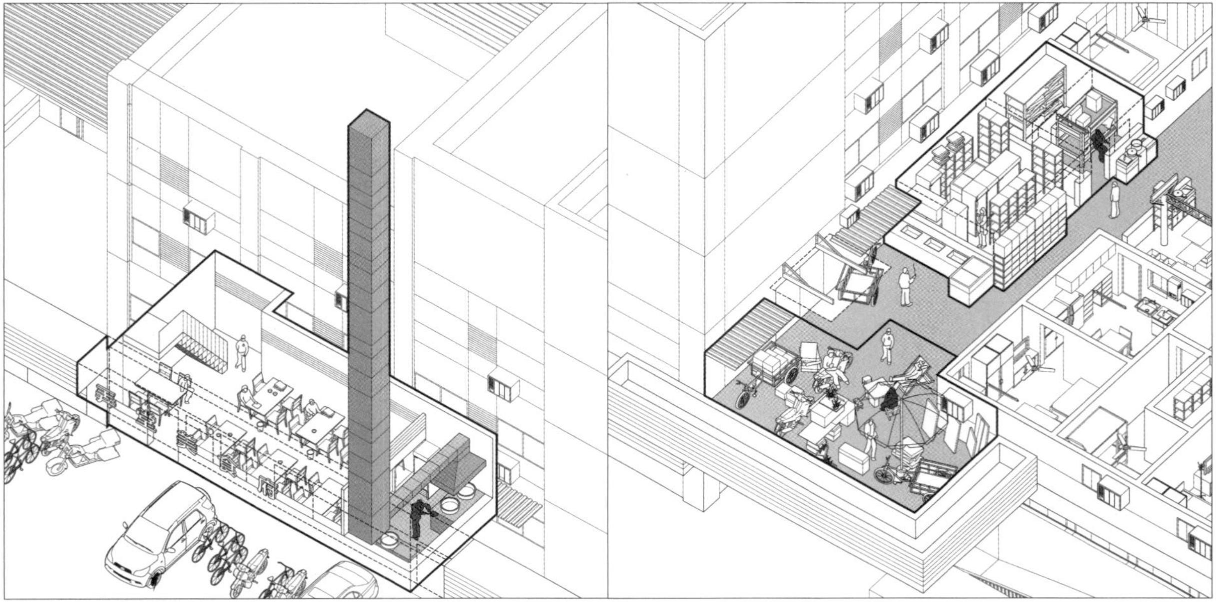

图66 场景：阿杰的美食坊

3.2.3 非正规生活空间的介入

（1）美食坊阿杰

阿杰是一名厨师，就职于宜林集合体西侧的弄堂美食坊。美食坊由两层组成，内部加建单跑楼梯使上下相通；厨房位于一层，由隔板墙在饭店内部隔出，排烟的不畅迫使老板修建了对外排烟的烟囱，为了不给上层造成不便，烟囱被修建到了五层楼的高度。

阿杰暂住在老板的仓库中，仓库位于集合体南侧二层加建的住宿空间中，这里是外来人口聚集区。阿杰住在仓库一角放置的上下床铺上，空间极度狭小，生活用具纷纷向仓库的外部——集合体二层的公共平台扩展。阿杰业余时间除了去网吧游戏，就是在二层平台宿舍周围休息（图66）。

（2）麻将高手李伯伯

李伯伯生性散漫，寄居在宜林集合体北侧二层平台加建的住宿空间中，每天在集合体的棋牌室中消磨时光。北侧二层平台的居住者多不具有正当职业和稳定收入。李伯伯房间的旁边，是居民在过道中搭建的公用厨房。这里是共用的，但是厨具却被各家分开放置。这个空间满足了居民对厨房及公共空间的使用需求，可以被认定为是一种由“叠合功能”形成的“重构空间”（图65、图67）。

（3）服务员阿雯

阿雯在新村附近的一家KTV做服务员。宜林综合体二层平台的住宿空间是她的临时落脚点，阿雯与姐妹一起住在不足$14m^2$的小房间内。但外部公共空间可被灵活使用，阿雯做饭、洗衣都在外面解决。但棚户之中公用的洗浴室极其简陋，热水时有时无，屋顶四处透风（图68）。

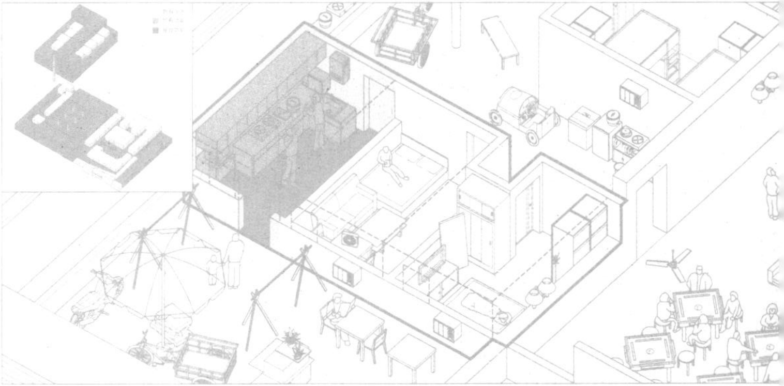
图65 叠合功能案例：李伯伯的麻将屋

宜林综合体北侧二层平台达到了一种空间使用的动态平衡：以管理人员修建的矮墙和钢构架划定空间，平台居民的生活活动与商贩菜贩停放工具等后勤活动相互争抢平台空间。这种争抢是背后利益拉扯的具体表现，这一处空白空间的利益平衡，作为强者的综合体管理者并未参与其中。

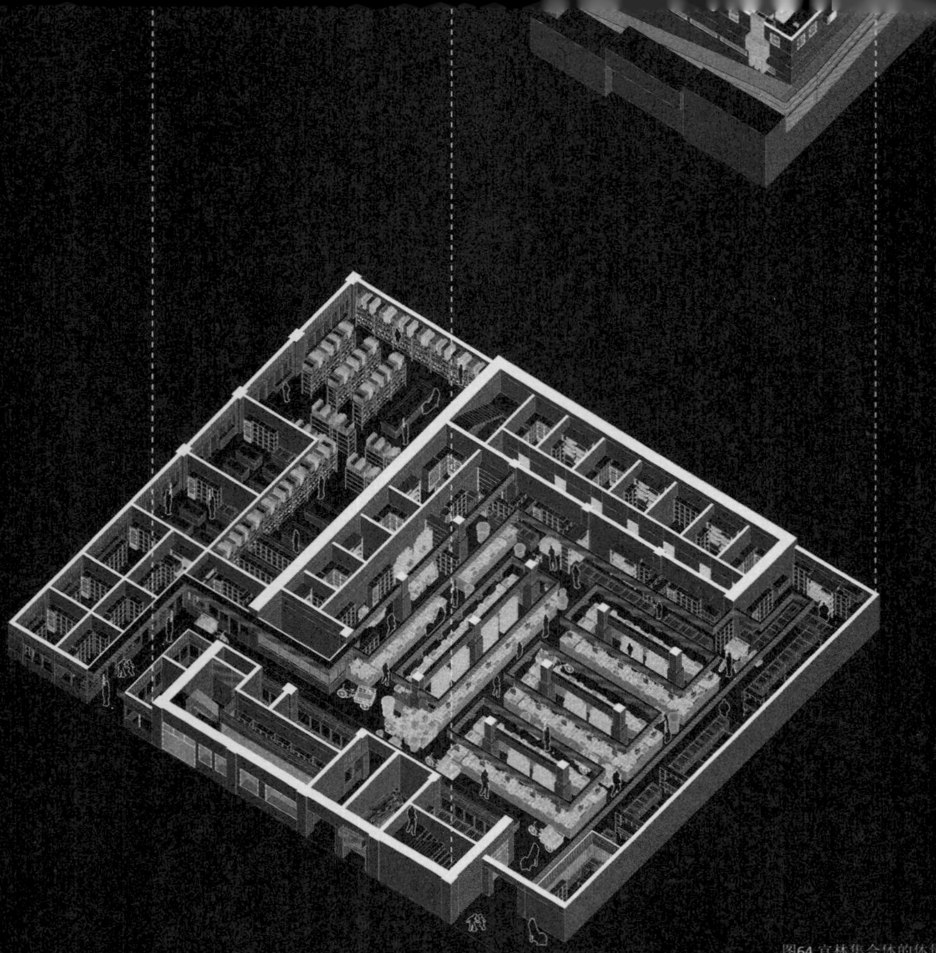

图64 宜林集合体的体量模型、首层及地下一层空间示意图

从"溢出"到"共生"：世界新村未有空间研究。

FROM OVERFLOWING TO MUTUALISM.

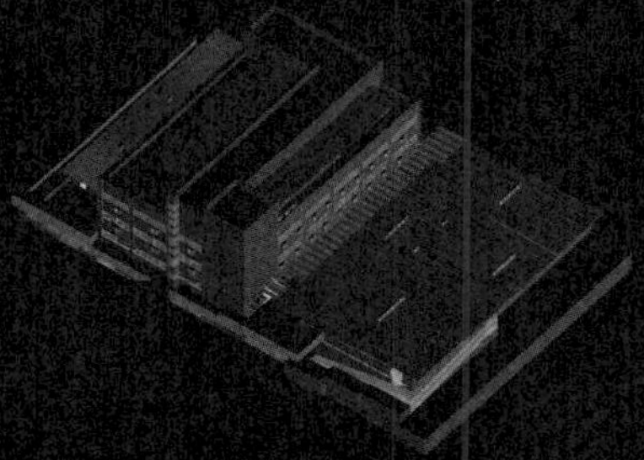

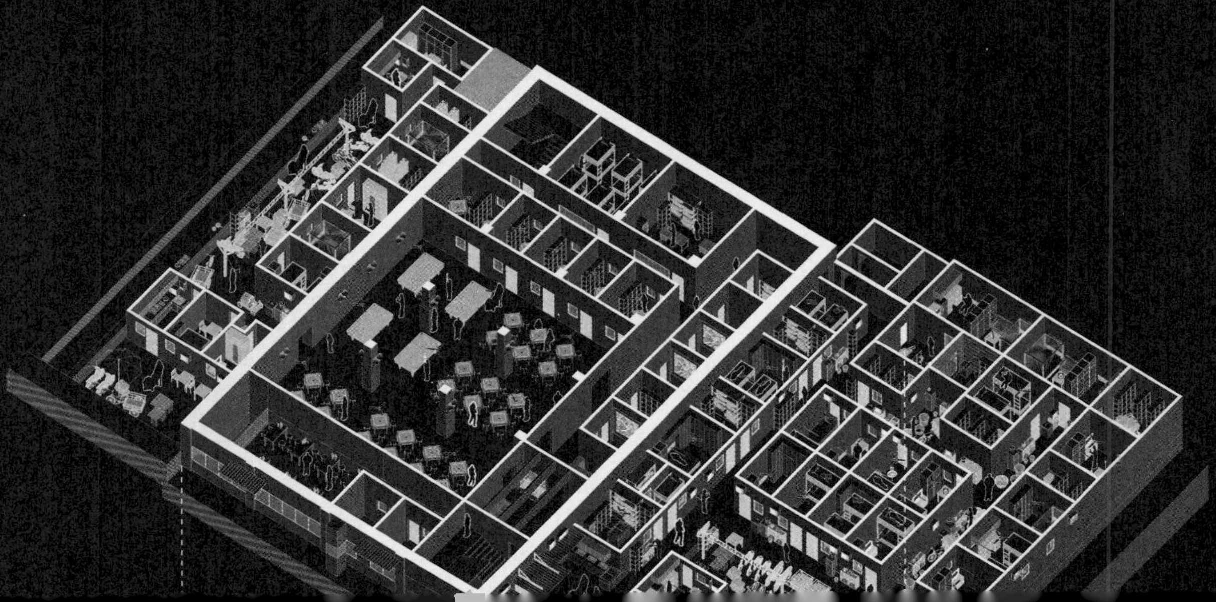

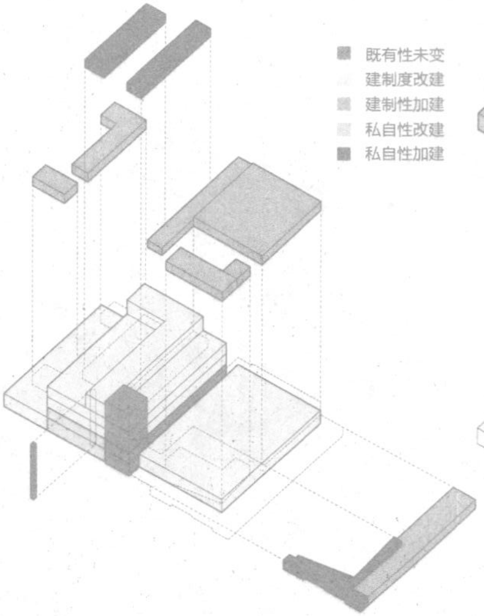

图62 宜林集合体空间改建

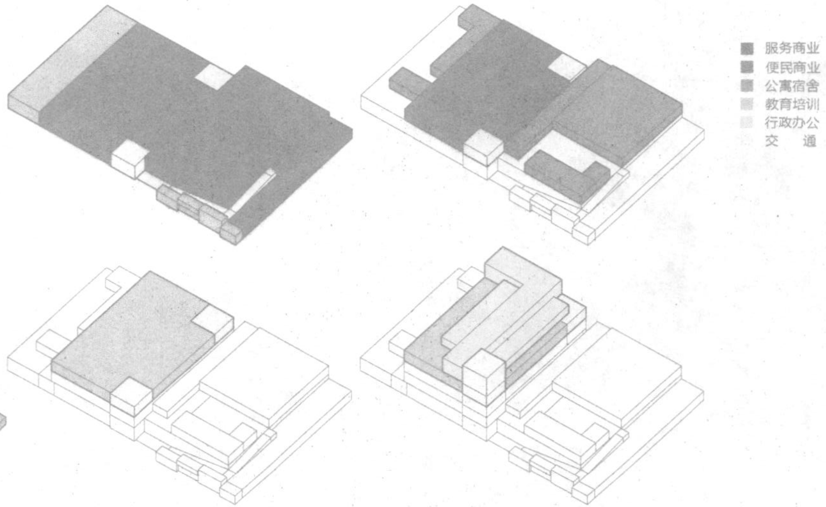

图63 宜林集合体空间使用性质

3.2 宜林集合体

3.2.1 宜林集合体的现状呈现

宜林集合体位于柳州路以东的田林十三、十四村之间，修建于1983年前后，主要由宜林农副产品市场、桂林浴池、金萌学院等部分组成，总面积约6300m²（图61、图64）。

3.2.2 宜林集合体的空间分析

宜林集合体的原有体量分为南侧一层裙房、北侧一层裙房、五层主体体量三个部分。主要改建部分有：南侧和北侧的裙房、主体体量的二至四层。新增的体量存在于三个部分：南侧裙房的南侧及顶部、北侧裙房的顶部，以及主体体量的顶部。有趣的是，集合体原有体量的西侧，有一个食品店——弄堂美食坊，出于排烟的需求私自加建了超长的烟囱直通五楼（图62）。根据使用功能将其大致分为五个部分：大型服务商业、小型便民商业、公寓宿舍、教育培训、行政办公（图63）。

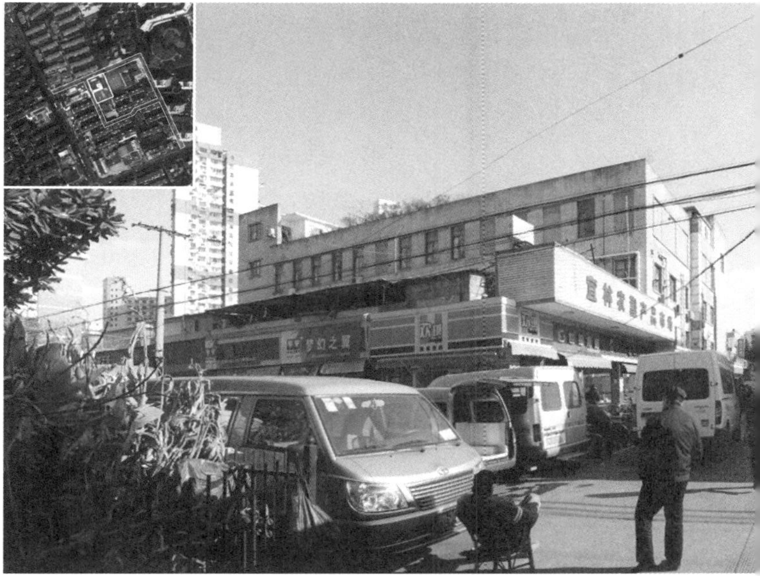

图61 宜林集合体

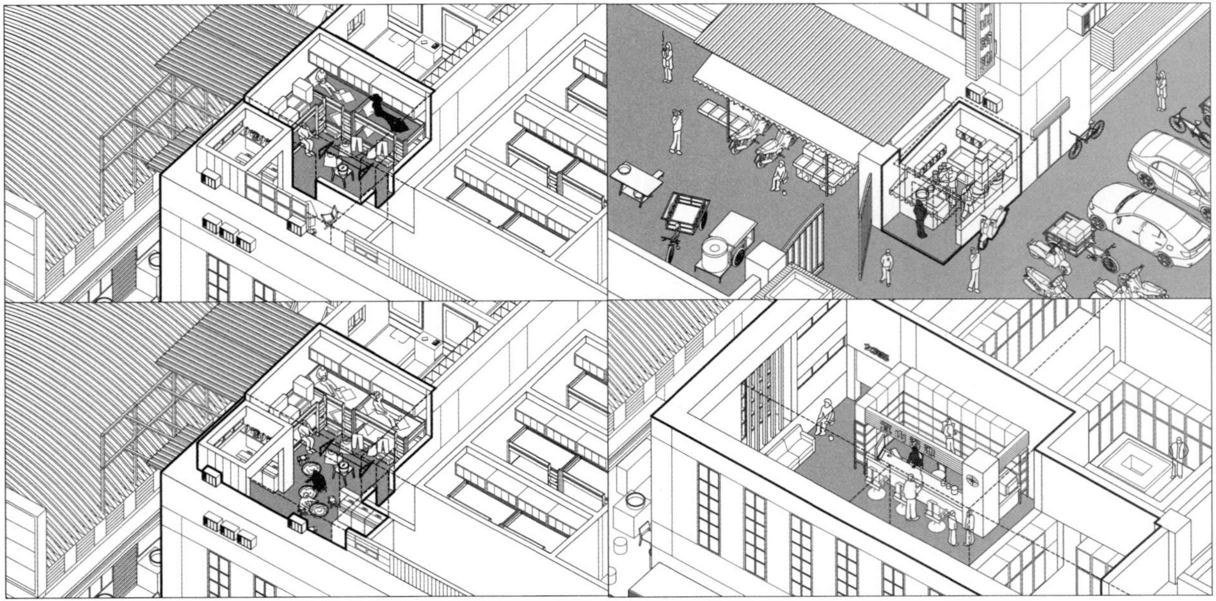

图60 场景：阿红的浴池前台

L

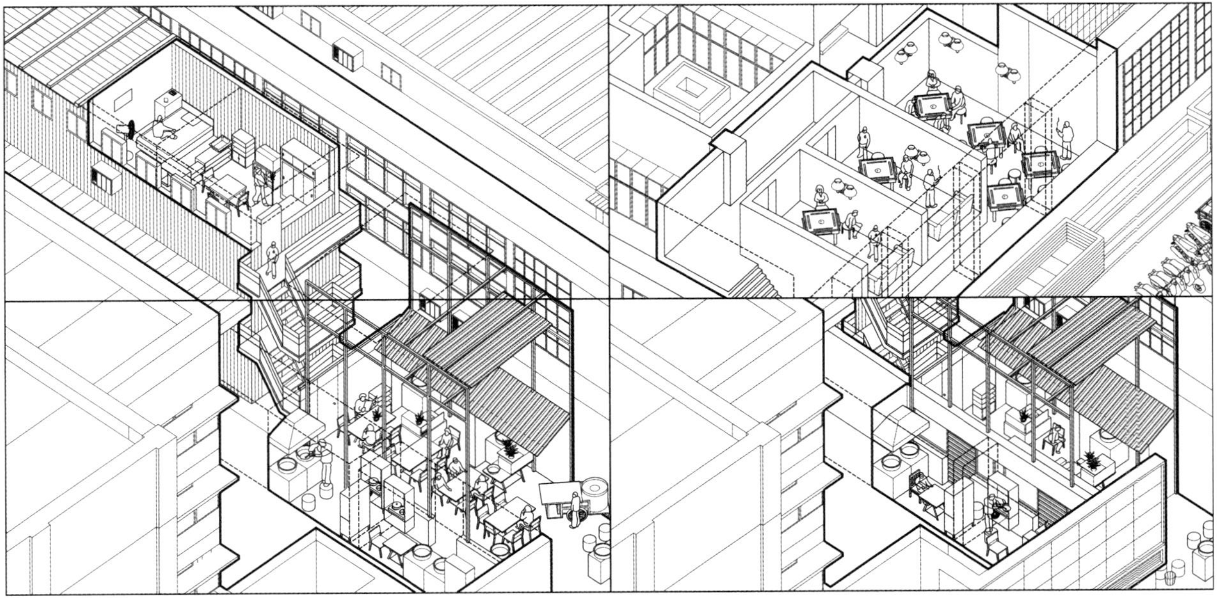

图59 场景：王叔叔的小吃店

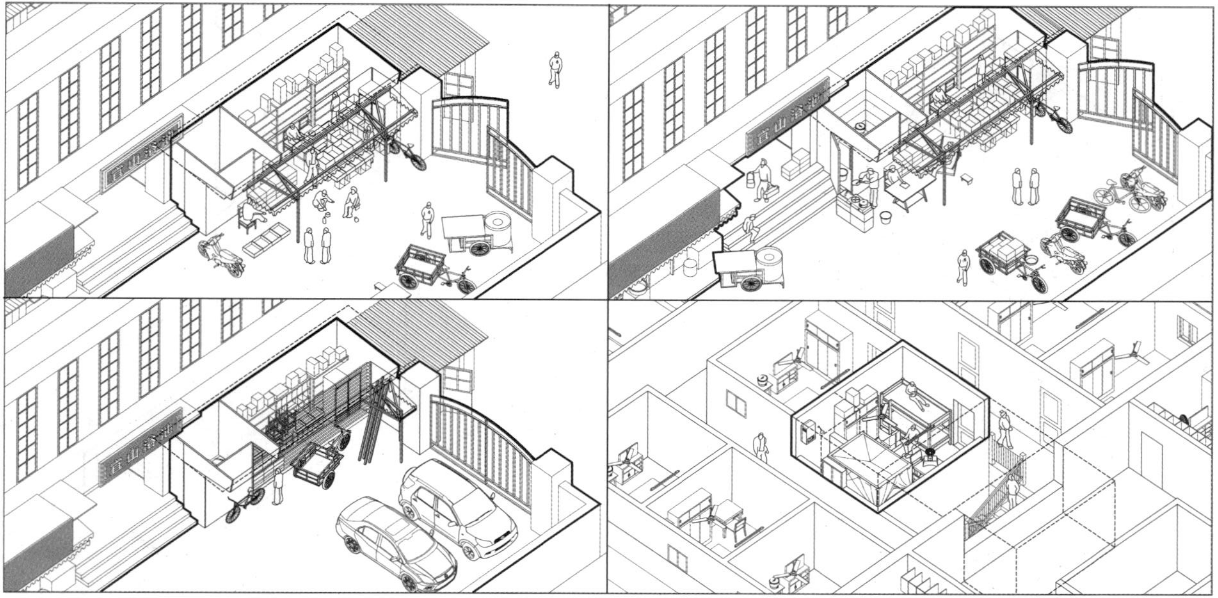

图58 场景：张阿姨的水果摊

3.1.3 非正规生活空间的介入

（1）水果摊张阿姨

张阿姨在宜山综合体西侧的空地从事水果贩售。她每次都会将水果摊位尽量摆在靠近道路的位置，使得水果摊不断向外扩张，填满了整片空地（图58）。由于张阿姨租住的公寓狭小，没有厨房并且管理严格，张阿姨在自己的水果摊中加入厨房空间和休息娱乐空间。

在重构的空间之中，张阿姨的水果贩售空间只占一部分；厨房空间对既有空间的介入具有非常明确的界限；此外休息娱乐空间亦存在于贩售空间内部，呈点状式介入。她通过自己的空间实践，得到一个集贩售、厨房和休息娱乐于一体的复合空间（图57）。

（2）小吃店王叔叔

王叔叔在宜山集合体的建筑夹缝中经营一个小吃店，而位于建筑体量夹缝中的菜场仓库顶层被王叔叔占据为住宿空间。王叔叔的小吃店兼做厨房使用，利用原有菜场的加建体量对外破墙开店，在建筑缝隙搭起遮阳顶棚，成为用餐高峰时段小吃店的待客区域。

以住宿空间为中心布置外挂式楼梯以及防盗门，是王叔叔应对交通空间使用需求进行的空间实践，突破了王叔叔家位于仓库顶部的第一层居住界线；小吃店作为厨房使用，是王叔叔应对厨房空间使用需求进行的空间实践，其突破了防盗门所界定的第二层居住界线。这是一种“适时占据”既有的空间缝隙带来的空间实践，带来的结果是“突破的界限”（图59）。

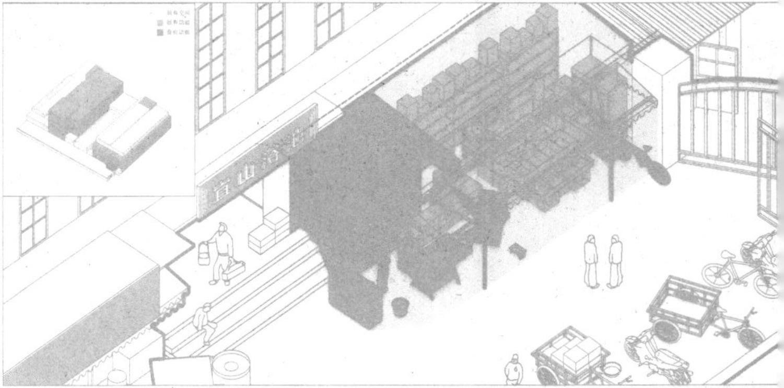

图57 叠合功能案例：张阿姨的水果摊

（3）浴池前台阿红

阿红目前居住在宾馆客房层改建的宿舍之中。宿舍位于浴池顶部加建客房层的一角，四人合住，空间狭小。由于与客房部分相连，出于外部空间整洁的需要，生活用品全部被堆放在宿舍之内。阿红和她的室友不得不利用壁橱、支架等悬挂于墙壁上的储物空间进行物体的存放。同时宿舍还是宾馆洗涤、消毒工作的第二场所，洗衣机、水盆、晾晒的衣物等纷纷进入宿舍，使其更为局促（图60）。

XLVII

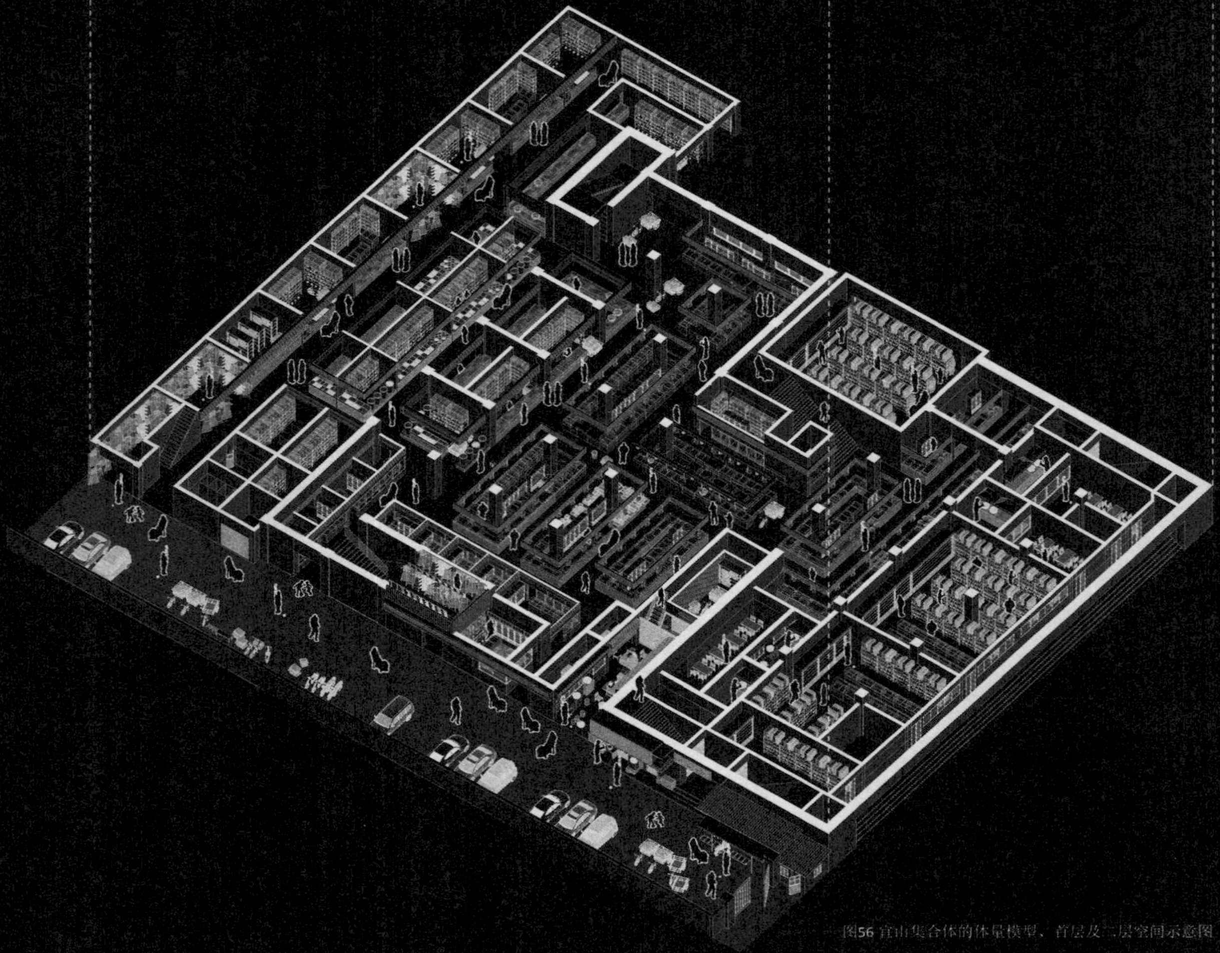

图56 宜山集合体的体量模型、首层及二层空间示意图

从 "溢出" 到 "共生" : 百米新村共生空间研究

FROM OVERFLOWING TO MUTALISM.

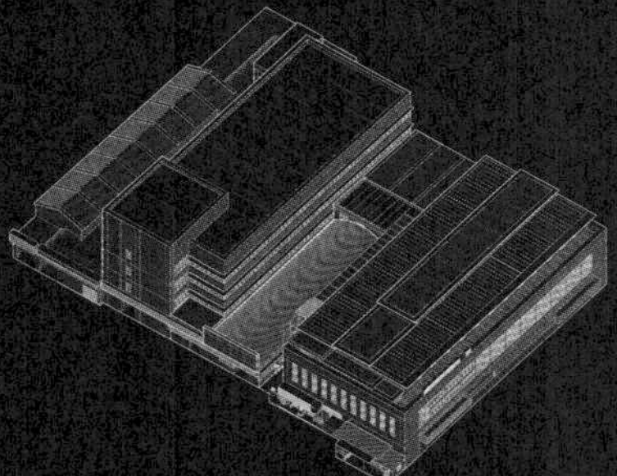

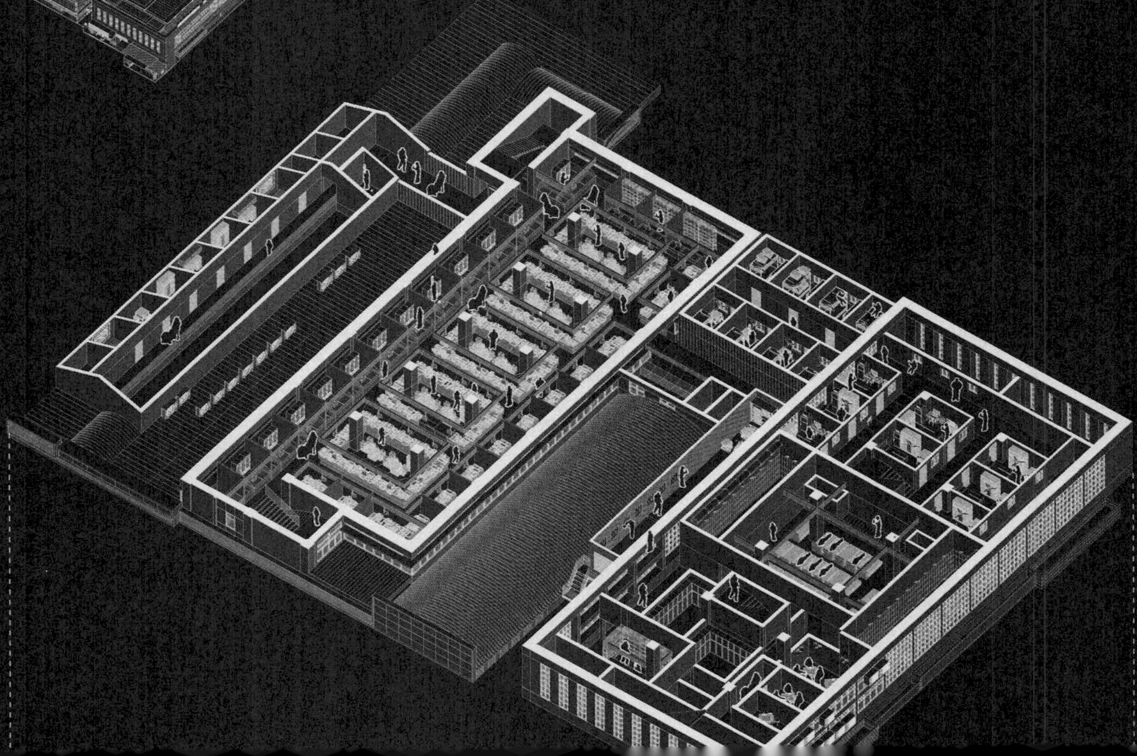

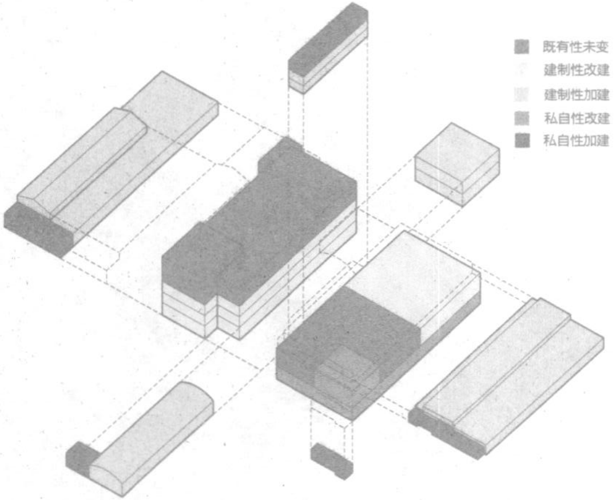

图54 宜山集合体空间改建

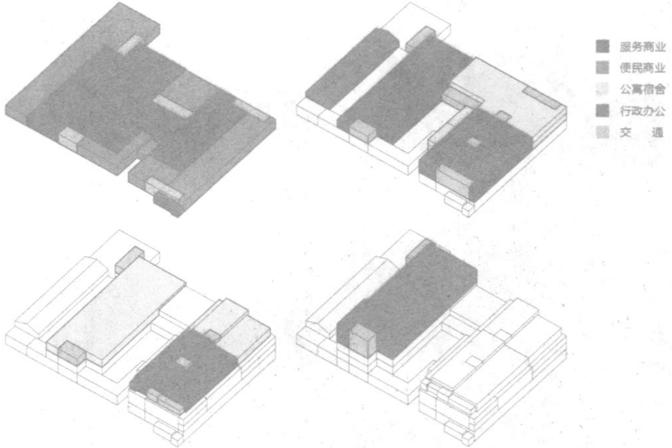

图55 宜山集合体空间使用性质

3 非正规生活空间的聚集
——村间共有空间中的便民综合体

经过时间的推移和社会的发展，田林新村原有的便民服务建筑体量——菜场、浴池等经过自行的加建、改建，各自形成了综合性的服务体量，即便民服务集合体。集合体是一种动态的综合性使用空间，不仅在空间性质上是混合性的，在使用功能上也是丰富多样的，为衰落的工人新村带来了丰富的空间形式和多样的空间活力，也为非正规生活空间提供了宽松的环境和密实的土壤。

非正规生活空间是在田林便民服务集合体“自我生长”的过程中被催生出来的使用空间，作为空间变化的附加产物，它既存在于外在空白空间的自我加建，又存在于内部原有空间的再次改造；既源于外来人口对低成本生活的需求，又植根于本地居民对廉价便民服务的需求。目前田林社区中有三个便民服务集合体。

3.1 宜山集合体

3.1.1 宜山集合体的现状呈现

位于田林路以北的宜山便民服务集合体地理位置优越，坐落在街区内部各个新村之间形成的半公共街道上。在向西和向东的道路上，分别有在住宅底层开店来进行便民服务性质的轻型商业活动。集合体由宜山菜市场、宜山浴池、田林十村办事处等部分组成，总面积约8800m²（图53、图55）。

图53 宜山集合体

3.1.2 宜山集合体的空间分析

宜山集合体原有建筑体量分为两部分，分别为四层的菜场体量和两层的浴池体量。新增的体量则主要分为三个部分：浴池顶部加建的客房住宅部分、两个原有体量之间空地加建的菜场部分，以及菜场体量北侧加建的小型市场部分。同时，原有菜场体量和浴池体量都进行了不同程度的空间改建（图54）。宜山集合体内部的空间使用性质大致分为四个部分：大型服务商业、小型便民商业、公寓宿舍、行政办公（图55）。

2.2.3 社群间的合作与共生

在田林二村中，上海、外地居民作为两个差异较大的群体，相互之间还保持着一定的间离性，但接近的人口比例，及其在微观层面上的广泛合作已经促成了一种共生的状态。

原来单位制的一些集体生活特征并没有完全消失，而是通过那些老居民的生活习惯、人际网络和空间环境留存了下来，成为一种先验的联系。而外地居民为田林二村带来了新鲜的血液，改变了原本过于老龄化的结构。其中一些为社区提供了基础的服务，他们是社会网络中的重要角色，他们的空间实践方式促进了不同居民间的交流与认同，从而帮助他们融入社群。

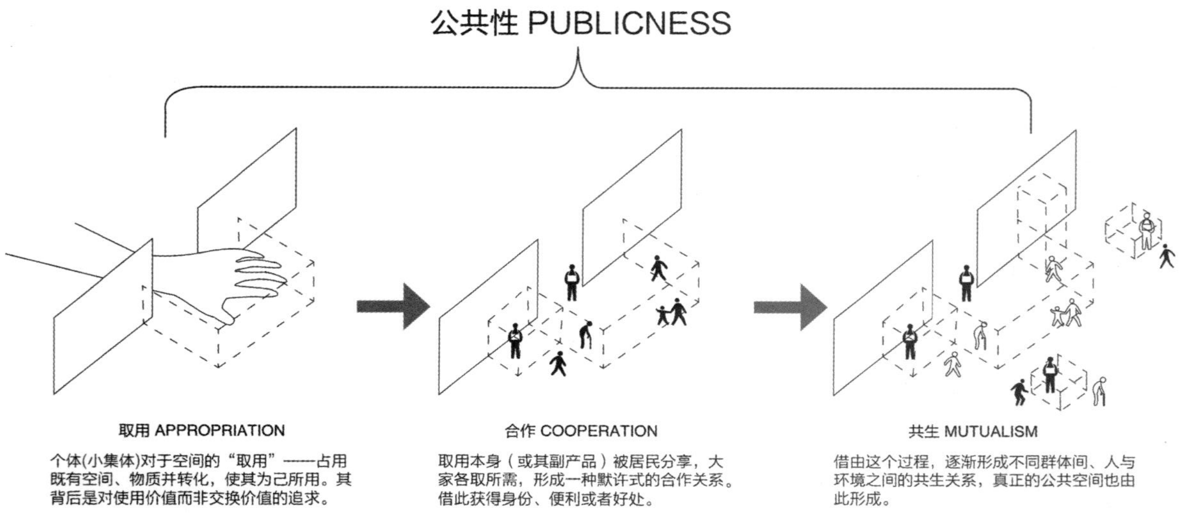
公共性 PUBLICNESS
取用 APPROPRIATION
个体(小集体)对于空间的“取用”——占用既有空间、物质并转化，使其为己所用。其背后是对使用价值而非交换价值的追求。
合作 COOPERATION
取用本身（或其副产品）被居民分享，大家各取所需，形成一种默许式的合作关系。借此获得身份、便利或者好处。
共生 MUTUALISM
借由这个过程，逐渐形成不同群体间、人与环境之间的共生关系，真正的公共空间也由此形成。

图52 公共性概念分析图

2.2 取用、协作与共生带来的共有空间的公共化

2.2.1 取用空间的方式

对既有空间的重新利用可以归纳为延续、分割、合并、填空四种方式。它们都伴随着领域的改变，涉及到邻里间的合作。

对于外部空间的取用必然伴随着领域的变化。最常见的就是小商铺在门口摆放一些杂物和摊位。这里，领域的变动主要指这样一种现象：个体依靠多种方式占据外部空间，临时或者长时间地扩张自己的领域。根据其时效性和灵活性可以分为五类（图51）。它们可以被结合使用，且五种策略有一些共性：暂时性的领域扩展一般都会依托于建筑物或者围墙等稳定的构筑体，扩张后的领域边界是曲折、模糊的。

2.2.2 共有空间公共化的过程

田林二村空间的公共化主要发生在两个层面，一是借由共生而来的内部活力的提升，二是其共有空间的封闭性消解后与外部环境的互动。

田林二村中活跃的外部环境，始于个体对空间、物质资源的取用，通过合作的方式调节了利益分配，逐渐演化为不同群体之间、居民与环境之间的共生状态。它是一个相互咬合的、大量个性化取用的集合，公共性就蕴含于从取用、合作到共生这样一种动态过程之中（图52）。

“取用”始于个体“自私自利”地对共有空间的非永久性占用，伴随着其领域的扩张。面对共有性提出的质疑，只有选择“合作”，与社区共享利益，取用本身才能变得可持续，并最终汇合为共生。

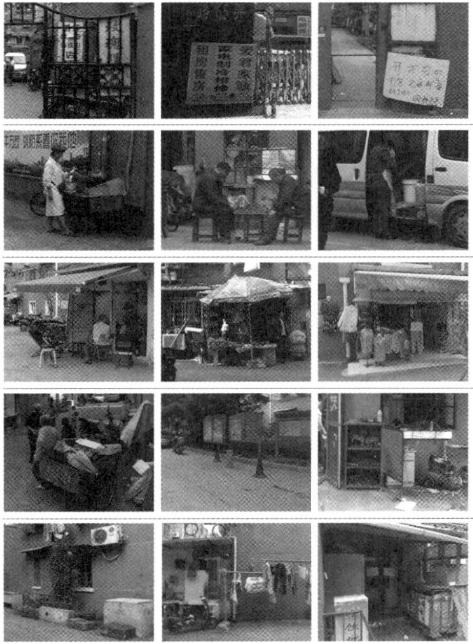
1. 招牌与符号
2. 身体与行为
3. 暂时性（或可伸缩）物件
4. 长时间摆放的物件
5. 固定的物件

图51 外部空间的取用方式分类

在这里，公共和私人是相互依靠的关系，公共和私人之间的界线不是一种简单粗暴的分割，而是具有整合力的分隔。在理想的情况中，这种公共化应是一种持续的进程，其终点难以预料，但彻底向城市开放或者返回一个自闭的小区，都不是理想的结果。

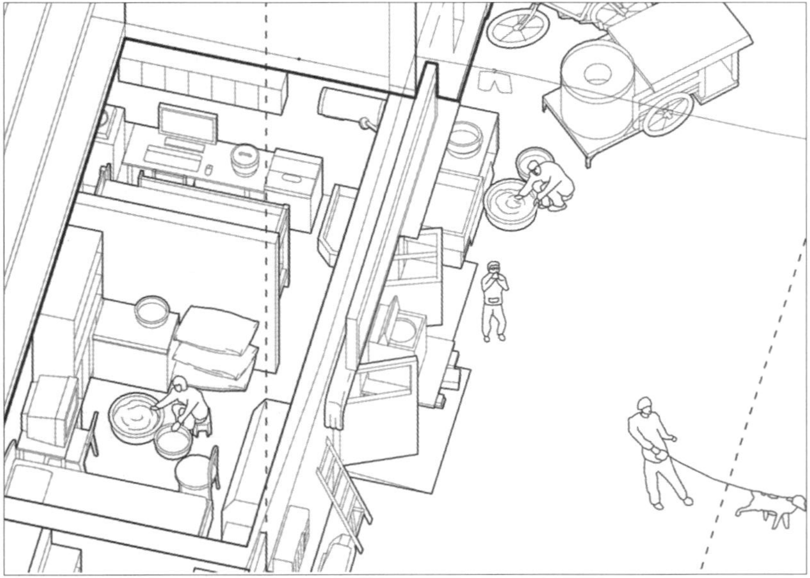

图46 梅干菜饼作坊

图47 理发店与家

图48 实景：梅干菜饼作坊

图49 实景1：理发店与家

图50 实景2：理发店与家

（4）梅干菜饼作坊

尹大哥和钟大姐租的20m²的房子既是他们家，也是梅干菜饼作坊。室内被分隔成两部分，面积大的一边是夫妇俩就寝、起居、揉面、烤饼、储藏原料的地方，面积小的一边是小强睡觉、玩电脑和一家人洗澡、洗衣的地方，使用方式非常复合。家门口的水池用来清洗梅干菜，旧洗衣机用来甩干，烤饼的手推车则停在一旁（图46、图48）。

（5）理发室与家

熊大哥的理发店同时也是他和艾小姐居住的地方。挂着镜子的隔墙背后就是两人的床，床与营业空间之间没有隔断或者过渡。除了10m²主空间以外，靠外侧还有一个6m²的二次加建，也被分成两部分。朝室内床的方向开门的一小间是浴室，朝户外开门的另一间是厨房（图47、图49、图50）。

图44 实景：八卦麻将室

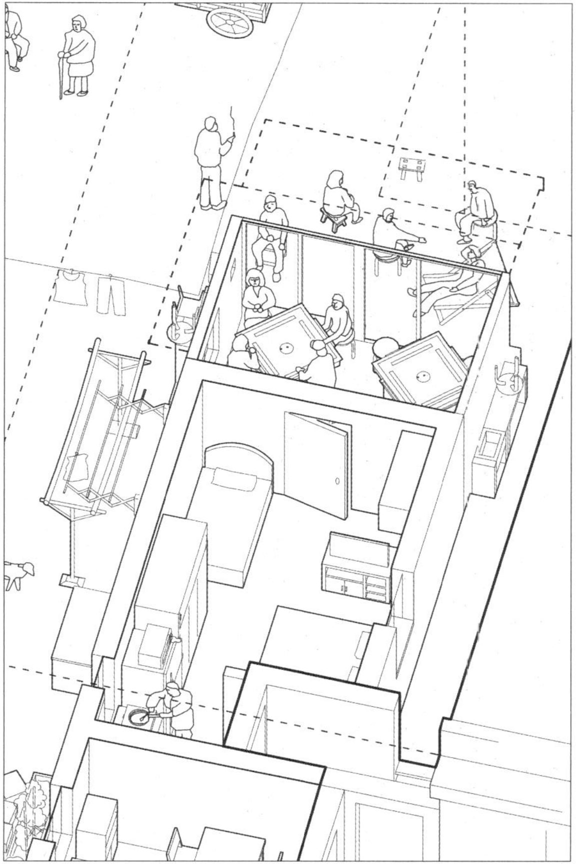

图45 八卦麻将室

来沪时间：2年
在附近初中读书
月收入：0
居室面积：21㎡（3人）

田林二村老住民
工作：国企员工
月收入：4000~5000
居室面积：21㎡（3人）

1
熊师傅
--艾小姐丈夫
年龄：28
籍贯：安徽
来沪时间：4年
工作：理发
月收入：3000~4000
居室面积：7㎡（2人）

2
艾小姐
--熊师傅妻子
年龄：24
籍贯：安徽
来沪时间：4年
工作：无稳定工作
月收入：不详
居室面积：7㎡（2人）

3
左大伯
--乔师傅朋友
年龄：62
籍贯：上海
田林二村老住民
工作：退休工人
月收入：3000~4000
居室面积：17㎡（2人）

4
乔师傅
--左大伯朋友
年龄：59
籍贯：江苏
来沪时间：8年
工作：上门清洁
月收入：6000~7000
居室面积：17㎡（2人）

5
尹大哥
--钟大姐丈夫
年龄：37
籍贯：安徽
来沪时间：3年
工作：制、售梅干菜饼
月收入：5000~6000
居室面积：21㎡（3人）

6
钟大姐
--尹大哥妻子
年龄：31
籍贯：安徽
来沪时间：3年
工作：制作梅干菜饼
月收入：计入尹大哥
居室面积：21㎡（3人）

领域公共性分析

加建（搁置）物类型分析

图43 内主街

12
马爷爷
--马大叔父亲
年龄：71
籍贯：上海
田林二村老住民
工作：退休工人
月收入：3000~4000
居室面积：17+8㎡（4人）

13
马大叔
--马爷爷儿子
年龄：42
籍贯：上海
田林二村老住民
工作：麻将铺老板
月收入：4000~5000
居室面积：17+8㎡（4人）

14
萧大叔
--马大叔邻居
年龄：45
籍贯：上海
田林二村老住民
工作：自由职业
月收入：4000~5000
居室面积：19㎡（2人）

15
小马
--马大叔儿子
年龄：16
籍贯：上海
田林二村老住民
附近高中念书
月收入：0
居室面积：17+8㎡（4人）

16
蔡小姐
--
年龄：27
籍贯：安徽
来沪时间：2年
工作：家庭主妇
月收入：0
居室面积：18㎡（2人）

17
宋大姐
--
年龄：33
籍贯：东北
来沪时间：7年
工作：活鸡现杀
月收入：3000~4000
居室面积：18㎡（2人）

9
颜奶奶
--
年龄：75
籍贯：上海
田林二村住龄：3年
工作：退休
月收入：3000~4000
居室面积：20㎡（2人）

10
华阿姨
--韩大叔妻子
年龄：41
籍贯：四川
来沪时间：7年
工作：杂货店老板
月收入：6000~7000
居室面积：19㎡（2人）

11
韩大叔
--华阿姨丈夫
年龄：45
籍贯：四川
来沪时间：7年
工作：送货
月收入：2000~3000
居室面积：19㎡（2人）

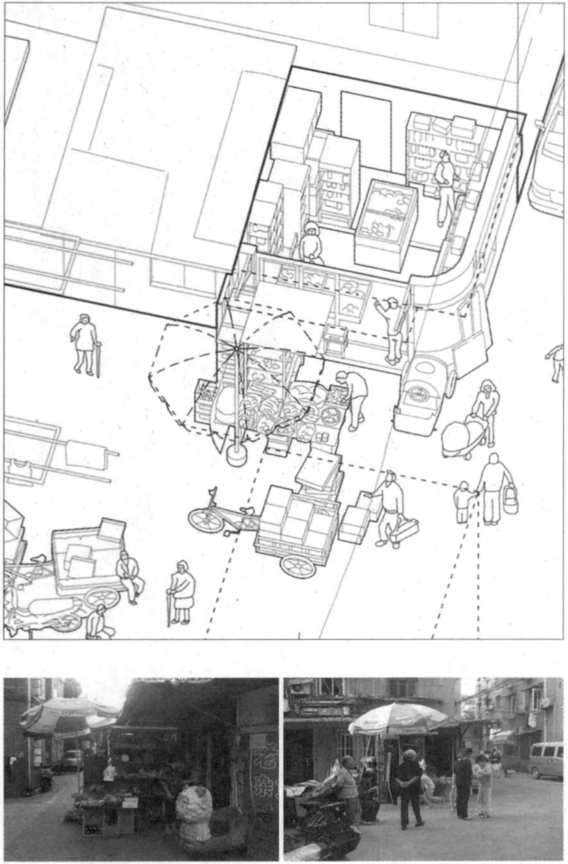

图41 伸缩杂货店

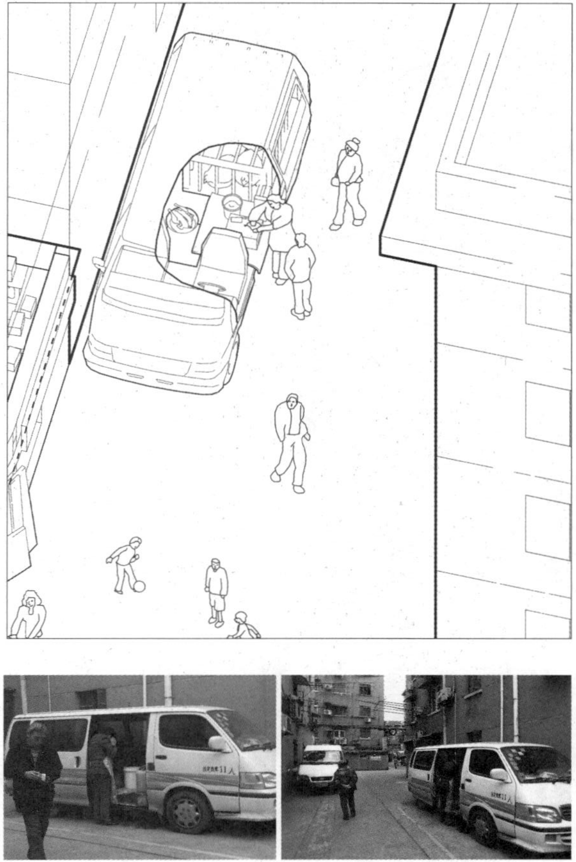

图42 活鸡现杀游击车

2.1.4 生活的舞台——内主街

像许多村镇一样，工人新村也有主街。在主街上，便民商业、休闲活动、生活起居等不同类型的行为交织在一起。这种纷繁、层叠的公共活动的景象源于四点：位置核心；交通便利；起居生活在压力下溢出；藏在小区内部，规制化的压力较小。这里犹如一个舞台，不同角色共同唱着一出戏。对于常住民而言，他们或利用这里从事生产、营生活动，或进行社交，或只是单纯地打发时光（图40、图44）。

（1）伸缩杂货店

小四川杂货店位于人气最旺的岔路口一角，室内面积约15m²，原有部分约20m²则依旧作为住宅，两者相互连通。类似于前店后宅模式。小店卖的东西很多，除了各种日用品外还有多种酒水果蔬。蔬菜摊的前面立起一把沙滩阳伞。这样在外面相应形成了两层空间，外面一层更加公共，路人无论买菜与否都可以在伞下停留；里面一层稍微私人一点，主要提供给挑菜的人（图41）。

（2）活鸡现杀游击车

宋大姐每周一个上午，会载着一筐乡下草鸡来田林二村定向销售。她的加长小面包车里的后座都已拆除，只留下前面两个位置。空出来的部分要放鸡笼和各种杀鸡、脱毛的工具。通常她把车靠边停在小四川杂货店的侧后方，人站在车外，面向车内操作（图42）。

（3）八卦麻将室

从平面看，马家是位于他们那栋楼端部折出来的一户，户型比较特殊，窗口正对着主路的一段，位置惹眼。马大叔

图40 内主街场景

下岗后就把加建的白色盒子改成了麻将室，后来又在盒子外面加了一个轻质雨棚。雨棚下面摆放各种凳子，还有一张躺椅，客人多的时候马大叔会坐在门口聊天（图44、图45）。

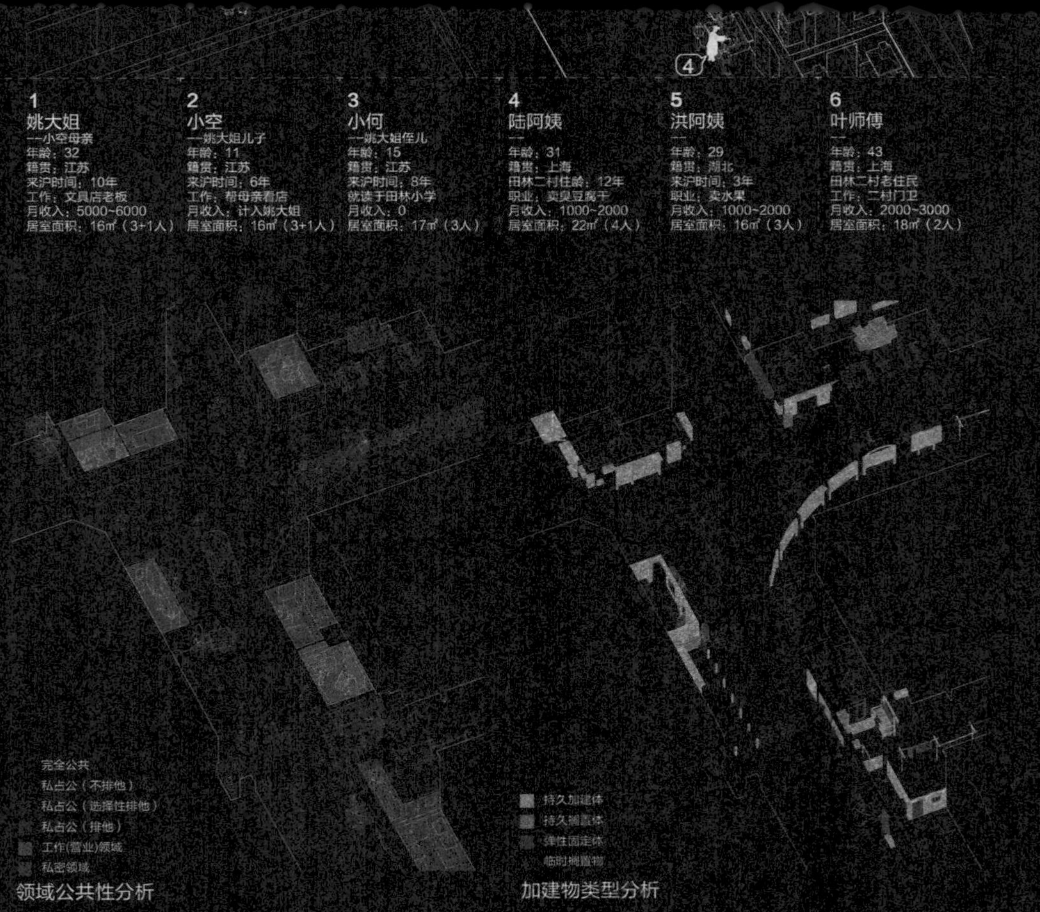
4
1
姚大姐
--小空母亲
年龄：32
籍贯：江苏
来沪时间：10年
工作：文具店老板
月收入：5000~6000
居室面积：16㎡（3+1人）
2
小空
--姚大姐儿子
年龄：11
籍贯：江苏
来沪时间：6年
工作：帮母亲看店
月收入：计入姚大姐
居室面积：16㎡（3+1人）
3
小何
--姚大姐侄儿
年龄：15
籍贯：江苏
来沪时间：8年
就读于田林小学
月收入：0
居室面积：17㎡（3人）
4
陆阿姨
--
年龄：31
籍贯：上海
田林二村住龄：12年
职业：卖臭豆腐干
月收入：1000~2000
居室面积：22㎡（4人）
5
洪阿姨
--
年龄：29
籍贯：湖北
来沪时间：3年
职业：卖水果
月收入：1000~2000
居室面积：16㎡（3人）
6
叶师傅
--
年龄：43
籍贯：上海
田林二村老住民
工作：二村门卫
月收入：2000~3000
居室面积：18㎡（2人）
完全公共
私占公（不排他）
私占公（选择性排他）
私占公（排他）
工作(营业)领域
私密领域
领域公共性分析
持久加建体
持久搁置体
弹性固定体
临时搁置物
加建物类型分析

图39 主入口

7
田阿姨
—
年龄：46
籍贯：上海
田林二村老住民
工作：二村协管志愿者
月收入：不详
居室面积：65㎡（2人）

8
夏阿姨
— 小彬母亲
年龄：36
籍贯：上海
田林二村住龄：21年
工作：看店、家庭主妇
月收入：3000~4000
居室面积：21㎡（3人）

9
小彬
—夏阿姨儿子
年龄：16
籍贯：上海
田林二村老住民
工作：电脑维修
月收入：计入夏阿姨
居室面积：21㎡（3人）

10
丁先生
—
年龄：31
籍贯：湖北
来沪时间：3年
工作：房产中介
月收入：5000~6000
居室面积：40㎡（2人）

11
邓大哥
—
年龄：33
籍贯：安徽
来沪时间：4年
工作：旧家电回收
月收入：2000~3000
居室面积：16㎡（2人）

12
梅先生
—
年龄：30
籍贯：上海
田林二村老住民
工作：个体户
月收入：4000~5000
居室面积：19㎡（3人）

组图36（自上而下）实景：墙后的文具店

组图37（自上而下）主入口外的流动摊贩

组图38（自上而下）电脑维修店

2.1.3 规制的外套——主入口

主入口人流密集，田林二村作为一个小区在管理上似乎要保有一定的“脸面”，假装设防的入口宣告着边界的完整性，正儿八经的读报亭、宣传栏占用了显眼的位置却少有人驻足。这里便利的位置和廉价的租金吸引了很多小商业，他们在规制化的约束下另辟蹊径做着自己的生意（图38）。

（1）墙后的文具店

姚大姐的文具店位于一个敏感位置——田林小学正对面，二村的围墙内。墙外属于学校门口的公共空间，墙内则是田林二村的地域，只留一扇小门进出。文具店的入口被设在了围墙里面，只留墙上的一些广告和玻璃橱窗来吸引顾客。进入文具店必须先钻过门洞，并绕过门后一根L形的铁杠。通过这种迂回的方式，文具店扩大了面积，又不引人注目（图35、组图36）。

（2）流动商贩的温馨港

二村和小学之间的这条小路是流动商贩的避风港。这个空间为一些流摊贩提供了躲藏的便利。卖臭豆腐的陆阿姨多数时候把三轮停靠在近田林路的位置，放学的时候则往里挪一点，离小学门口近一些。二村居委会禁止小商贩进入，所以临近放学、下班，他们不得不退出大门外（组图37）。

（3）旁敲侧击的电脑维修店

夏阿姨家正对着大门，但正面让位给了社区的读报窗口。他们设置了尽可能大且多的广告牌以招徕生意。整个L形的家被分割成三部分：辅助空间（洗澡、储藏、蒸饭）、经营空间和卧室。经营空间又被两张长桌子分割，只有一小块玄关供顾客停留（组图38）。

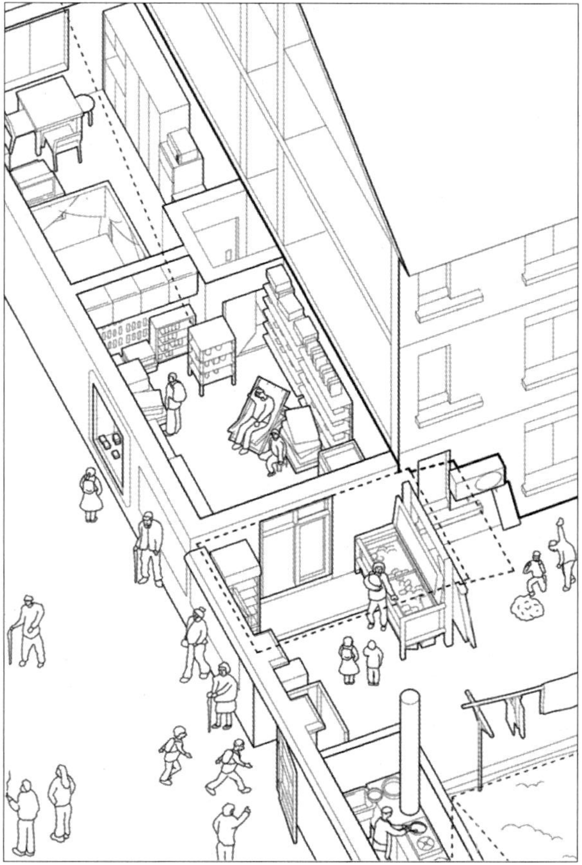
图35 墙后的文具店

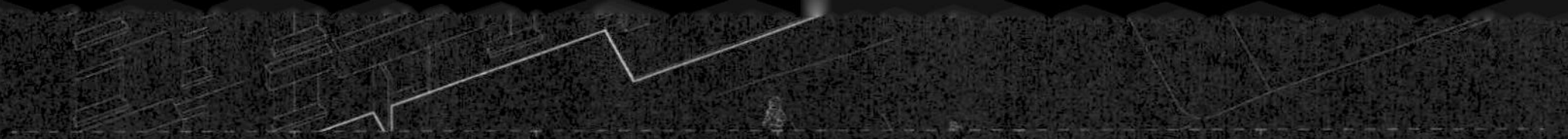

1
曲大哥
——林大姐丈夫
年龄：34
籍贯：安徽
来沪时间：8年
工作：看车库、修自行车
月收入：3000~4000
居室面积：4.5m²（4人）

2
林大姐
——曲大哥妻子
年龄：31
籍贯：安徽
来沪时间：8年
工作：家务、看车库
月收入：计入曲大哥
居室面积：4.5m²（4人）

3
小宝
——曲大哥夫妇小女儿
年龄：9
籍贯：安徽
来沪时间：8年
就读于田林小学
月收入：0
居室面积：4.5m²（4人）

4
妮妮
——曲大哥夫妇大女儿
年龄：11
籍贯：安徽
住在田林新村：8年
就读于田林小学
月收入：0
居室面积：4.5m²（4人）

5
庄阿姨
——沈小姐亲戚
年龄：33
籍贯：安徽
来沪时间：6年
工作：裁缝店老板
月收入：5000~6000
居室面积：22m²（2人）

6
沈小姐
——庄阿姨亲戚
年龄：23
籍贯：安徽
来沪时间：4年
工作：裁缝店员工
月收入：2000~3000
居室面积：18m²（2人）

完全公共
私占公（不排他）
私占公（选择性排他）
私占公（排他）
工作(营业)领域
私密领域

领域公共性分析

持久加建体
持久搁置体
弹性固定体
临时搁置物

加建物类型分析

图34 次入口

7
文大伯
--江阿姨丈夫
年龄：62
籍贯：上海
田林二村老住民
工作：退休工人
月收入：2000~3000
居室面积：17+4㎡（2人）

8
李阿姨
--文大伯妻子
年龄：60
籍贯：上海
田林二村老住民
工作：退休工人
月收入：2000~3000
居室面积：17+4㎡（2人）

9
芳芳
--文大伯夫妇孙女
年龄：8
籍贯：上海
随父母住在附近小区
就读于田林小学
月收入：0
居室面积：65㎡（3人）

10
徐大叔
--文大伯亲戚
年龄：53
籍贯：上海
住在附近小区
工作：下岗工人
月收入：2000~3000
居室面积：35㎡（4人）

11
赵师傅
--
年龄：32
籍贯：苏北
来沪时间：不详
工作：送饮用水
月收入：3000~4000
居室面积：18㎡（2人）

12
江奶奶
--
年龄：63
籍贯：上海
住在田林三村
工作：看服装店（中老年）
月收入：3000~4000
居室面积：45㎡（2人）

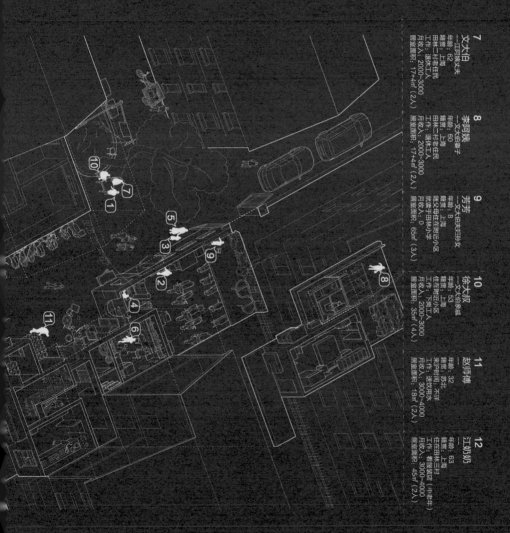

图28 车库与家

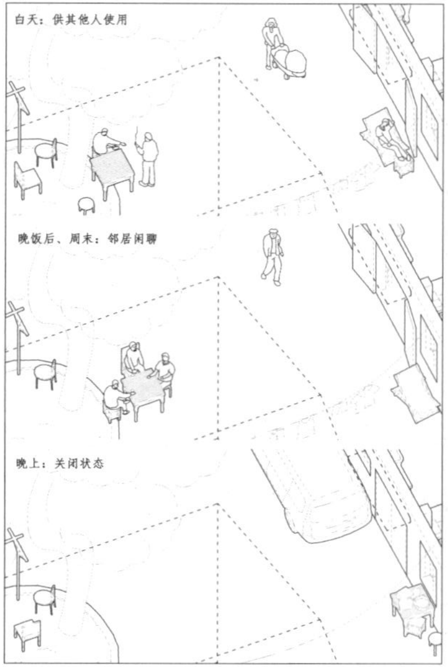

图29 公共客厅的三种状态

图30 露天公共客厅

图31 实景1：车库与家

图32 实景2：车库与家

图33 邻里合作

2.1.2 偏安一隅——次入口

次入口远离社区的中心，城市冗余的商业价值向内渗透，社区的基础服务在此落脚，壁垒与界限在合作中消解。次入口的空间实践是四个维度的叠合——城市的、社区的、邻里的、小家庭的，它们掺杂在一起，很难分割。次入口和外部的联系非常紧密，田林路的小商业活动非常繁忙。这些新增的内外互动并不会增加安全隐患，这里的车库看守同时扮演着社区看门人的角色。对社区居民来说，他们得以享受低成本的社区服务。这里是居民散步、社交路线上的一个重要节点（图27、图34）。

（1）车库与家

作为车库看守，曲大哥拥有一个约4m²的小门房室。门开向车库，家具简单，一张双层床、一张桌子和一台二手电脑（图28、图31、图32）。晚上曲大哥和林大姐挤下铺，两个女儿挤上铺；白天，女儿们有时会在里面玩电脑或者做作业，林大姐和曲大哥多数时候都待在户外。

（2）露天公共客厅

曲大哥一天多数时候都待在户外，车库门口就是他的客厅，那张老方桌的摆放暗示着客厅的状态。当方桌放在香樟树下时，四面都可以坐人，是会客的状态。当方桌两只腿被搁在花坛内，两只腿在外面的时候，意味着此时通道经常有人车来往，这个时候客厅被迫完全“打开”，社区里跟曲大哥一家熟一点的人都可以使用。当方桌紧靠卧室外墙的时候，客厅呈关闭状（图29、图30）。

图27 次入口界面

（3）邻里合作

这里的邻居之间有非常良性的合作关系。经营修车铺的曲大哥和庄阿姨合租了一间一室户，靠近车库的一大半（约12m²）作为庄阿姨的裁缝店，靠近走道的一小半（约5m²）作为自行车配件库和曲大哥私人的休息场所。曲大哥与文大伯更是一种互相利用的“共生”关系：曲大哥卧室上面加建的蓝色小盒子就是文大伯家的杂物间和浴室，车库宽阔的屋顶有一部分更是成了文大伯家的私人花园（图33）。

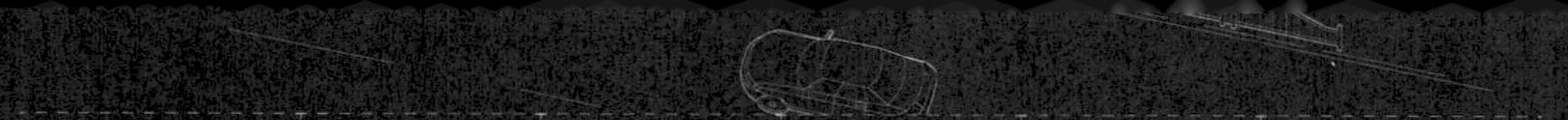

1
沈阿姨
——钱阿姨亲戚
年龄：34
籍贯：安徽
来沪时间：9年
工作：房产中介
月收入：6000~7000
居室面积：17㎡（3人）

2
钱阿姨
——沈阿姨亲戚
年龄：32
籍贯：安徽
来沪时间：7年
工作：退休工人
月收入：2000~3000
居室面积：17+4㎡（2人）

3
小源
——沈阿姨儿子
年龄：11
籍贯：安徽
来沪时间：7年
就读于田林小学
月收入：0
居室面积：17㎡（3人）

4
小启
——钱阿姨儿子
年龄：9
籍贯：安徽
来沪时间：7年
就读于田林小学
月收入：0
居室面积：17㎡（4人）

5
佳佳
——小源表妹
年龄：10
籍贯：安徽
来沪时间：7年
就读于田林小学
月收入：0
居室面积：19㎡（3人）

6
岳阿姨
——
年龄：42；
籍贯：上海
住在田林十村
工作：纺织品店老板
月收入：9000~10000
居室面积：55㎡（2人）

领域公共性分析

加建物类型分析

图25 沿街楼

7
薛小姐
——
年龄：29
籍贯：四川
来沪时间：2年
工作：美甲店员工
月收入：3000~4000
居室面积：30㎡（2人）

8
曹阿姨
——美甲店顾客
年龄：35
籍贯：上海
住在附近小区
工作：私企办公人员
月收入：4000~5000
居室面积：45㎡（3人）

9
超超
——曹阿姨儿子
年龄：10
籍贯：上海
住在附近小区
就读于田林小学
月收入：0
居室面积：45㎡（4人）

10
阿诚
——阿宽的朋友
年龄：26
籍贯：安徽
来沪时间：5年
工作：线上洗衣店老板
月收入：2000~3000
居室面积：16㎡（2人）

11
阿宽
——阿诚的朋友
年龄：25
籍贯：安徽
来沪时间：1年
工作：线上洗衣店学徒
月收入：1000~2000
居室面积：16㎡（2人）

12
邹小姐
——
年龄：28
籍贯：江西
来沪时间：6年
工作：饰品店老板
月收入：>10000
居室面积：50㎡（2人）

13
杜大叔
——
年龄：31
籍贯：河南
来沪时间：8年
工作：收废品
月收入：1500
居室面积：16㎡（2人）

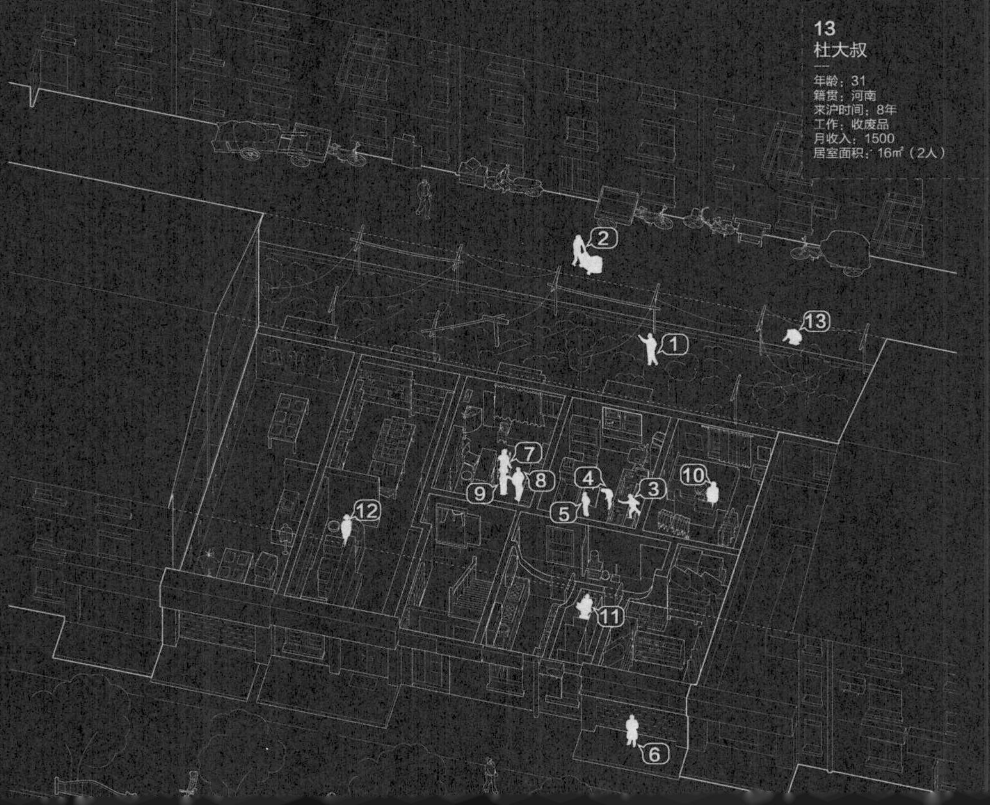

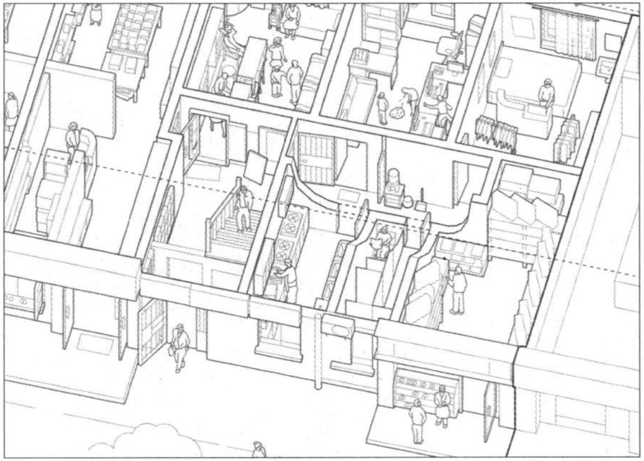

图24 内廊店铺

图25 “杂乱”的后院

2.1.1 商住之间——沿街楼

作为社区边界的一部分，沿街楼既游离于社区之外，又向楼内渗透着街道的商业需求。在与市容管理方的博弈中，沿街楼重塑了原有的格局，孕育出一些特殊的亦商亦住的空间（图23、图26）。内外两种店面之间的差异很大，外廊店面已经基本规范化，而内廊的店面依旧带着住宅的私人性，形成独特的业态。

（1）沿街商铺

田林二村沿街是两栋建于20世纪60年代初的三层楼房。如今，底层沿街的住宅都已被改成商铺，有家居用品店、服装店、小吃店等。有的门口铺着廉价瓷砖，两根垂直的广告牌作为柱子撑起一块顶部的广告牌，有门廊的意味；有的还会增加一个可伸缩的尼龙雨棚。

（2）内廊店铺

内廊店面租金便宜，但不能见光，于是在入户大门附近的墙上做大广告，并在入户玄关和内廊上尽量多地设置广告牌，告诉行人自己的存在。因而入户大门在营业时间内都是不锁的，本来的私人—公共界限被打破了，陌生人可以随意进出楼内（图24）。

（3）“杂乱”的后院

后院包括一片花坛和边上的小路，夹在外街街楼和另一栋三层楼之间。这里领域的划分并不像地面材料那么明确，花坛靠内的部分归外街楼所有，各店主有权在各自后窗旁相应的地方晾晒衣物；而花坛靠外的部分归后面一栋楼的居民使用。花坛边的小路是活跃在这一带的废品回收者的据点。靠墙一侧有不少闲置的三轮车、手拉车，靠花坛一侧是待填满的三轮车（图25）。

图23 二村沿田林路的界面

2 取用、协作与共生

——田林二村共有空间的公共化

2.1 共有空间的公共化现象

部分居民以为社区提供基础服务和商业为生，他们的活动在社群关系和空间形态两个层面上提升了社区的公共性，促成了一种共生的状态。而这些非正规的活动既得益于共有空间的庇护，同时又消解了它原有的封闭性。

公共活动在社区内随处可见，我们在复杂而琐碎的环境中找到了四处具有代表性的场所，分别是次入口、沿街楼、主入口、内主街（图22）。它们各自拥有独特的物质空间形态、社会关系网，以及与外部环境的关系。这些具体而生动的场所普遍存在于上海各种老公房小区内。

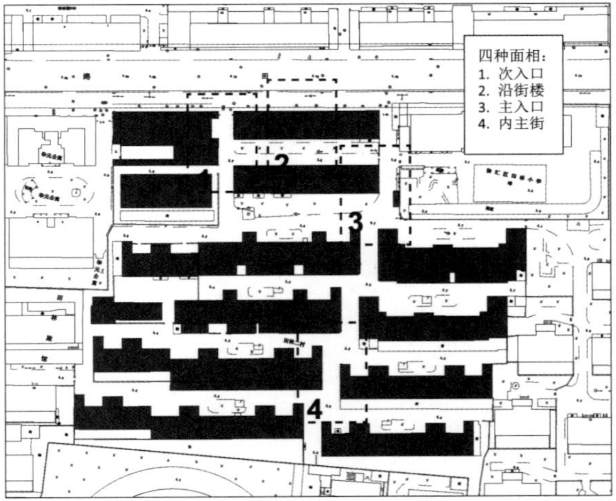

图22 田林二村共有空间的样本位置

1.4.5 “共享房间”里的互助系统

田林二村的宅间共有空间不只是承载着一些家庭生活的“溢出”，而且已经形成了一个坚实的内核。首先，各种公共空间承载了多样的使用方式，提供了丰富的功能。比如：家庭生活的辅助空间、邻里交往空间、公共休闲娱乐场所、公共绿化的补充、闲置物品的储存交换功能等。其次，在长期的运转和发展中，“共享房间”互相融合激发，活动更加丰富，人们的参与程度更高、防备心更少，从而产生了重要的次生品。如：信息的流通、人际关系的网络化、居民之间的支持和机会共享，等等。各种活动和交流在共有空间公开进行，只要有意愿，二村居民人人都可以参与。城市弱势的居民（低收入、老龄人口等）对于这个实体的“共享房间”的依赖，建立起一个对居民十分重要的“互助系统”，而这对他们的日常生活和工作发展都有裨益（图21）。

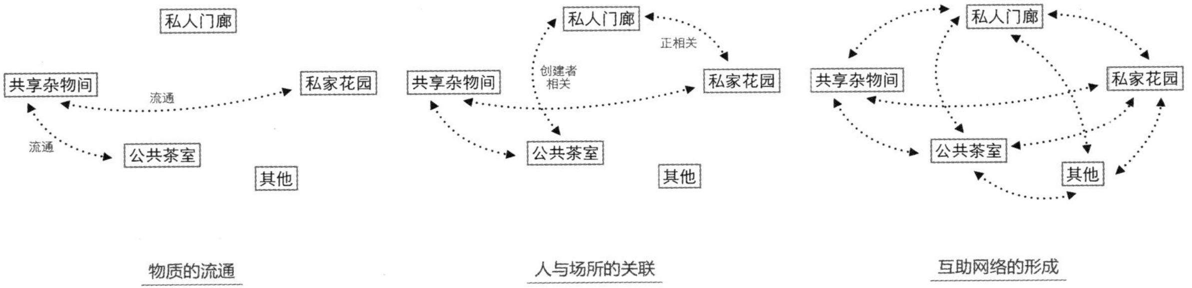

图21 互助网络的形成

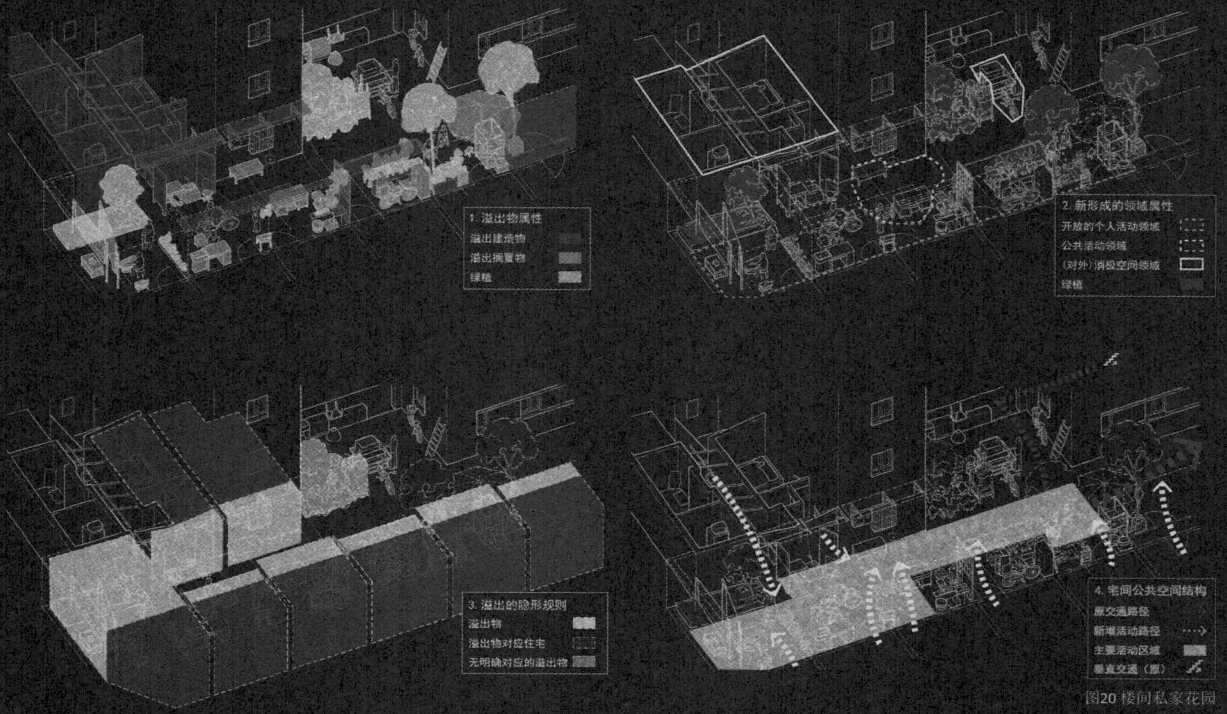
1. 溢出物属性
溢出建造物
溢出搁置物
绿植
2. 新形成的领域属性
开放的个人活动领域
公共活动领域
（对外）消极空间领域
绿植
3. 溢出的隐形规则
溢出物
溢出物对应住宅
无明确对应的溢出物
4. 宅间公共空间结构
原交通路径
新增活动路径
主要活动区域
垂直交通（原）

图20 楼间私家花园

xx

从 "溢出" 到 "共生"：田林新村共有空间研究

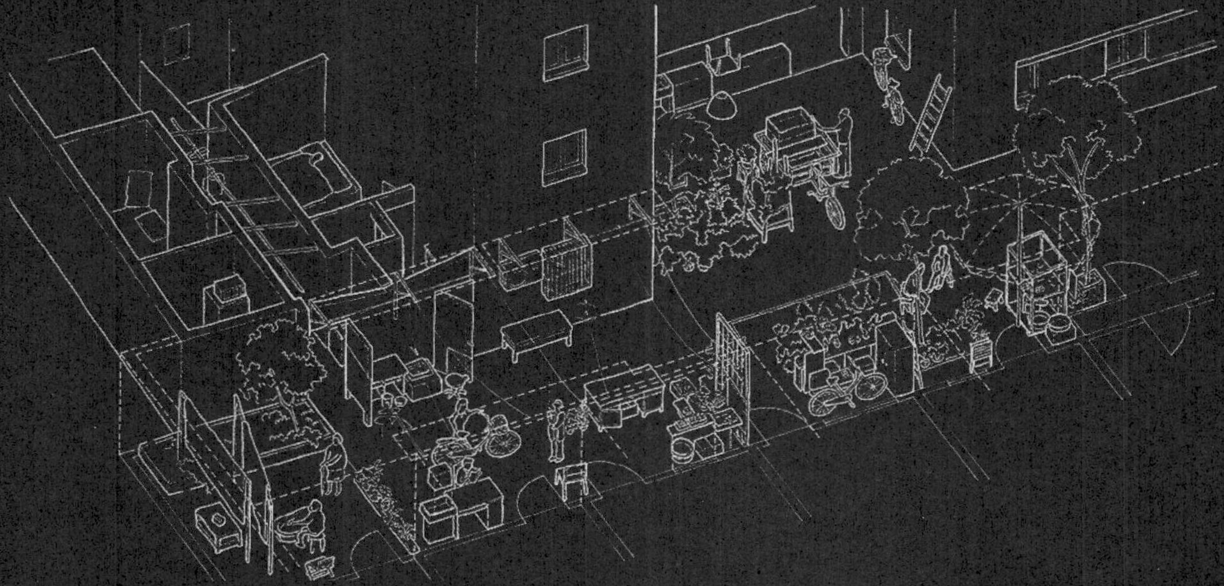

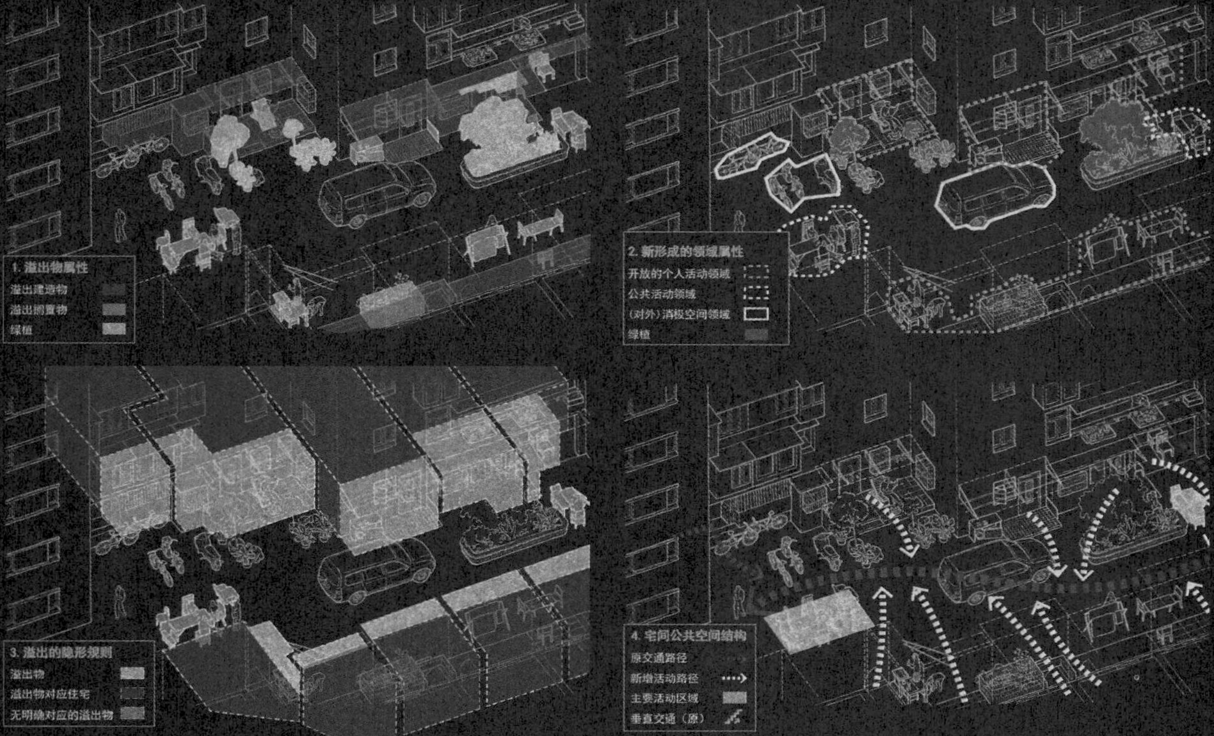
1. 溢出物属性
溢出建造物
溢出搁置物
绿植
2. 新形成的领域属性
开放的个人活动领域
公共活动领域
(对外)消极空间领域
绿植
3. 溢出的隐形规则
溢出物
溢出物对应住宅
无明确对应的溢出物
4. 宅间公共空间结构
原交通路径
新增活动路径
主要活动区域
垂直交通（原）

图19 楼间公共茶室

XVIII

从 "溢出" 到 "共生" ：田林新村共享空间研究

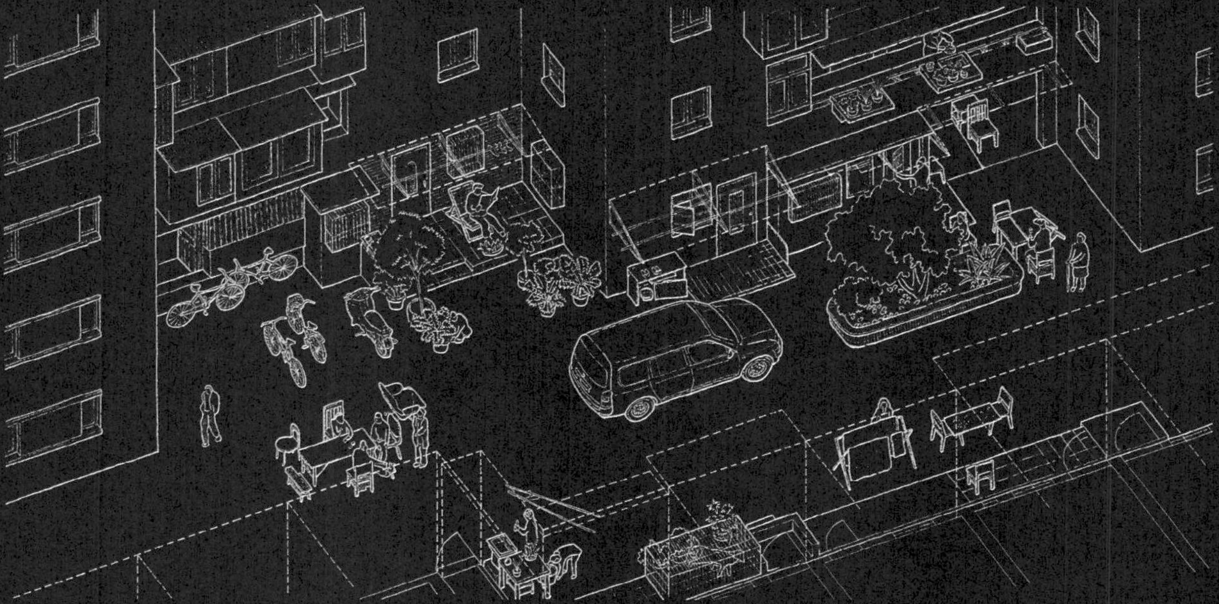

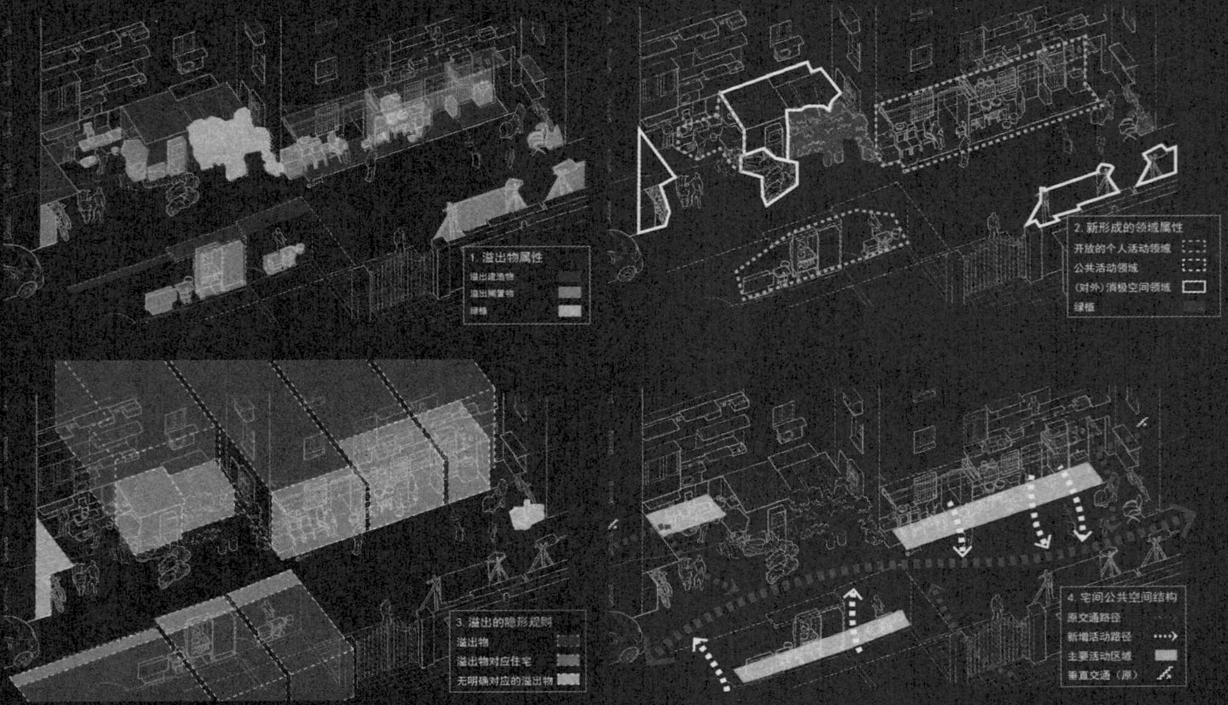
1. 溢出物属性
溢出建造物
溢出搁置物
绿植
2. 新形成的领域属性
开放的个人活动领域
公共活动领域
(对外)消极空间领域
绿植
3. 溢出的隐形规则
溢出物
溢出物对应住宅
无明确对应的溢出物
4. 宅间公共空间结构
原交通路径
新增活动路径
主要活动区域
垂直交通（原）

图18 楼间私人门廊

从"溢出"到"共生"：园林新村共育空间研究

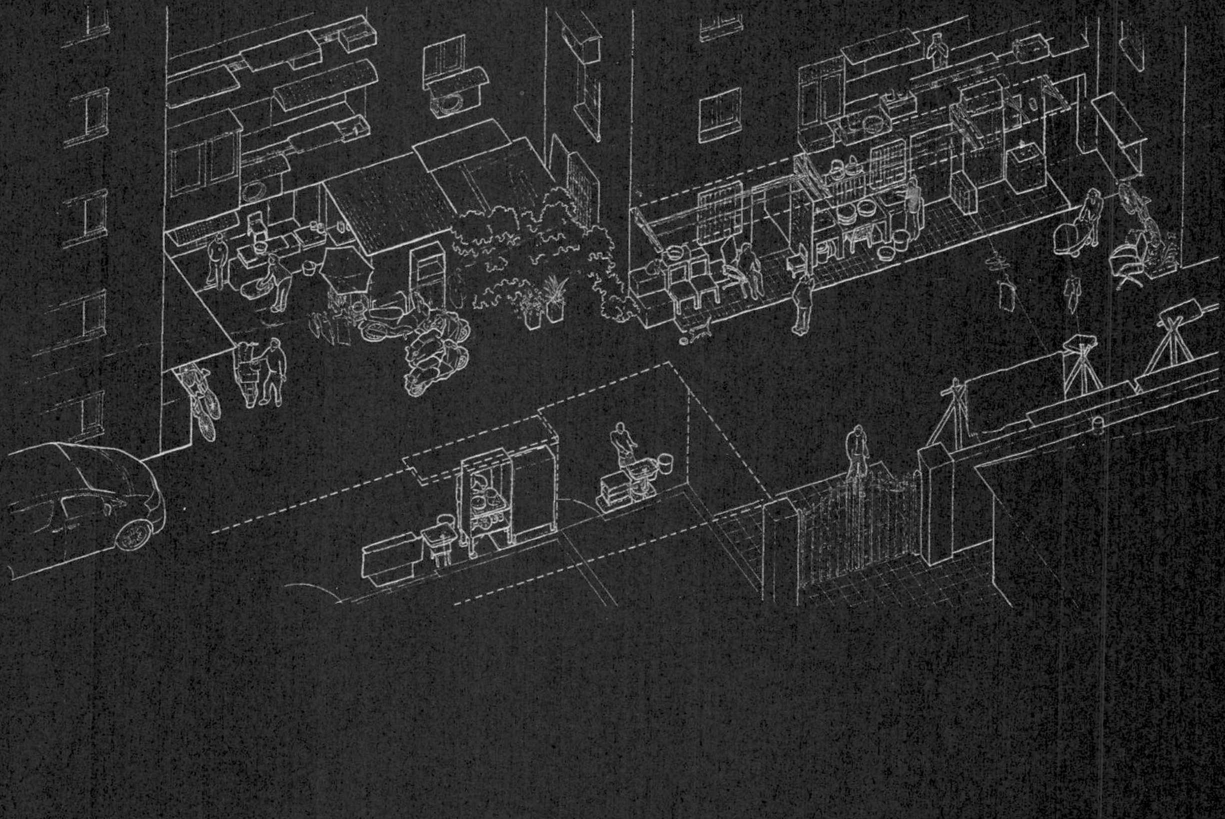

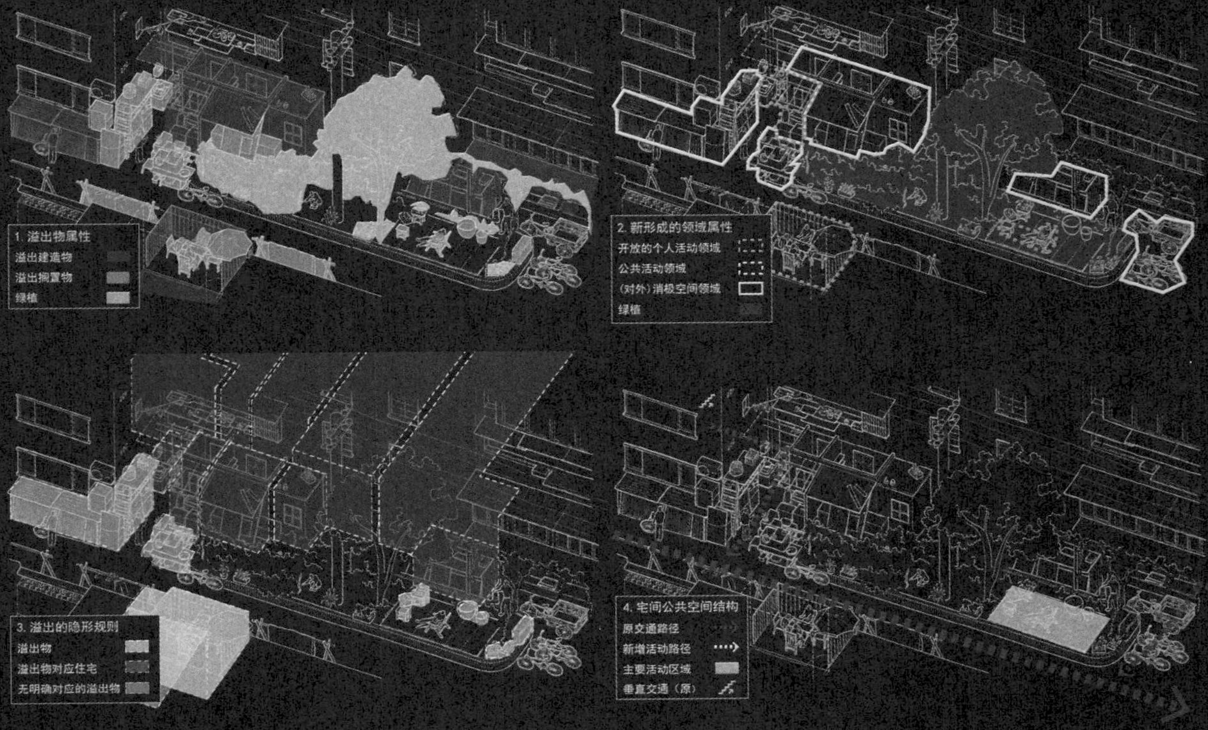
1. 溢出物属性
溢出建造物
溢出搁置物
绿植
2. 新形成的领域属性
开放的个人活动领域
公共活动领域
（对外）消极空间领域
绿植
3. 溢出的隐形规则
溢出物
溢出物对应住宅
无明确对应的溢出物
4. 宅间公共空间结构
原交通路径
新增活动路径
主要活动区域
垂直交通（原）

图17 楼间共享杂物间

从"溢出"到"共生": 田林新村社区空间研究。

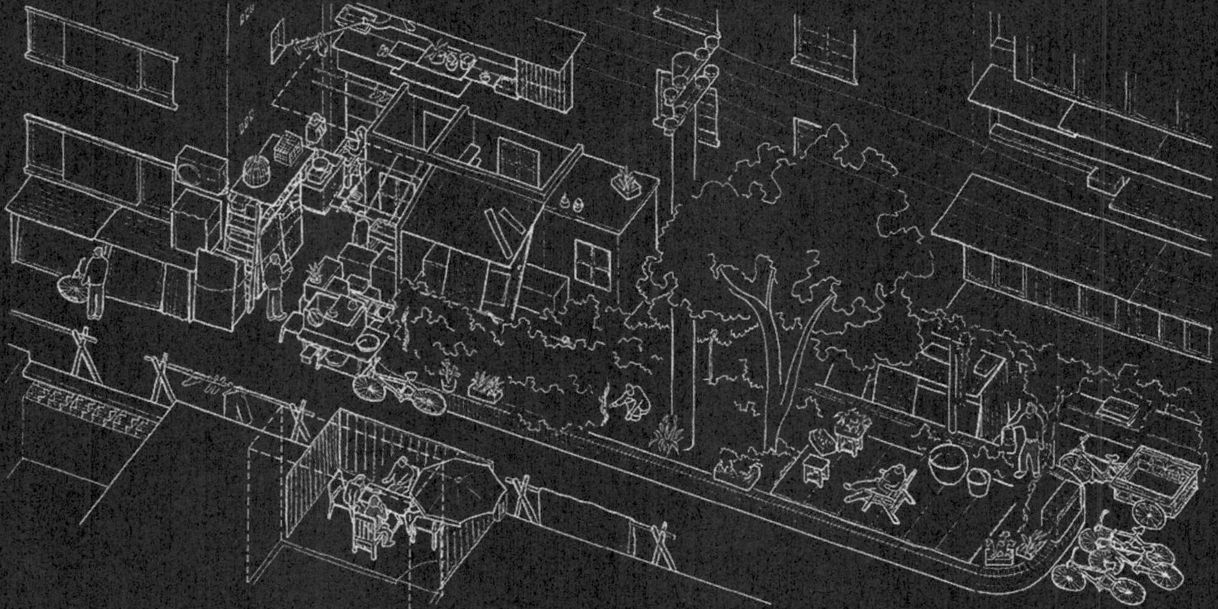

图13 实景：共享杂物间

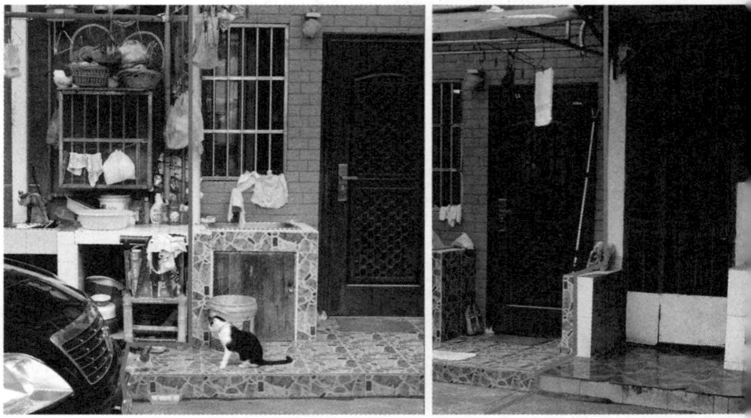

图14 实景：私人门廊

图15 实景：公共茶室

图16 实景：私家花园

1.4 外向发展——“共享房间”

1.4.1 共享杂物间

“杂物间”指长期堆放大量个人闲置物品的公共空间。

在形式秩序上，“盒子”外观相似，大都是以非耐久的各种二手材料拼贴而成，由于与住宅功能没有连接，位置比较灵活。杂物的摆放规则就是节省空间。不同种类的杂物层层堆叠，并以绳索紧紧系住，尽量为人的通行留出一条过道。在领域关系上，虽然没有明确的对应主体，但杂物间的闭合状态仍暗示这些“溢出盒子”是私人所有。而杂物的露天堆放则不一样，左邻右舍楼上楼下都可以将杂物放在这里，即使是住在一层的居民也不完全清楚这些杂物的所属。这些“杂物间”是各种环境改造的“原料库”和“百宝箱”（图13、图 17）。

1.4.2 私人门廊

许多一层居民将住宅对应的外廊空间纳入家中，直接将户门开向室外，还在户门外建起“门廊”，形成了传统街道一般的交往氛围。

在形式秩序上，“门廊”是一种比较特殊的溢出盒子，它与住宅室内空间直接相连，同时完全向公共空间打开，是一处半公半私的过渡场所。“门廊”盒子的组成通常包括轻质雨棚、石材铺面的宽约1.5米的台阶，以及置于台阶上的水槽等，多用于休闲和家务。在领域关系上，“门廊”彼此之间界限十分清晰，大多以不同材料、不同台阶高度和放置的物品区分开，少数甚至砌筑了“界墙”。这些开放的“门廊”盒子并不明确拒绝他人，可以接纳下雨时避雨或小孩子的嬉戏，等等，“只要不要把我们东西弄坏了，想待会没所谓的”，甚至一些门廊还摆放了座椅，暗示此处可以是数人小聚休闲的场所。这些“门廊”不仅可以支持家庭生活功能，也鼓励了公共交往（图14、图18）。

1.4.3 公共茶室

“公共茶室”指由居民自发组建和维护的稳定开放的休闲场所。通过在公共空间放置桌椅，且不限制他人的使用来构成这种场所，在田林二村中仅有三四处。

在形式秩序上，“茶室”的特别之处在于，它完全由易于移动的溢出搁置物——一些弃置的私家桌椅组成。这些桌椅各式各样，有舒适的旋转“老板椅”，也有从杂物堆里翻出来修补而成的“补丁凳”。“茶室”不从属于任何特定居民，也没有特定用途。多样的使用使“茶室”的位置和形态常常变化（图15、图19）。

1.4.4 私家花园

居民在宅前屋后放置大量盆花草木，少数几家甚至自己砌筑花坛栽种树木，把部分共有空间变成了自己的“私家花园”。前院的植物盆栽通常都有委婉界定半私人空间范围的功能，同时“花园”还有另外一个隐含的功能——“有些人到处乱停车，又脏又吵，这样他们就不能停这里了”。虽然“私家花园”与住宅对应关系非常明确，但多个花园的集中出现，模糊了花园与花园之间的界限，创造出一个连续的、舒适的、丰富的外部空间（图16、图20）。

1.3.4 居住的逻辑

去除不影响家庭正常运转的空间之后，住宅的核心就出现了；当居住空间被压缩到一定程度时，居住行为与空间的逻辑关系被迫直白显现。在三个家庭状况各异的20m²左右的住宅居室案例里，一些田林二村居室特有的领域行为的关联反复出现，譬如：外窗和用餐位置的关系，反映了家庭对共同进餐的重视；即使拥有了电脑等娱乐方式，对中老年人来说，电视仍然具有不可代替的地位。相对的，一些出现在奇怪位置的物件，如：玫瑰理发店镜子上方的父母遗像，王婆婆家没有椅子的餐桌，等等，则是各个家庭特殊历史和现实状况的表达。

作为比较，图12是当时相同房型的设计师草图，从中可以看出传统功能主义的思考和安排。但在真实的使用中没有任何人家是这样进行生活布局的。

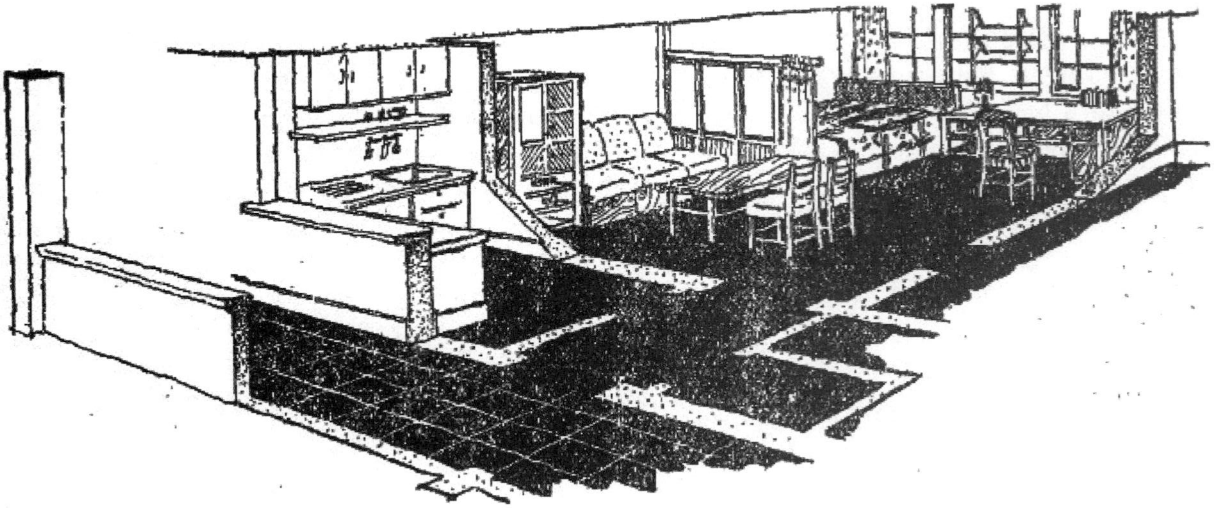

图12 相同房型设计师手稿

1.3.3 迷宫深处的住宅

二村住区东半部分最深处的511栋16号楼与围墙有一小段距离，这段围墙向南延伸向外凸出一个小角。有人在此搭了几间屋子出租，并给这聚居区加了扇外门。进入这扇门，穿过昏暗的通道，路径两侧是树木花草，间或堆着些杂物，停几辆助动车，这条路径只通向16号楼101室前院，这间“迷宫深处的住宅”，便是独居的王婆婆家了。

1966年3月，田林二村刚建好不久，王婆婆和丈夫的工作单位——国营玉石雕刻厂分配了这套住宅给他们。时年29岁的王婆婆已有一儿一女，四人都睡在主居室里，而房屋前院还没有隔断，小孩子们最喜欢在院里跑来跑去呼朋引伴。到了1980年代，儿女都长大了，王婆婆家便在前院搭了子女卧室。因为这角落处的优势，加建房间较大，稍微隔断可供子女分开住，中间还能保留一个内院。1990年代女儿离家上学，儿子结婚了，加建房间便做了几年婚房。1994年时已有其他住户在楼栋东面搭了小屋出租赚点小钱，王婆婆一家也在屋边搭了偏房，向内院开门，廉价出租。儿子一家搬走后，前院房间改成厕浴，而住宅套内建筑实体至今没有大改动（图9、图11）。

图10 实景：24小时的家

图11 实景：迷宫深处的住宅

IX

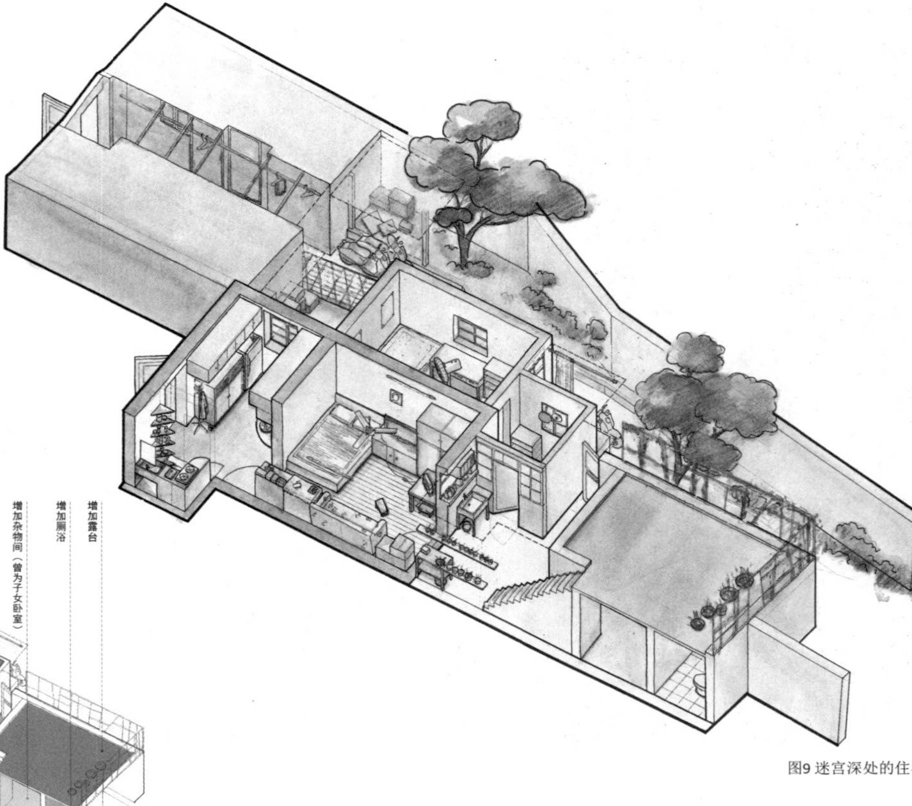

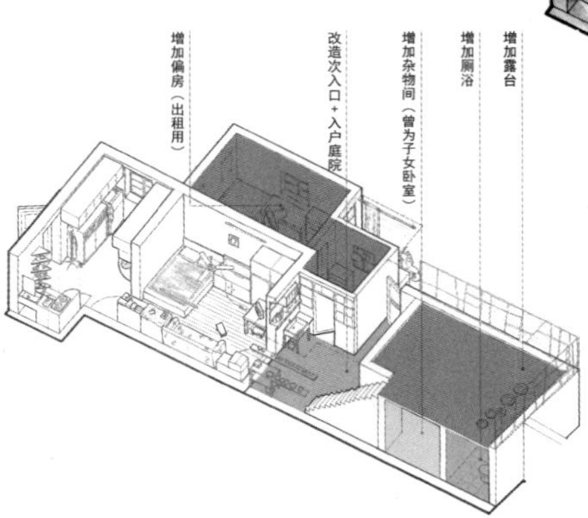

图9 迷宫深处的住宅

VIII

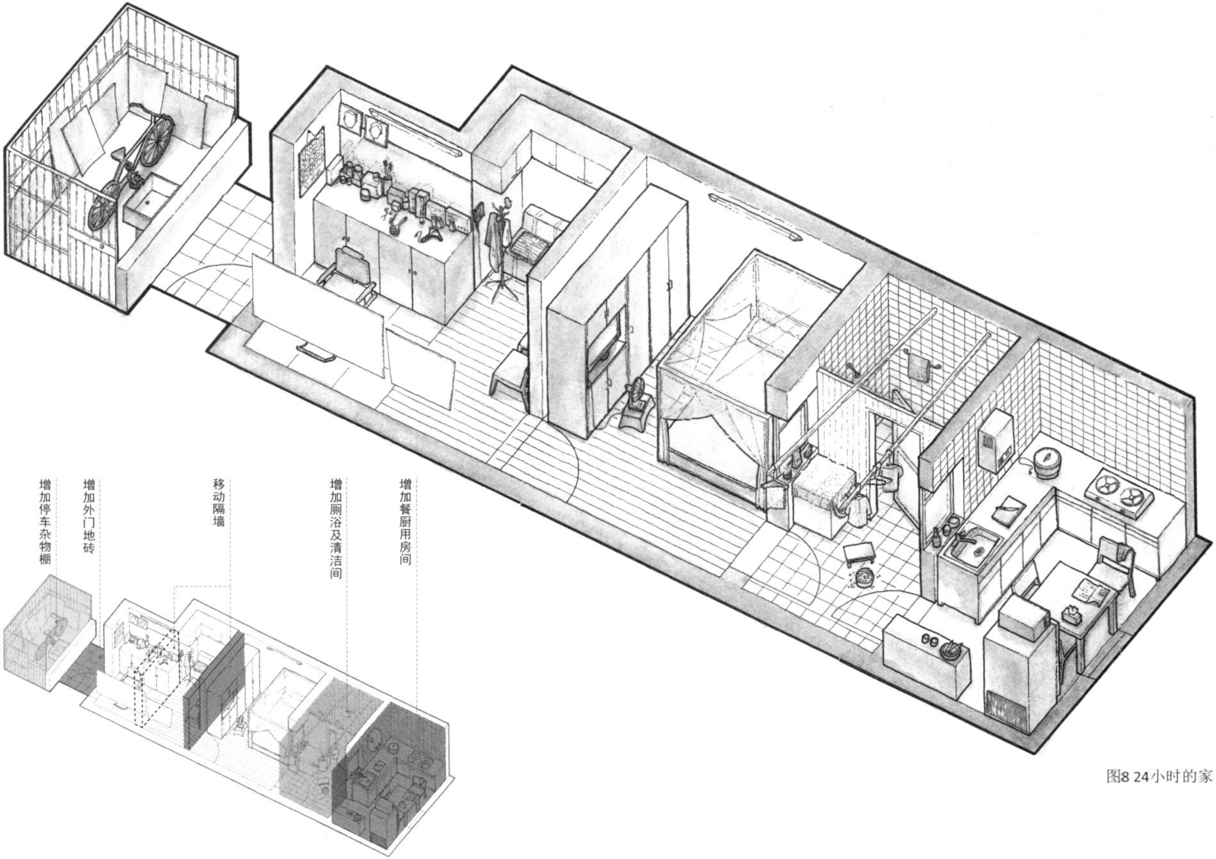

图8 24小时的家

VII

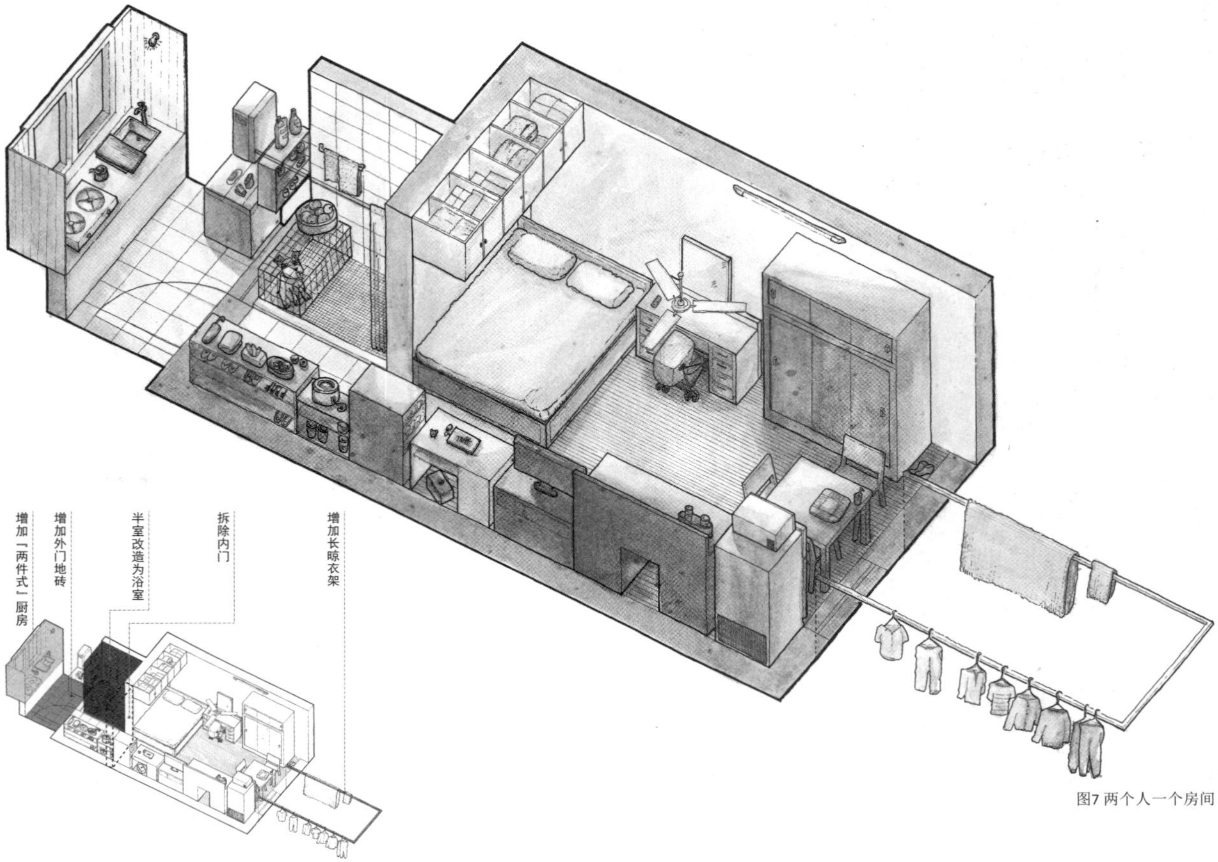

图7 两个人一个房间

1.3 内向发展——个人居室（图6）

1.3.1 两个人一个房间

张伯伯二十多岁时在国营胶化厂工作，婚后厂里分了田林二村512栋21号楼某房间给夫妻二人居住，到2014年，张伯伯夫妇已经在这个小屋里住了近四十载。20世纪90年代以前家里没有什么改动，主居室置一大一小两张床分别供夫妇和儿子睡觉，洗澡去附近的浴室，做饭的煤炉子放在外廊里，锅碗瓢盆等放在小室。后来小区里改建增多了，做饭设备都改成了煤气炉，张伯伯便“随波逐流”花了两千元给家里装了个“两件式”简易厨房。此外，还给主居室铺上了木地板，给厨房部分的外廊和浴室空间铺地板砖。

五年前儿子结婚搬走，张伯伯把家里重新布置整理，拆掉了房间唯一一扇内门，整个家可以说只有一个房间了，只在半室的一侧稍微隔开用作浴室。后来儿子儿媳又在同单元的五楼买了房子住下，小夫妻都要工作，孙子还很小，于是张伯伯的妻子常常到楼上去帮忙照顾小孙子，做点简单家务。三代五口人的晚餐都在窗前的小方桌上解决（图7）。

1.3.2 24小时的家

田林路二村边门旁挂一块“玫瑰理发店”招牌，指向506栋3号楼104室，这是梁师傅和柳阿姨夫妇的家和理发店。2003年，梁柳夫妇因原住宅拆迁由政府安置于二村居住，当时他们的儿子也同住于此。儿子房间由前院加盖屋顶搭建，并在与主居室之间的天井上搭了阳光板，其中

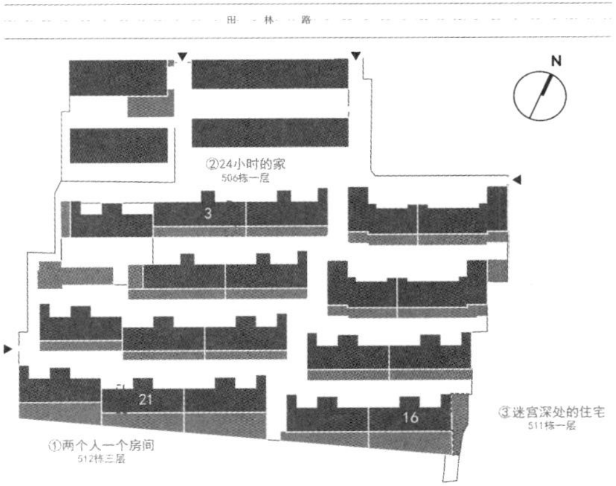

图6 个人居室案例分布

一半作如厕和淋浴之用，主居室靠前院部分为进餐空间。

之后儿子成家搬走，梁师傅退休，夫妇二人便重整了居室的布局。将厨房改至原儿子卧室，而把原厨房与主居室之间墙体内移，扩大后的半室成了自家的“玫瑰理发店”。此后，梁师傅平日在理发店干活，二村里的人常光临这家小小的理发店。外廊前停车杂物棚是近年加建的，但是因为“上面管得严”，只用了些铁门、木板敷衍而成。

如今，梁师傅大部分时间都在住宅内活动，有客人时便工作，没人的时候就靠在理发店小沙发上打盹，或是在房间里看电视。柳阿姨则操持大小家事，这个家也就成了“24小时的家”（图8、图10）。

1 “溢出”的生活
——二村居室与楼间共有空间

虽然在现实环境中共有空间并无明确的分界，但为了便于研究，我们将田林新村的共有空间分为三个层次。

第一个层次是廊道空间和楼间区域，以田林二村为研究对象，题为“溢出的生活”。以加建盒子为触发点，向内描述居民对居住空间的自主利用，向外描述溢出生活在廊道空间和楼间区域的开展，展示居民如何在局促的空间条件下通过自主的日常生活实践，达到一个自在生活的状态。

第二个层次是新村内的主弄空间，以田林二村为研究对象，题为“取用、协作与共生”。从空间现象、人的行为和社会关系三方面切入，选择二村主弄中四处具有独特个性的场所进行细致探讨，展现一种动态又脆弱的社群共生关系。

第三个层次是村与村之间的便民综合体，这些大尺度的违章改造建筑中有大量的“非正规生活空间的聚集”，通过图绘对三处综合体进行系统梳理，并进一步选择了九位不同职业的典型人物，深入讲述其工作和生活空间的状态。

1.1 “溢出盒子”的临时性

住区中的共有空间属全体居民所有，长期占用共有面积甚至进行建造不符合中国现有法规，位置的非法性决定了临时性。居民们可能会选择使用比较昂贵的器物设备，但倾向于快速、廉价地建造容纳这些器物的盒子（图3、图4）。

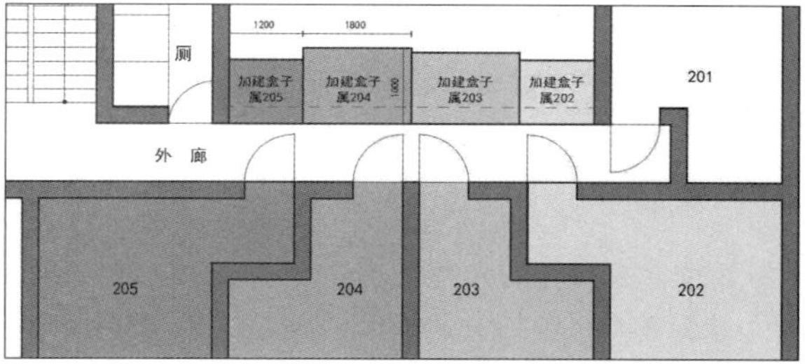

图5 加建盒子所属（以某栋二层为例）

1.2 “溢出盒子”的常见组成

二层以上的加建盒子只能采取悬挑的方式，进深多为0.7~0.8m；由于左右邻居的限制，盒子面宽不会超过分户墙，多为1.8m和1.2m两种尺寸（图5）。其中封闭盒子通常由比较耐久的聚合板材、木板、金属构件和玻璃构成，非封闭盒子通常用阳光板、PVC等材料覆盖，辅以水泥、木板台面、竹席窗帘（各种软性卷帘）等，材料组成更加丰富随意，但不耐久。

一层地面的溢出盒子建造比较灵活，材料、尺寸和功能也更多。质量较好的盒子选择水泥、砖墙和瓷砖等坚固材料，容纳厕浴、厨房，大部分尺寸都在1.5m×2m以内，面积在$2m^2$至$3m^2$左右，少数位置特殊的（如小区边界附近）加建房间较大，达到$6m^2$甚至更多，这些盒子很多都出租给低收入的外地人居住。

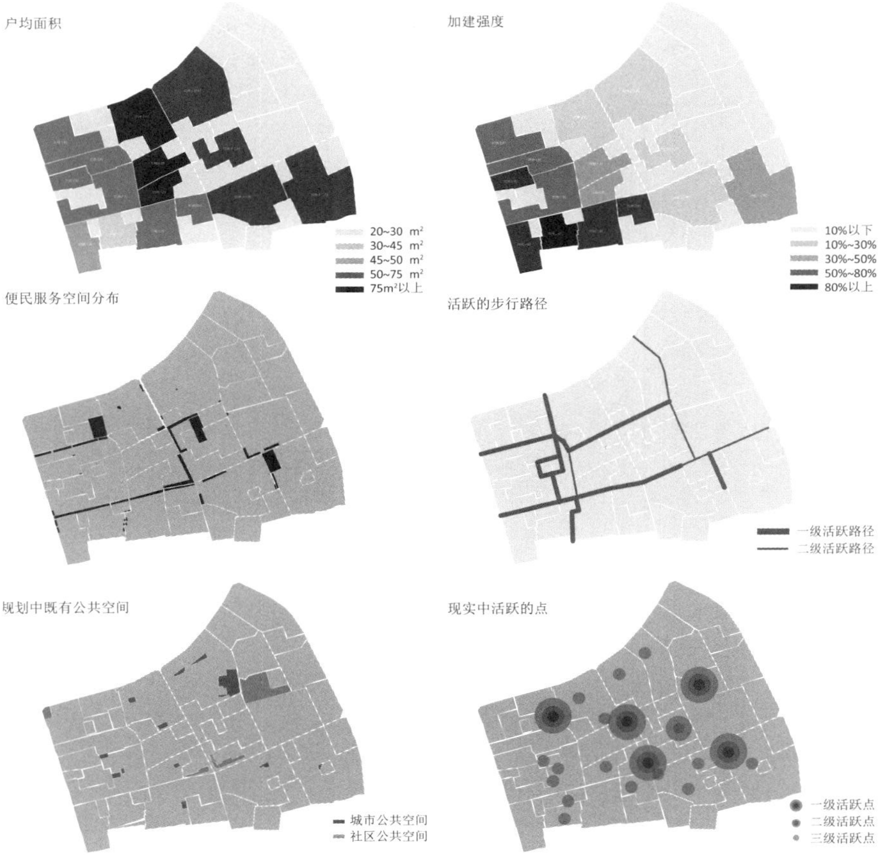

图2 田林新村情况简介

图3 田林二村住宅加建

图4 各种材料的溢出盒子

就住宅情况来看，田林二村的居住标准最低，均为不成套住宅，面积在16m^2至21m^2之间，活动空间和绿化都较少。一村、三到七村的套内面积在30m^2至45m^2之间；八、九、十村套内面积约75m^2，最初为专家和工人领导的宿舍，条件较好；十一到十四村居室面积在50m^2至75m^2之间，社区配套也较好。

根据《关于出售公有住房的实施细则》，非独立成套公房不得出售。除了二村仍然是直管公房外，田林新村的其他居民都在住房体制改革后陆续买下了房屋的产权。

显著低下的居住条件使二村成为附近区域的价值洼地，留守住户大多是退休的中老年人，有能力购房的住户都已搬走，将原来的住宅租售给中低收入的外地人。到目前为止，非上海户籍人员已占到二村总居住人口的60%左右，远超其他各村。二村的住宅改造现象也是最显著的。

就社区商业来看，田林新村有着大量社区级的商业、服务设施。从形式上看，主要有三种类型：一是散布于社区中的点状小体量，二是集聚而成的线性街道，三是位于村与村之间的便民服务综合体。

从产权和来源上看，正规的商铺主要沿田林路分布，而其他位置多是由底层住宅改造而来的非正规店铺，大部分是住宅产权，游离于法规和城市管理的边缘地带。而那些便民服务综合体由最初规划中的三组便民服务建筑（菜场、浴室等）转变而来，上面寄生着各种规制化和非规制化的搭建，融合了许多类型的社区商业服务，它们吸引的大量人流对整个田林新村的公共路径产生了很大的影响。

就配套公共空间来看，原本规划中的一些公共绿地和城市广场人气非常低。这些地方可达性差，游离于多数居民的日常生活轨迹之外，它们是实体化的“空间的表征”③，与真正的公共空间相去甚远。

同时，我们发现一些村内部存在不少活跃的步行路径，这些路径穿破了原来的围墙，连接着菜场综合体、学校等公共设施以及许多居改非而成的便民小商业，附近出现了多处居民日常活动（下棋、打牌、聊天等）的据点，它们只利用了一些不起眼的零星空地，有时甚至有些拥挤，却形成了既活跃又自在的交往氛围（图2）。

我们在调研的过程中发现，田林新村最初作为工人新村的集体空间属性已经消失。如今，新村中不完全对城市开放的共有空间，一定程度上抗拒了严格的城市管理，孕育了大量的自主建造活动。这些自主建造活动主要表现为私人生活向共有空间的溢出，有效地弥补了田林新村居住条件的缺陷，缓和了复杂的矛盾。而作为结果，在新形态的共有空间中，人们的活动更加丰富，互动更加频繁，关联更为紧密。

③ 空间的表征（representations of space），由列斐伏尔提出，是一种被构想的空间，是诸如科学家、城市规划师、政客、官僚头脑中理想化的空间，它是高度抽象的属于强者的空间，市民很少能参与其中。

II

田林新村是“上海计划”（Shanghai Project）①的第一个调研对象，是一个见证了整个工人住宅建设时期的集中共用式工人新村②（图1）。最早的田林二村始建于1957年，另有20世纪80年代建造的标准“一室半”类型的一村和三村至十村，20世纪80年代末建造的十一至十四村，20世纪90年代初华侨集资建造的田林新苑等。这些小区之间配建了宜山、宜林和田东三组便民服务建筑，包括菜场、浴池和宾馆等。在近半个世纪的生活实践中，这种数个封闭的居住小区搭配集中便民设施的空间骨架仍在，但发生了缓慢而清晰的变化。

图1　田林新村总图

① 上海计划（Shanghai Project），简称“SH project”，是由冯路、张斌、庄慎、范文兵四位建筑师共同发起的上海城市研究项目。

② 临近工业区设置，分配给各工厂工人居住的工人住区，更多依赖城市公共基础设施。另一种是单位附属型的工人新村。

From Overflowing to Mutualism

Investigation of Common Space in Tianlin Workers' Village

从"溢出"到"共生"

田林新村共有空间研究

张斌 张雅楠 孙嘉秋 徐杨 许晔

ZHANG Bin / ZHANG Yanan / SUN Jiaqiu / XU Yang / XU Ye

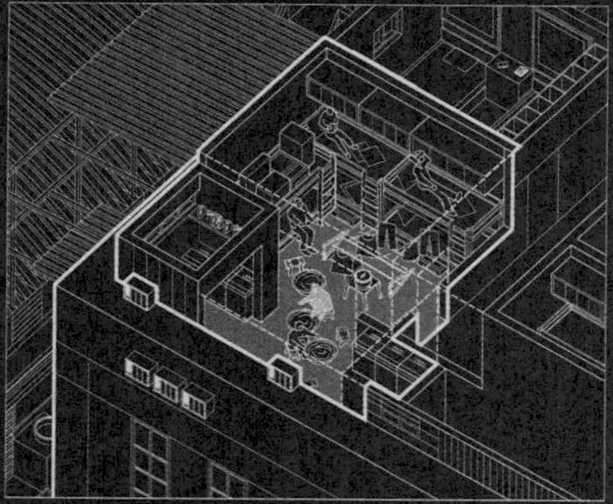

在上海中心城区日益绅士化和景观化的当下，一些拆不动的老工人新村已成为市区中低收入人口的聚居地。以田林新村为例，在轻掩的住区大门之内，居民通过对共有空间非正规、试探性地取用来改善生活，从而持续影响着这里的物质环境和社群关系。研究将田林新村的共有空间分为三个层级，对其进行了图文并茂的再现和分析，在此基础上阐述了生活溢出与社群共生的动因和机制。

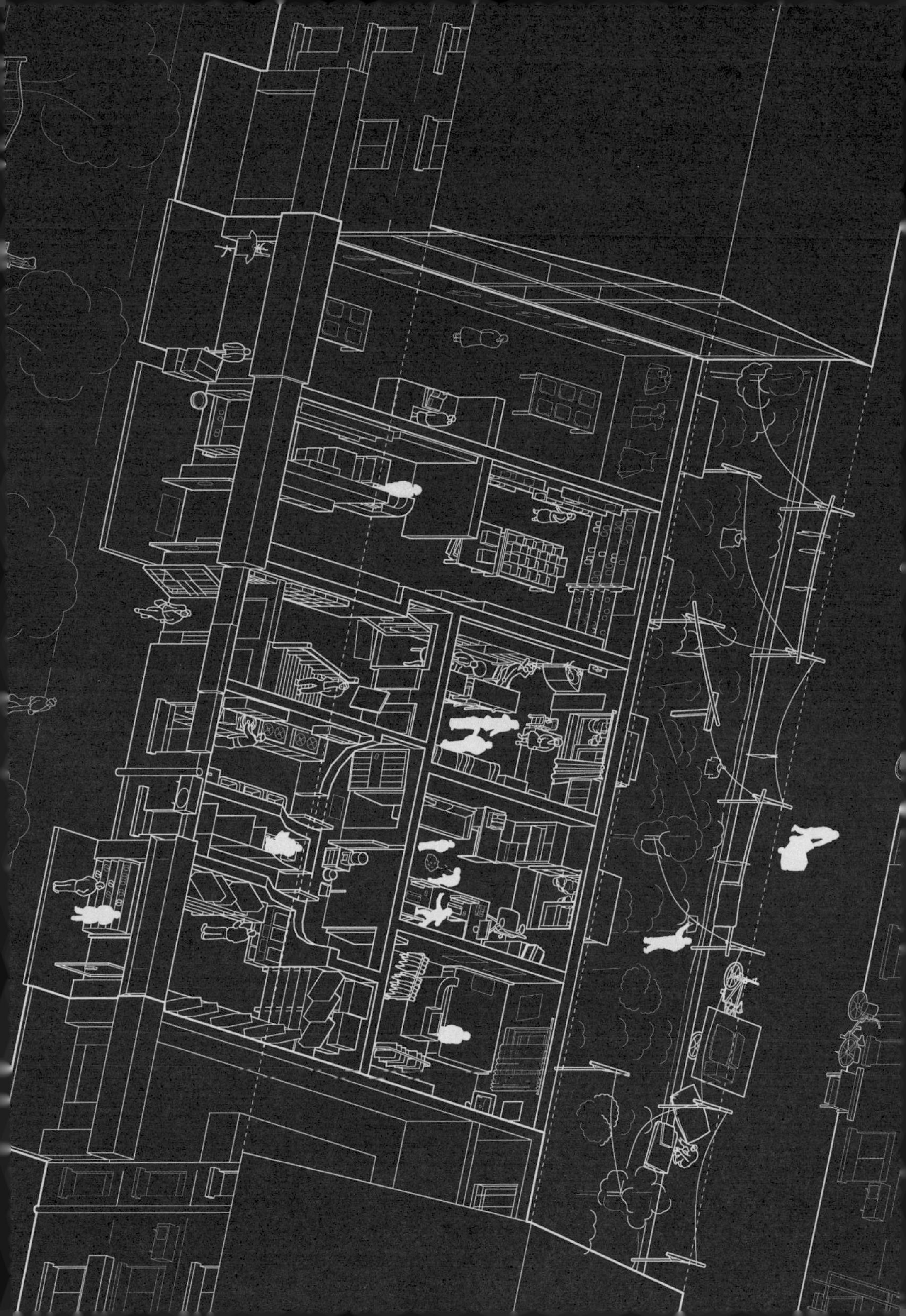

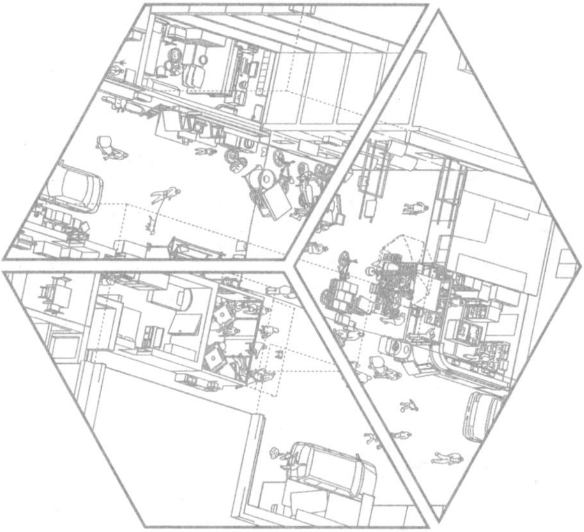

图书在版编目（C I P）数据

小菜场上的家：同济大学建筑与城市规划学院2013级实验班2015年建筑设计作业集. 第四辑, 田林新村共有空间中的溢出及共生 / 张斌, 王方戟, 庄慎著. -- 上海: 同济大学出版社, 2018.8
（建筑教育前沿丛书 / 秦蕾主编）
ISBN 978-7-5608-7971-0

Ⅰ. ①小… Ⅱ. ①张… ②王… ③庄… Ⅲ. ①城市规划－高等学校－教学参考资料 Ⅳ. ①TU984

中国版本图书馆CIP数据核字(2018)第151944号

光明城联系方式：
info@luminocity.cn

国家自然科学基金项目（51778421）
田林新村共有空间中的溢出及共生——小菜场上的家4
同济大学建筑与城市规划学院2013级实验班2015年建筑设计作业集
张斌 王方戟 庄慎 著
出版人：华春荣
策 划：秦蕾 / 群岛工作室
责任编辑：晁艳
平面设计：致正建筑工作室
责任校对：徐春莲
版 次：2018年9月第1版
印 次：2018年9月第1次印刷
印 刷：上海盛通时代印刷有限公司
开 本：889mm×1194mm 1/24
印 张：11
字 数：343 000
书 号：ISBN 978-7-5608-7971-0
定 价：45.00 元
出版发行：同济大学出版社
地 址：上海市杨浦区四平路1239号
邮政编码：200092
网 址：http://www.tongjipress.com.cn
经 销：全国各地新华书店

田林新村共有空间中的溢出及共生

小菜场上的家 4

同济大学建筑与城市规划学院
2013 级实验班 2015 年
建筑设计作业集

张斌 王方戟 庄慎 著

同济大学出版社

Overflowing and Mutualism
in Common Space of Tianlin Workers' Village

Home Above Market IV

2015 Fall Project of
2013 CAUP Special Program
Tongji University

ZHANG Bin / WANG Fangji / ZHUANG Shen

Tongji University Press